成瘾／戒瘾众生相：
在社会结构与个体能动性之间

ADDICTION
AND
RECOVERY:

Between Social Structures
and
Individual Agency

刘柳 著

南京大学出版社

图书在版编目(CIP)数据

成瘾/戒瘾众生相：在社会结构与个体能动性之间 / 刘柳著. -- 南京 : 南京大学出版社, 2025.6.
ISBN 978-7-305-28448-9

Ⅰ.B846

中国国家版本馆 CIP 数据核字第 2024Y48T20 号

出版发行	南京大学出版社		
社　　址	南京市汉口路 22 号	邮　　编	210093

书　　名　成瘾/戒瘾众生相：在社会结构与个体能动性之间
　　　　　CHENGYIN/JIEYIN ZHONGSHENGXIANG: ZAI SHEHUI JIEGOU YU
　　　　　GETI NENGDONGXING ZHIJIAN
著　　者　刘　柳
责任编辑　施　敏
照　　排　南京布克文化发展有限公司
印　　刷　江苏凤凰数码印务有限公司
开　　本　718 毫米×1000 毫米　1/16　印张　20.5　字数　263 千
版　　次　2025 年 6 月第 1 版　2025 年 6 月第 1 次印刷
ISBN 978-7-305-28448-9
定　　价　96.00 元

网　　址　http://www.njupco.com
官方微博　http://weibo.com/njupco
官方微信　njupress
销售热线　025—83594756

＊ 版权所有,侵权必究
＊ 凡购买南大版图书,如有印装质量问题,请与所购
　图书销售部门联系调换

序

世界上总有一些美丽，是不可触碰的，比如罂粟花。在古希腊神话中，海妖塞壬的歌声能让最坚毅的水手迷失方向，最终触礁沉没。三千年后的今天，人类也依然在与另一种摄魂夺魄的力量搏斗——毒品成瘾。

当今世界，毒品问题已不仅是一个单纯的公共卫生或医学议题，也不仅是法律或道德议题，而是涉及社会、经济、政治、民族、文化甚至宗教等多个领域的复杂社会问题。是什么驱使一个人走向吸毒的道路，又该如何让其摆脱毒瘾的束缚？《成瘾/戒瘾众生相：在社会结构与个体能动性之间》一书通过深入探索毒品成瘾与戒瘾的社会议题，以独特的视角、细腻的笔触和翔实的调查，呈现了吸毒者在成瘾与戒瘾过程中所经历的复杂体验和社会境遇。

很多时候，毒品的使用会被看作一种个人选择，每个吸毒者的背后都有着各自的吸毒与戒毒故事。实际上，每个吸毒者的故事，往往都是一幅小型的社会缩影，从吸毒者走向毒品的第一步开始，到他们在戒瘾路上的艰难挣扎，每一个过程与细节都与社会结构密不可分——在成瘾过程中,吸毒者从个人的困境到毒品的接触与获取,从毒品依赖到家庭的矛盾与疏离、社会的排斥与污名,与社会广泛相关;在戒瘾过程中,吸毒者经历了从戒毒治疗的艰辛到社会接受的壁垒,以上种种环节都同样折射出更广泛的社会问题。人生挫折、人际交往障碍和家庭温暖的缺失,往往是个人走向毒品依赖的原因。而戒断治疗和康复,则又依赖于个人的努力与社会支撑体系的紧密结合——我们发现,戒毒不仅是"去成瘾"的过程,更是重塑生活意义、重建社会联结的过程。

本书的独特之处在于,作者并未简单遵循传统的对于毒品问题的医学化或刑事司法化研究路径,而是基于翔实的案例访谈,结合深刻的理论反思,探讨毒品问题在社会结构与个体能动性之间的复杂交互关系,从而为毒品问题提供更加综合的理论解释框架。在本书中,吸毒者既非不可救赎的"道德失败者",也非完全被动的"社会受害者",而是在资源受限情境中,通过策略性选择与社会互动不断调整自身生活轨迹的"个人生活实践者"。他们的经历展示了能动性与结构约束之间的张力,也揭示了个体在社会边缘化境遇中尝试意义建构与生活重塑的历程。

本书最具学术价值的体现在于,作者基于细致的质性访谈和深入的案例描绘,结合微观叙事与理论探讨,在对毒品问题的分析中反映社会排斥、权力关系、亚文化和结构性暴力等多个复杂的社会科学议题。站在人类与成瘾物质博弈的历史长河中,本书通过一个个破碎又重生的生命图谱,试图进一步探讨在个人能动性与社会结构张力之间的交互关系。这不仅是学术研究的一次新尝试,也是一种社会关怀的新表达。相信本书的研究成果,能够为读者提供更深入的理解框架,重新审视毒品使用者的生活世界,挑战传统污名化的叙述,并帮助我们进一步反思当代社会在应对毒品问题时的结构性矛盾与治理困境,共同走好中国特色毒品问题治理之路,坚决打赢新时代禁毒人民战争,更好建设健康中国、美丽中国。

谨以此序,献给所有在黑暗中擎灯前行的觉醒者。

是为序。

陈云松

2024年11月

前言

成瘾(addiction)常被用来指称沉迷于某件事情或对某件事情的反复渴求和全情投入(Alexander & Schwerghofer, 1988),即便这样做会对自己带来不良后果也欲罢不能。不过,学术界至今为止并未有一个明晰的对于"成瘾"的定义,而这多半源于其复杂而模糊的本质。社会科学领域关注的成瘾行为大多集中在物质滥用(substance abuse)领域,也即对毒品(drugs)、烟草(tobacco)或者酒精(alcohol)的使用(use),或者说,过度使用(abuse)。在世界范围内,物质滥用被认为是严重的公共健康问题。世界卫生组织(World Health Organization, WHO)的统计数据显示,全球约4%的死亡以及5.4%的严重疾病是由药物滥用(包括使用毒品、酒精和烟草)引发的(WHO, 2009, 2010)。

在大多数文化与社会中,物质滥用是最为常见的成瘾型越轨行为。而物质滥用行为中最具代表性的是对毒品的使用及成瘾,也即我们常说的吸毒成瘾。对毒品的滥用(drug abuse)或毒品成瘾(drug addiction)在很多社会中均被视为严重的越轨行为(serious deviant behavior),甚至被定义为犯罪;毒品滥用者(drug abuser)或吸毒者(drug user)也同时被认为需要接受惩罚(punishment)或接受治疗(treatment)。正因为此,本书的研究即聚焦于毒品成瘾、毒品成瘾者以及戒除毒瘾等议题,以期在社会结构及个人能动性之间展现以毒品使用为代表的成瘾问题以及与之相关的戒瘾政策、措施与实践。

  本书共包括四编内容。第一编主要介绍了毒品成瘾的基本知识,与之相关的理论及观点,以及世界各国对毒品成瘾的应对方法。同时,以本书的研究为例介绍了如何采用定性研究方法研究毒品成瘾及成瘾者。第二至第四编为本书的主体部分,其中第二编关注了毒品使用历程中不同阶段的成瘾经历,第三编描绘了毒品成瘾者在毒品使用历程中的社会生活及个体体验,第四编则重点呈现戒瘾相关的政策及服务。从结构上看,这三编内容相互关联,从不同的方面呈现出毒品使用的成瘾与戒瘾议题;此外,一些文章能够构成小的集合,共同形成对某一议题的探讨;另一方面,每篇文章的内容又是相对独立的,可以被看作一个个关注不同成瘾或戒瘾话题的完整的研究。因此,读者既可以阅读整本书以全面了解毒品成瘾与戒瘾,也可以依据自己的兴趣寻找某一成瘾或戒瘾话题阅读一篇或相关的几篇文章。最后,也衷心希望本书能够激励更多学者在毒品成瘾与戒瘾领域做出更多优秀的研究,为中国的禁毒事业做出贡献。

目录

第一编　视角与方法
　　毒品成瘾与应对 …………………………………………… 003
　　采用定性研究方法研究毒品成瘾及成瘾者 …………… 017

第二编　成瘾与戒瘾经历：毒品使用生涯的不同阶段
　　"面子文化"与男性冰毒接触模式 …………………… 035
　　女性视角下的毒品初体验 ……………………………… 050
　　毒友圈与女性毒品使用的扩张 ………………………… 068
　　女性毒品使用行为的维持 ……………………………… 085
　　女性吸毒者的机构式戒毒体验与态度 ………………… 100
　　自愿戒毒的结构性和个人化障碍 ……………………… 118

第三编　成瘾者的社会生活与个人体验
　　"我不是瘾君子"：冰毒的"社交"和"功能性"使用 ……… 134

"保持身材的最佳方式"：毒品使用与"美"的追求 …… 149

自卑与自我放逐：吸毒人群的标签化体验 …… 163

"以贩养吸"：女性吸毒者的身份转化 …… 176

第四编　戒瘾政策、措施与实践

遵从与否？监管金字塔下的吸毒者 …… 194

吸毒犯罪者的矫治政策：趋势、模式及实践建议 …… 214

应对阻抗：在社区戒毒项目中服务非自愿案主 …… 226

动机式访谈：帮助毒品成瘾者实现自我转变 …… 241

后记 …… 251

参考文献 …… 253

第一编

视角与方法

近代以前,在中国使用的毒品仅限于鸦片,其传入中国的历史可以追溯至唐代。早期对鸦片的使用仅限于医疗,明代之后,鸦片开始被用于其他功效和目的。当然,那时只有贵族才能用得起这么"奢侈"的东西。直至清晚期,尤其是鸦片战争之后,鸦片才成为一种在全国范围内广泛使用的毒品。在这之后长达一个世纪的时间里,毒品泛滥问题始终困扰着中国。中华人民共和国成立之后,经过政府强有力的禁毒行动,仅三年时间,毒品便得以在中国全境清除,并且在随后的三十年内,中国一直保持着"无毒"的状态。然而,受到国际毒潮泛滥的影响,毒品在20世纪80年代初重新进入中国;随着经济的持续发展以及国际化程度的不断加深,中国的毒品问题逐渐由过境贩卖发展为贩卖与消费并存,毒品逐渐蔓延至全国。然而,尽管中国目前的毒品使用及成瘾问题依然严峻,但大众对于毒品、毒品成瘾以及毒品成瘾者的了解还处于十分有限的状态。因此,本编将首先介绍与毒品及毒品成瘾相关的基本知识、理论、观点,以及世界各国对毒品成瘾的应对方法。

此外,本书第二至四编中所有内容均为研究者对中国吸毒者群体及其毒品使用经历研究的一部分(第四编的最后三篇文章除外),且均使用了于2013—2016年间针对吸毒者收集的访谈数据。鉴于此,本编将先对这一研究的研究方法做一个整体性呈现——以本书涉及的研究为例介绍如何采用定性研究方法研究毒品成瘾及成瘾者。当然,之后各篇文章依然会对其所采用的具体研究方法、样本以及数据收集和分析作出详尽的介绍。总的来说,采用定性研究方法有助于研究者对吸毒者的毒品使用历程,吸毒者对自己吸毒行为以及毒品成瘾状态的认知与看法有一个全面且详细的了解。

毒品成瘾与应对

毒品是某一类药物的总称，此类药物的共同点在于，其使用尤其是长时间使用后会令使用者产生瘾癖（刘柳、段慧娟，2017）。根据《中华人民共和国刑法》中有关规定，鸦片、海洛因、冰毒（甲基苯丙胺）、吗啡、大麻、可卡因被列为毒品；此外，《麻醉药品和精神药品品种目录》中所列的国家管制的麻醉药品和精神药品也属于毒品的范畴。

依据来源划分，毒品可被分为天然毒品、半合成毒品和合成毒品三类。天然毒品指那些直接以毒品原植物加工而成的毒品，如鸦片、大麻烟叶即属此类；半合成毒品则是指那些在天然毒品的基础上增加化学药物或进行进一步化学加工而形成的毒品，海洛因便是此类毒品最典型的例子；而合成毒品，顾名思义，指的是那些非基于天然毒品原植物，而纯粹由人工化学合成的药物，近些年流行的冰毒、摇头丸等药物就是此类毒品的代表。如果依据使用毒品后对人所造成的影响来加以分类的话，毒品可被分为抑制剂、兴奋剂和致幻剂等不同类型。鸦片、吗啡、海洛因等阿片类药物都属于抑制剂

(镇静剂)类毒品,此类药物会促使使用者肌肉放松,并起到镇静和促进睡眠的作用;而与之相对的是兴奋剂型毒品,这是一种可以刺激人体中枢神经,并使使用者产生亢奋和精力旺盛之感的药物,以冰毒为代表的苯丙胺类药物便属此类;而致幻剂类药物则能够使使用者产生幻觉,严重者可能导致精神分裂,大名鼎鼎的 LSD 就属于此类毒品(梯尔,2011)。

由于在地理上接近金三角等传统阿片类毒品产区,海洛因一度是中国毒品市场上最流行的药物;然而其"霸主"地位于近些年逐渐被冰毒等合成类兴奋剂型药物所取代(国家禁毒委员会,2018)。事实上,自新世纪伊始,冰毒、摇头丸、K 粉等新型非阿片类合成毒品便开始在各种娱乐场所中出现,它们因其可为使用者带来持久兴奋和活力的特质而广受年轻一代吸毒群体的"喜爱"。之后,中国的毒品问题便愈发复杂,海洛因等阿片类毒品的使用并未完全消逝,而冰毒等非阿片类合成毒品的使用又形成新的毒潮;并且,这两类毒品的消费者还呈现出一定程度的重叠和交叉,也即,出现了明显的多种药物混用的现象(李骏,2009)。尤为值得关注的是,越来越多的年轻人加入毒品使用者的行列,特别是年轻女性吸毒者的群体增长最为迅速,尽管相较男性而言,女性吸毒者依然只占较小的比例(刘柳、段慧娟,2018)。

当然,无论是海洛因还是冰毒,抑或其他药物,其之所以被称为毒品,是因为这些药物会令使用者成瘾——即产生生理和精神依赖。与此同时,长期、持续使用这些药物还会带来很明显的健康问题,造成生理性或精神性的不可逆型损伤。例如,长期使用海洛因可能会引发病毒性肝炎或结核病,并且令使用者出现焦虑等精神问题;而长时间使用冰毒则会令使用者的中枢神经受损,产生诸如抑郁、偏执、妄想等多种精神障碍疾病(Anglin et al., 2000;Grella & Lovinger, 2012)。同时,吸毒人群也被认为是感染人类免疫缺陷病毒(HIV)的高危群体(王昊鹏等,2010)。此外,毒品使用行为还被认为与犯罪以及其他越轨行为紧密相连;即便是在排除了毒品贩运的前提下,吸毒人群依然大量涉足不同种类的犯罪活动(索斯,2012)。近些年的中国官方统计数据持续证实,有相当比例的吸毒人员曾经因毒驾肇事、暴力攻击、偷窃抢劫等行为涉及刑事案件(国家禁毒委员会,2017)。可见,毒品的使用不仅会令使用者的健康受损,也同时会引发多种社会不安定因素,对社会安全造成负面影响,因而毒品成瘾问题十分值得学界以及整个社会的关注。

一、毒品成瘾的影响因素及社会学解释

医学和精神病学领域常常将"药物成瘾"看作一种疾病,其不仅包括生理性依赖(躯体疾病),也同时包括心理性依赖(心理疾病)。这种看法在某种程度上是具有进步性的,因其改变了传统的从道德评判的角度看待成瘾的取向,转而采取更加"科学"的视角。这不仅有助于对成瘾机制进行进一步的研究,也同时可以发展出许多有针对性的"治疗"成瘾人群的方法。而相对于医学家和精神病学家的"治病"取向,社会学家则更关注成瘾的社会性因素,并试图从社会科学视角出发解释成瘾现象,继而提出相应的应对方案。

1. 影响毒品成瘾的因素

导致吸毒者尝试使用毒品、维持使用毒品或毒品成瘾的理由和因素很多,既有微观的个体层面的原因,也有中观的家庭或社交网络层面的原因,更有宏观的社会制度环境层面的原因。这充分说明,成瘾议题需要在个体及社会的双重性中加以探讨。

首先,在微观层面上,吸毒行为以及毒品成瘾的产生可被认为与个体的某些心理特质、早期不良行为以及毒品知识的匮乏相关。心理学和精神病

学研究发现,如果个体具有某些特殊的人格特征,如冲动、低控制等,他/她将更加有可能涉足吸毒行为。同时,个体不稳定的精神状态也可能导致其尝试吸毒行为(姜微微等,2007;林洋,2016)。除了心理特质之外,早期的酒精和烟草使用以及其他越轨行为的经历都被认为与个体的吸毒行为有直接联系(Bry,1983;Tennant & Detels,1976)。文化程度较低者被认为更加有可能接触并使用毒品,因为他们缺乏与毒品相关的知识,无法辨别和衡量毒品对个体产生的影响(Liu et al.,2016)。

其次,在中观层面上,家庭环境、成长环境以及社交网络均对个体的毒品使用行为及毒品成瘾具有一定的影响作用。其中,家庭的影响主要来自家庭教育以及家庭成员间的关系(何志雄等,2004)。不良的家庭环境,例如父母不当的教养方式或冷漠的家庭氛围均有可能致使青少年涉足吸毒行为(廖龙辉,2001;刘玉梅,2009)。除了家庭,朋友圈也是致使个体尤其是年轻人走上吸毒道路的因素(林洋,2016;Liu et al.,2016)。研究显示,毒品的使用显示出较为明显的群体性倾向,同辈群体的影响甚至压力被认为是个体选择开始吸毒行为的重要因素(Brecht et al.,2007;Liu et al.,2016)。

最后,从宏观因素来看,个体的吸毒行为及毒品成瘾也与社会大环境密切相关。整体上来说,社会的整体经济发展水平和毒品的使用有着正相关关系(刘能、宋庆宇,2015)。社会或文化环境对毒品的使用越宽容,越可能导致毒品使用人数的上升;相反,如果社会整体环境倾向于对毒品采取严厉的打击,且在禁毒领域投入较多的财力和精力,则会使吸毒者群体规模缩小(刘能、宋庆宇,2015)。此外,亦有研究显示,不稳定与不安全的社会环境,如失业率高、社会保障缺乏、文化教育事业不发达等,也是造成吸毒者群体人数上升的外部环境因素(Kaufman et al.,2005)。

2. 对毒品成瘾的社会学解释

毫无疑问,毒品成瘾首先是一个公共健康议题;然而,它又远远超出公共健康领域的范畴,成为一个与经济、政治、文化、宗教等社会性因素相互交织的全球性复杂议题(Liu & Chui, 2018)。对于毒品使用以及毒品成瘾的研究也一直在社会科学领域占据着重要地位。各个不同的学科都尝试以自己的学科立场和理论视角去解释人们的毒品使用和成瘾;其中,标签理论、亚文化理论、社会学习理论以及理性选择理论是几种较为常见的社会科学解释。

(1)标签理论

源于符号互动论(symbolic interactionism)的标签理论(Labeling Theory)是社会学和犯罪学解释越轨行为最常用的理论之一(黄勇,2009)。该理论强调,某种行为被视为"越轨行为"是社会将该行为标记为越轨的结果;换句话说,越轨行为的核心要素是社会的标定和反应(江山河,2008;李明琪、杨磐,2012)。事实上,为了维持社会的稳定和健康发展,每个社会都有符合其历史和特定文化诉求的社会规范(social norm);而违背社会规范的行为便被社会认定为越轨行为。越轨行为会触发社会控制(social control)机制,即引起社会对该行为的负面评价,而其中最主要的便是标签化(labeling)。当某一行为被标签化后,便被社会定义为越轨行为,而行为人则会相应地遭受社会排斥与歧视。

霍华德·贝克尔(Howard S. Becker)在其著作《局外人》中首次使用了标签理论来解释吸毒行为(贝克尔,2011)。自此以后,在物质滥用研究领域,标签理论便常被用于讨论吸毒者或酗酒者的社会排斥及污名化问题(Glass et al., 2013;Li & Moore, 2001)。事实上,研究显示,在大多数社会中,毒品的使用及成瘾都会引发污名化问题(Gassman & Weisner, 2005);

而吸毒者也大多会遭遇社会歧视和不公平对待,甚至被排斥在社会保障体系之外(Levy,1981)。

(2)亚文化理论

亚文化理论(Subculture Theory)是用于解释越轨行为的很重要的社会学理论。所谓亚文化,也被称为反文化或对立文化,即是指那些与主流文化在信仰、观念或价值观等多方面存在差异,而又被某些特定社会群体所共有的价值观和行为方式(孟登迎,2008;吴宗宪,1989)。

吸毒者群体也被认为拥有特定的亚文化——毒品亚文化(drug subculture)。如前文所述,社交网络和朋友圈对于吸毒者的毒品使用及成瘾影响极大,这便是毒品亚文化的影响。对于毒品亚文化的研究可以追溯至20世纪70年代的美国。彼时的美国正处于嬉皮士颓废运动时期,出现了大量的吸毒者,尤其是青少年吸毒者,而在其群体内部则形成了与主流文化不同的独特的"亚文化";同时,青少年群体为了彰显反叛及表现自我,也乐于接受这种与主流文化对立的亚文化,而逐渐形成以毒品使用为"时尚"和"流行"的行为取向。可见,毒品亚文化通过某些特殊的内在机制吸引和影响其群体成员,并促使其踏入毒品使用历程之中(张胜康,2002)。同时,当个体开始使用毒品之后,即便尚未到成瘾的状态,也会引发社会主流文化的排斥以及某些生活机会的丧失;这在一定程度上会使其更加倾向于认同毒品亚文化,以及在其中实现自己的社交和自我认同的诉求(王嘉顺、林少真,2014)。

(3)社会学习理论

社会学习理论(Social Learning Theory)由美国心理学家阿尔伯特·班杜拉(Albert Bandura)提出,用于解释观察、模仿和学习在人类行为中的作用。社会学习理论强调社会环境对人的行为的影响作用,认为个体的行为是通过观察某一社会范本(可以是身边的其他社会成员,或者是影视文学作品中的角色)的行为,结合与之相关的强化结果而学习形成的(文军,2013)。

从这一角度而言,吸毒行为也可以被看作一个观察、模仿和学习的结果。如果一个社会成员在其所处的社会环境中能够有机会接触到吸毒者并近距离观察吸毒行为,他们就有可能在此过程中对这一行为展开学习和模仿,并最终走上吸毒的道路。西方研究证实,青少年开始他们的吸毒行为通常与其观看周围的朋友使用毒品或者实施其他越轨行为的经历有关(Bry,1983;Farrell & Danish,1993),而不良的家庭环境也被认为是青少年接触毒品的重要影响因素(Catalano et al.,1992)。此外,吸毒者从开始接触毒品的"新手"成长为吸毒的"熟手"也是一个学习的过程;在此过程中,他们可以经由观察和模仿逐渐学习和"精进"毒品的使用技能,并同时在那些"前辈"吸毒者处获取与毒品相关的知识(显然这是不正确的),从而形成看待毒品的观点。

(4) 理性选择理论

理性选择理论也是常见的用于解释犯罪与越轨行为的理论,强调犯罪和越轨行为在个人层面的理性和适应性(Cornish & Clarke,1986)。该理论认为,犯罪者或行为越轨者会权衡犯罪/越轨行为机会和非犯罪/越轨行为机会的成本和收益之后再做出决定,这通常是出于自身认为对自己最有利的选择。在行为人眼中,如果犯罪或越轨行为的收益大于成本或者大于合法范围内的替代选择的收益,那么他们就将进行这一行为。当然,这种所谓的收益不一定都是经济利益,而可能包括兴奋、寻求关注或其他任何目的性动机(Felson & Clarke,1998)。

理性选择理论也适用于解释犯罪或越轨行为的终止。当感知到的风险变高或感知到的收益变低时,犯罪者/行为越轨者将可能会选择终止这一行为。研究发现,许多因素都会对个体放弃犯罪或越轨行为的决定产生积极影响,例如一份有价值的工作、一段幸福的婚姻以及人生中其他一些有意义的重要转折点(Blokland & Nieuwbeerta, 2005; Bushway et al., 2003; Farrington, 2007; Giordano et al., 2002; Maruna, 1997; Warr, 1998)。

如果将毒品使用看作一种越轨行为,那么也可以使用理性选择理论来加以解释。事实上,已有研究证实,当个体认为使用毒品的收益大于可预期的危害时,他们就会选择开始或维持毒品使用行为;相反,当他们觉得毒品使用带来的风险或者危害大于收益时,他们就会停止毒品的使用(Black & Joseph, 2014)。

二、应对毒品成瘾问题

大量的研究和案例证实,吸毒会对人体的健康造成不可逆型伤害,这种伤害既包括生理性的,也包括精神性的。同时,吸毒人群也被认为是感染HIV以及罹患艾滋病(AIDS)的高危人群之一。此外,吸毒人群亦被发现大量涉及暴力攻击、自杀自残、毒驾肇事等刑事案件。基于毒品对人类社会造成的负面影响,世界各国都在探索行之有效的应对毒品成瘾问题的禁毒戒毒模式,以实现减少毒品使用、降低毒品伤害的目标。

1. 不同国家的应对方法

在一些西方国家和地区,应对毒品成瘾问题主要以处罚与治疗并重的模式为主(Fischer et al., 2002)。其中,最为典型且广泛使用的模式便是毒品法庭(Drug Treatment Court, DTC)。毒品法庭主要针对有药物依赖问题的非暴力型犯罪人。与常规法庭类似,毒品法庭也是通过庭审给予犯罪人相应的判罚,而其差别在于,法庭会强制性要求犯罪人参与一定时限的戒毒治疗,并以此来替代监禁惩罚(Shichor & Sechrest, 2001)。简单来说,法庭在遇到那些有"毒瘾"且犯有"不那么严重"罪行的犯罪人时,倾向于判其接受戒毒治疗,而并非判其坐牢;也即,法庭倾向于将处理其毒品成瘾问题,而非其犯罪行为,置于首位。判罚之后,犯罪人将会进入法庭指定的社区戒毒服务中心或戒毒机构进行戒毒治疗;这些治疗可包括针对性医疗服务(如戒瘾治疗)、行为矫正服务以及心理治疗等。同时,戒毒机构或社区戒毒服务中心还会依据当事人的情况给予相应的社会支持和福利保障,例如安排其参加职业培训、帮助寻找工作或安排临时住所等。这些有毒瘾的犯罪人在经历一系列的戒毒治疗和相关服务之后,有望达到戒除毒瘾和改善行为的目标(Gliksman et al., 2000)。

除此之外,各国亦发展出多样化的戒毒和应对毒品问题的方案。例如,美国在社区中成立"社区反毒联合体"。这是一种多维度、多元化的禁毒与戒毒实践,其不仅为吸毒者提供多样化的戒毒服务,同时也与其他的社会福利和社会支持机构相联系,并强调在社区层面开展吸毒预防教育(Federal Drug Control Programs, 2002)。在加拿大和英国,有毒品成瘾问题的犯罪者在服刑期间可以接受相应的戒除毒瘾的治疗服务(罗剑春等,2005)。同时,在英国,毒品成瘾的应对基本被视为一个医疗议题(张晴等,2014),也就是说,在民众的毒品成瘾会危及社会安全或涉及犯罪行为时,即会引发法律制裁(王丹,2010),戒毒服务基本以自愿参与为基础而实施。而澳大利亚则致力于改善应对毒品成瘾问题的医疗与健康服务,在帮助吸毒者实现生理戒瘾的同时,也重视对其进行心理治疗(罗剑春等,2005)。可见,在这些国家,对于毒品使用的态度大多摒弃了传统的以强硬打压与刑事处罚为主的模式,而替代以较为温和的治疗和减轻伤害(harm reduction)模式。

与这些西方国家和地区对毒品的相对"宽容"相反,在拉丁美洲、金三角和金新月等目前世界上最主要的毒品产地和毒品聚集区,反毒斗争基本以禁毒和严厉打击毒品生产与毒品犯罪为主。除了武装斗争，毒品替代种植计划是在毒品产区较为常见的毒品成瘾以及毒品犯罪问题治理方案。例如，拉丁美洲地区的哥伦比亚、墨西哥等国家均有销毁罂粟、大麻种植园，并代之以经济作物的经历（张勇安，2006）。与拉丁美洲地区的做法类似，金三角地区国家也强调通过使用经济作物替代种植罂粟来达到根除毒品种植的目的。例如，泰国在全国近千个村庄强制性推行罂粟替代性种植；缅甸则在主要的罂粟种植区推行"种子交换计划"，以鼓励农民用罂粟种子交换其他农作物种子（林森，2015；刘延磊，2015）。然而，在这些国家和地区，针对毒品成瘾者的戒瘾治疗项目的发展却很有限，仅仅是打击毒品犯罪的"配角"。

2. 重新认识毒品成瘾

在大多数人看来，毒品都是可怕的和极易成瘾的——即只要使用了毒品，便会毫无争议地产生成瘾性身体反应。然而事实上，依据研究显示，毒品成瘾并非使用毒品后身体的必然反应，或曰无意识过程（江雪莲，2002）。

从导致成瘾的源头上分析，广义上的药物成瘾可分为医源性药物依赖和非医源性药物依赖两大类。医源性药物依赖是指在医治病痛过程中对某种持续服用的解热镇痛、镇静催眠类药物产生了依赖；因长期服用该种药物，使用者不仅需要依赖药物来缓解病症，也同时体会到药物所带来的"良好"体验，如欣快感或镇静作用等。而非医源性药物依赖则并非出于医疗目的，而是因为娱乐或其他原因使用成瘾性药物。

有研究将遵医嘱服用吗啡的人群和自行服用吗啡的人群加以对比之后发现，那些在医生指导下长期服用镇痛药的人即使在其身体已经对药物产生依赖的情况下，依然可以在医生的指导下逐渐减少或停止使用这种药物（道格拉斯、瓦克斯勒，1987）。事实上，他们虽然在停药的过程中也会经历所谓的"戒断性症状"，但他们大多会将其视为疾病治疗过程中的正常身体反应或仅仅类似于感冒等轻微身体不适而坦然处之,不会将其与药物的缺乏联系在一起,从而也不会产生强烈的对药物的渴求(道格拉斯、瓦克斯勒,1987)。

与此相对的,出于非医疗原因使用成瘾类药物的人群则表现出较为强烈的对药物的渴求,即便他们使用药物的时间较短。毒品成瘾即基本属于此类情形。这里也必须再次提及同辈群体或者说毒品亚文化的影响。正因为这些吸毒者的毒品使用具有很强的群体性特征,他们的吸毒行为无时无刻不受到"毒友"的影响,而其对于毒品的认识和理解也基本来源于朋友圈中的亚文化。例如,同样的,当他们也出现"戒断性症状"时,就会很自然地想到这是由于身体缺乏毒品的摄入而导致的,只要持续使用毒品,这种不适症状便会消失;而这一信息便是来自毒友圈中的毒品亚文化。在这种情况下,吸毒者便表现出很强的毒品渴求度;为了避免遭遇戒断性症状,他们也往往会选择持续使用毒品(道格拉斯、瓦克斯勒,1987)。

可见,这两类药物依赖人群的成瘾状况和行为差异性是很大的。而这种差异在涉及成瘾性药物的戒断时,就显得尤为关键。对于遵医嘱使用成瘾性药物的群体而言,戒断药物并非难事,因为他们一直在医生的指导下用药;他们对于药物所带来的身体反应的理解也来自医生。因此,他们使用或不使用某种药物大多纯粹出于对治疗自身疾病的考虑;即便停药会带来某些症状,他们也可以在医生的帮助下以较为积极的态度去应对。但是那些出于非医疗目的的吸毒者则不同,他们对于毒品这种成瘾性药物的理解并不来自医生或其他专业人士,而是来源于毒品亚文化。在他们的毒友圈里,毒品的使用往往是常态化的;毒友并不会帮助和鼓励他们戒除毒瘾,相反,他们是吸毒行为的鼓励者和支持者。因此,戒毒对于他们而言不仅仅意味着戒除毒瘾带来的身体的戒断性症状,同时也意味着与毒友圈亚文化的疏离。

从这一点来看，传统的针对吸毒者的戒瘾治疗很难取得持续的良好成效，其根本原因在于治疗者（包括医生、社会工作者、咨询师等）和吸毒者并不在同一个"话语体系"内，他们相互之间是缺乏信任的。吸毒者并不像医源性药物依赖者那样相信医生的话，相反，他们更愿意信任那些与他们同属毒品亚文化的毒友。在这种情况下，无论治疗者如何苦口婆心，也无法达到良好的戒瘾效果。很典型的一种情形便是，当治疗者强调毒品所带来的欣快感不过是个神话时，吸毒者会说你又没尝试过，根本不知道其中的美妙之处；而当治疗者强调戒瘾的可能性时，吸毒者又会说你又没戒过，不能体会这一过程有多艰难。

在这种状况下，一些以已经成功戒毒的"前吸毒者"作为"榜样"来激励吸毒者的戒瘾治疗项目就被开发出来。这一做法是对吸毒到底以谁当作参考群体这一问题的回应。参考群体即用来评价人或事物的参照性群体。对于个体而言，参考群体意味着：自己可能并不属于这一群体，却又希望能够加入这一群体；或者通过这一群体来指引和调整自己的行为（道格拉斯、瓦克斯勒，1987）。对于正在接受戒瘾治疗的吸毒者而言，那些卓有成效地戒除毒瘾的"成功人士"便成了参考群体，或者说，"榜样"。这些"榜样"不但与吸毒者有着同样的经历——吸毒，也同时拥有了戒除毒瘾以后不一样的生活。因此，他们的现身说法以及以新的身份和姿态去评价吸毒者的生活状态（也即他们之前的生活状态）将更加具有说服力。

3. 重新认识吸毒者

社会如何看待吸毒者在一定程度上反映出整个社会对待毒品使用以及应对毒品成瘾问题的态度。传统的对待吸毒者的态度主要有刑事司法视角（criminal justice model）和医学视角（medical model）两种不同的取向。前者将吸毒者看作犯罪者或类似于犯罪者的严重越轨者,并给予惩罚性制裁;而后者则是将吸毒者看作等待救治的病人,需要提供各种治疗来帮助他们摆脱毒品成瘾这种"疾病"(Coombs,1981)。不过,上述两种视角都有着明显的"歧视"吸毒者的取向。为了避免显而易见的歧视性观点,越来越多针对吸毒者的研究开始采取完全不同的研究取向来探究吸毒者的毒品使用经历(刘柳、段慧娟,2018),而其中最为重要的便是自20世纪60年代末以来逐渐被研究者所采用的"毒品使用生涯"(drug career)理论。

毒品使用生涯理论将毒品的使用历程看作和职业生涯发展相似的一个过程(Coombs,1981);它与传统的刑事司法视角和医学视角的不同之处在于,其将吸毒者看作有自己的意志、思想和行动选择权的行动者(agent),是具有个体层面的能动性的,而非被动的等待惩罚或治疗的客体。事实上,从吸毒者自身角度出发,毒品的使用甚至是成瘾,在其生活中都是具有特殊意义的,它既非病态也非越轨,而可能是生活的常态(刘柳、段慧娟,2018)。从另一个角度看,毒品使用虽然具有一定社会性的意义,但从个体角度出发,它也是个人的选择。在这一前提下,学者们对于吸毒者的研究也应该参照吸毒者个体的意志、态度和行动进行考量(Roadner,2005);也即在思考毒品使用的社会性因素的同时,重新将个体纳入考察之中。当然,这种对于个体的关注与医学或心理学关注个体不同,其主要强调的是在毒品使用和毒品成瘾问题上需要对社会学意义上的个体能动性的价值予以重视。

具体而言,毒品使用生涯可被用来描述吸毒者从开始接触毒品到使用毒品的频次和数量逐渐增加(即逐渐成瘾),再到维持毒品使用过程(即处于成瘾状态)中的种种经历,以及最后的戒瘾和可能遭遇的复吸这一过程(刘柳、段慧娟,2015)。而这一过程又伴随着吸毒者的多种生命事件,复杂而又漫长。例如,吸毒者可能在青少年时期因为好奇、追求刺激,或为了融入某一同辈群体选择开始使用毒品,而随着年龄的增长,他们考虑到健康、家庭或职业发展,甚至政治和宗教信仰,或者纯粹出于对吸毒行为的厌倦而放弃毒品的使用(Frykholm,1979)。而一些打算放弃吸毒行为的吸毒者在戒除毒瘾的过程中也许又会因为遭遇挫折或者难以接受缺乏毒品的"新的生活"而选择重新开始使用毒品。在这一前提下,帮助吸毒者戒除毒瘾的方案和服务计划的设计就应该更加差别化和有针对性。戒瘾治疗方案应更多地考虑毒品使用行为在吸毒者生活中所处的位置,以及该行为与其家庭、工作、社交网络等生活重要部分的联系,也只有这样,才能够制定出更加切合吸毒者个人需要的治疗方案。同时,戒瘾治疗服务的提供者也应清楚地认识到,放弃使用毒品可能会给吸毒者的个体与生活带来巨大的变化,因此需要帮助他们提前为这些变化做出必要的准备。

采用定性研究方法研究毒品成瘾及成瘾者

定性研究和定量研究可谓社会科学领域泾渭分明的两大研究路径,它们在研究立场、研究策划、数据收集和分析方法以及结果呈现等多方面均有着显著的差异(Bernard,2000;Bryman,1999;Flick,2014;Pole & Lampard,2002;Stake,1995)。相对于源自实证主义(positivism)的定量研究方法,立足于阐释主义(interpretivism)的定性研究并不执着于对社会现象的"客观"描述以及"科学地"寻求不同变量间的因果关系(Bernard,2000;Bryant,1985;Scott & Xie,2005),相反,它更加关注于理解和解读,力求探寻行动者或社会行为当事人的经历、观点与态度(风笑天,2009;沃野,2005;Berg,2007;Nielsen et al.,2008)。

定性研究期待以一种多层次的、系统的、交互性的,以及基于现实情景的方式来描述社会现象和人类的行为,并试图探究和理解这些现象和行为背后的意义、思想和态度(文军、蒋逸民,2010;Bryman,1999)。因此,定性研究者的理论立场通常更加自由与发散,他们采取自然而综合的态度来审视社会现象或人类行为,并在具体的社会情景中对其做出解读(陈向明,1996;Rossman & Rallis,2003)。因此,在定性研究中,"阐释"具有十分重要的地位(刘柳,2015)。一方面,定性研究者会给予研究对象充分的解读其行为和社会现象的机会,并对这些解读予以必要的重视;此外,定性研究者也同时会对研究对象的解读进行二次解读与阐释(Denzin,2001;Denzin & Lincoln,2005;Donmoyer,2012;Fine et al.,2000)。

可见,与结构化的定量研究不同,定性研究往往采用的是更加自由的、贴近参与者的方法来获取资料(Marshall & Rossman,2006)。基于较小规模的样本,定性研究通常更加深入、多元以及具有整体性(文军、蒋逸民,2010)。依赖于对研究对象的想法和行为的分析,研究者可从中提炼出有意义的解释。环境对于研究对象和研究者而言,都是至关重要的。定性研究者更加希望了解研究对象在自身生活环境中的行为以及对自身行为的理解。同时,研究者也会更加敏锐的感知环境对于研究对象行为和态度的影响。定性研究者也更加强调价值关联而非价值中立[①](刘柳,2015)。当然,定性研究方法因其通常在特殊背景下开展,并只针对相对少量的样本,其代表性和综合性并不显著(Bryman,1999),也无法允许研究者将其研究发现推及更广大的人群。事实上,定性研究的目标和目的也不是将结果推及更广大的人群,而是对某一社会现象进行深度的诠释。

总结来看,定性研究可以详细而生动地研究较少数研究对象的结构、关系与行为,以及寻找研究对象的行为与环境之间的复杂联系和他们对其行

---

① 关于价值关联和价值中立的讨论可以参考韦伯(Max Weber)的《社会科学方法论》(The Methodology of the Social Sciences,1968)。

为和特定事件的解读(风笑天,2015)。可见,定性研究者能够有更大的空间在社会环境之中分析和解读社会事件和研究对象的行为;而参与者也能够有更多的机会表述自己的观点和态度。

一、研究场所与参与者

考虑到毒品问题的地域性差异特点,研究者在 2013—2016 年间对中国吸毒者群体及其毒品使用经历展开系统性研究时主要选择了两个调查地点,其中之一是传统的毒品过境和消费地 X 省,该省位于中国西南边境,与世界最知名的罂粟产地——金三角接壤,长期处于与毒品作战的前沿;其二是经济相对发达的东部省份 Y,该地区经济发达,是重要的毒品输入地。考虑到吸毒人群的敏感性和难接触性,本书第二至第四编涉及的研究对象(吸毒者)均来自上述两省的若干个强制隔离戒毒所。

1. 进入研究场所

研究从进入研究场所开始,对于强制隔离戒毒所这样一个封闭的,且有着严格管控的机构,能够获准进入研究场所是研究得以进行的前提(刘柳,2015)。具体而言,本研究(本章内出现的"本研究"即指上文提及的关于中国吸毒者群体及其毒品使用经历的研究)在进入研究场所这一议题上主要做了两个部分的工作:接触"守门人"以及接触参与者。

进入研究场所首先需要得到该场所负责人,也即"守门人"(gatekeeper)的同意(陈向明,2000;Flick,2014)。鉴于此,寻找谁是"守门人"便成为进入研究场所的第一步(陈向明,2000)。具体到本研究而言,强制隔离戒毒所的所长便是研究者进入研究场地前需要打交道的第一人。研究者通过获得强制隔离戒毒所上级主管部门支持的方式来取得所长对本研究的首肯。研究者首先尝试与研究所涉两省强制隔离戒毒所上级主管部门取得联系,同时出具研究计划以及研究者所在高校的正式介绍信；在和主管部门相关人员面谈并取得支持之后，与主管部门工作人员共同抵达强制隔离戒毒所，与所长进行进一步的交流与沟通，同时亦再次出具相关证明文件与研究计划。在对该研究项目进行清晰介绍，并提交正式介绍信后，本研究获得了各位所长的应允，得以在其管辖的强制隔离戒毒所中进行研究。

2. 招募和选择参与者

一经获准进入研究场所，下一个需要面对的问题便是选取具体的研究参与者（Flick, 2014），也即考虑如何接触到在机构中研究者所感兴趣的研究对象。因为强制隔离戒毒所是一个敏感而有严格纪律的场所，研究者无法私自在其中自由走动或自由与人交流，而是需要得到戒毒所民警的许可及陪同。因此，研究者选择借助戒毒所民警的帮助来招募和选择参与者。

招募和选择参与者是顺利进行数据收集与分析的前提。定性研究者无法像定量研究者那样针对成千上万的大规模样本展开研究，而只能依据研究目的选取相对较小规模的参与者参与研究（Strauss & Corbin, 1998）。即便研究者希望能够招募尽可能多的参与者，然而鉴于定性研究收集与分析数据十分耗时，研究者也无法广泛研究每一个潜在的研究对象（Miles & Huberman, 1994）。因此，研究者就要决定招募何种参与者以及如何招募参与者，用有限的时间和精力获取最多、最有价值的研究信息。

定性研究更加关注深度、全面的理解研究对象，而并非追求样本的代表性与可推断性。因此，定性研究最惯常使用的抽样策略便是立意抽样（purposeful sampling），即依据研究的目标进行有目的的抽样，而并非如定量研究所强调的基于随机性和代表性的抽样。本研究在设计时计划全面描绘一幅吸毒者毒品使用生涯的整体图景，因而需要深入理解参与者的吸毒经历、行为、生活方式和态度。基于此，本研究需要选取能够为研究目标提供足够信息的参与者(刘柳,2015)。换句话说,基于立意抽样的逻辑,定性研究需要选取有足够代表性以及能为研究目的提供足够信息的参与者,即"信息丰富的例子"(information-rich cases)(Patton,2002),而并非普通的"大众样本"(sample-to-population)(陈向明,2000;Firestone,1993;Mead,1953)。

而至于如何选择"信息丰富的例子",不同的学者有着不同的看法(陈向明,2000;Kuzel,1992;Patton,2002)。总结来看,学者所普遍认可的主流的定性研究抽样策略有:"同质性"(homogeneous)、"最大差异化"(maximum variation)、"理论导向"(theory based)、"典型案例"(typical case)、"关键案例"(critical case)、"正反案例"(confirming and disconfirming cases)、"极端案例"(extreme or deviant case)、"政治上重要的案例"(politically important cases)、"强度抽样"(intensity)、"分层立意抽样"(stratified purposeful)、"随机立意抽样"(random purposeful)、"机会抽样"(opportunistic)、"标准抽样"(criterion)、"滚雪球或链式"(snowball or chain)、"综合抽样"(combination or mixed)以及"方便抽样"(convenience)(刘柳,2015;Miles & Huberman,1994)。基于研究目标考量,"最大差异化"策略成为本研究选择参与者的主要标准。鉴于研究需要全面而详细地了解吸毒者的毒品使用经历,不仅需要知晓其毒品使用行为和历程,也需要了解其相应的生活方式,以及可能地摆脱毒品成瘾的意愿和对戒毒项目以及戒毒服务的需求等,而不同的吸毒者在上述诸方面差异颇大,因此,本研究希望尽最大可能招募不同背景以及拥有不同吸毒经历的吸毒者参与研究,以最大限度达致信息充分的目标。

鉴于中国的强制隔离戒毒所并不根据吸毒者的吸毒种类与年限安排不同的戒除毒瘾的治疗项目(Liu & Hsiao,2018),不同背景和拥有不同毒品使用经历的吸毒者被混排在强制隔离戒毒所中接受几乎完全一致的戒毒治疗,因此,本研究在招募参与者时,首先向每个戒毒所中负责协助招募工作的民警解释研究需要,并希望其按照"最大差异化"的标准提供备选者列表。其次,研究者根据研究目标,在备选者中选取合适的参与者,最大程度上实现研究对象的人口学背景和吸毒经历的差异化。最后,再按照确定的名单由民警协助安排研究者与参与者会面和交流。

二、数据收集与分析

1. 数据收集

访谈法是定性研究者最常使用的收集数据的方法。访谈,可谓一种目的性和指向性明确的交谈(Kahn & Cannell, 1957),是一种通过与研究对象的直接接触和使用谈话作为媒介的资料收集方法(风笑天,2001)。与定量研究者惯常使用的问卷或实验法相比,访谈法的优势在于研究者可与研究对象充分交流,故而可获取相对较多、较丰富的信息(Gillham, 2000),因而被视为研究者用以研究其他人类对象最强大的方式之一(Fontana & Frey, 1994)。

虽然访谈也是一种交谈的形式(Janesick, 2004),但其和一般的社交性交谈有着显著的不同。访谈可依据应答者回应的不同自由度划分为无结构式访谈、半结构式访谈与结构式访谈三种类型(陈向明,2000;Fontana & Frey, 1994;Mason, 2002)。无结构式访谈主要为人类学研究者所喜爱,并通常和参与式观察相配合。因其没有任何预先设计的访谈问题,无结构式访谈最为灵活,并可以给予被访者最大的自由发挥空间(董海军,2009;Fontana & Frey, 1994;Schloss & Smith, 1999)。而结构式访谈则恰恰相反,它具有预先设定好的、完整而系统化的访谈问题,应答者不仅需要按照顺序应答,而且只能在给出的既定范围内作出回答(Fontana & Frey, 1994)。半结构式访谈则介乎于上述二者之间,既拥有一些预先设计好的问题,同时也允许被访者基于这些问题充分发挥、陈述和表达自己的观点(陈向明,2000;Flick,2014);研究者亦可以根据被访者的回答进行追问,而不必完全拘泥于预先设计的问题(刘柳,2015)。可见,半结构式访谈同时拥有结构式访谈和无结构式访谈的优点;也正因为此,此种方法最常被使用在定性研究之中。同样,本研究也采用半结构式访谈法来收集数据。

为了以较高质量和效率完成半结构式访谈,本研究招募了八位硕士研究生担任访谈员。他们在访谈开始前均受过完整的学术训练,掌握完备的访谈技巧,并有着较为丰富的、针对不同群体的访谈经验。为了更好地保证访谈顺利进行,在整个资料收集阶段,他们亦不定期地接受研究者的督导,随时解决访谈中出现的问题,并予以反思和改进。

本研究的具体访谈步骤包括如下六项:

(1)访谈前,研究者会按照事先选择好的参与者与其分管民警接触,并和民警确认合适的访谈时间和地点。为了消除民警对于本研究的疑虑,研究者会在事前接触时向其简要介绍本研究的目的和大致研究方法;这也是为了确保参与者可以顺利地接受访谈。

(2)访谈通常会按照研究者的要求,在民警的协助下,被安排在一个相对安静和独立的房间中进行。理想的场所一般是吸毒者生活的戒毒所住宿区的谈话室。

(3)访谈开始时,访谈员会首先向访谈对象做简要的自我介绍,并简单说明访谈的目的。此时,访谈员亦会正式询问候选参与者是否自愿接受访谈。

(4)如果参与者表示对参与访谈无异议,那么访谈就将正式开始。所有的访谈都依据研究者预先发放给访谈员的访谈提纲实施;但访谈员亦会鼓励参与者充分讲述自己的经历以及表达自己的看法。他们亦会根据参与者的表述进行反馈和追问。事实上,由于每个被访者的毒品使用经历不同,他们陈述的焦点也有差异,而访谈员即会根据具体情况就不同的焦点展开访谈。因此,虽然每位访谈员都使用相同的访谈提纲,实际的访谈内容却是千差万别的。

(5) 该研究的部分访谈使用了录音设备。是否使用录音设备取决于该强制隔离戒毒所是否允许将录音设备带入访谈地点以及参与访谈的当事人是否同意录音。在未使用访谈设备的访谈中,访谈员会使用纸笔进行记录。

(6) 本研究的访谈均采用一对一的方式展开,每个访谈大约持续 60～90 分钟。

2. 数据分析

与定量研究的线性模式不同,定性研究往往采用循环往复的模式来进行数据的收集和分析工作(刘柳,2015)。在这一模式下,数据的收集和分析是交叉进行的,或者也可以说,是同时进行的(陈向明,2000;Charmaz,1996;Richards,2005)。因此,在真实的研究过程里,数据分析并非一个完全独立的部分,而是一个存在于整个研究的持续的过程(Lindlof, 1995)。同样,本研究也使用此种"环形"模式来进行研究,即访谈、分析访谈资料、再访谈、再分析访谈资料,如此循环往复。此外,本研究因访谈数据资料极为丰富,研究者在最终撰写某一特定话题的论文时,会将相关的访谈记录重新梳理和分析,以确保所有参与者提供的信息都被完整、正确地理解和呈现。

当然,为了便于清晰化的呈现本研究数据的分析过程,此处仍然可以单独花费一定的笔墨介绍本研究的数据分析过程。

(1) 数据文本化

本研究的数据分析由文本化开始(Flick, 2014)。文本化即将访谈整理为文字记录的过程。如前文所述,本研究大部分访谈采用了录音设备进行记录；而因为部分戒毒所环境所限以及部分被访者的拒绝，少部分访谈则采用了纸笔形式记录。事实上，这两种记录方式各有利弊。录音设备可以完整地记录访谈内容，访谈员也可专注于问答和反馈，而不必分散精力去记录访谈内容，因而是现下较为流行的访谈记录方式。与之相比，目前使用纸笔记录的研究者越来越少了。使用纸笔记录便意味着访谈员在做访谈的同时需要记下被访者的作答，而这需要花费一定的时间，从而使得访谈的流畅度受阻；此外，手记也不像录音那般精确，故而有可能在记录的过程中损失部分信息。然而这种"传统而古老"的记录方法，也有其自身优势。相对于录音而言，纸笔记录可令被访者减少防备，甚至更加愿意"吐露真言"，他们不必有自己的声音被别人听到的担忧，因而更加放松而自如。

针对这两种不同的记录方式，本研究相应地采取了不同的文本化方式。对于录音记录的访谈，访谈员通常首先将访谈整体做完，之后再另辟时间放录音并逐字记录为访谈记录稿。而对于那些纸笔记录的访谈，因访谈期间无法完整地记录下访谈语句，而只能记录关键性词句，访谈员通常需要在访谈结束之时立刻将其文本化。由于相隔时间短暂，多数内容都是能够被回忆起来的，尤其是访谈对象提到的那些最重要的故事和观点。因此，对于这部分访谈，并没有独立的文本化阶段；所有的文本化工作都是在某一特定的访谈结束后即刻完成的。

（2）数据分析

访谈数据文本化结束之后，便进入对这些浩如烟海的访谈文本的研读和分析阶段（Ryan & Bernard, 2000）。学者们大多会将定性研究的分析步骤划分为极其类似的若干个步骤。如本书后续的各章节中经常被提及的主题分析的六阶段程序指南（Braun & Clarke, 2006）或者更具有理论构建特征的扎根理论（grounded theory）流程。总结来看，本研究的数据分析主要包括如下六个步骤：

第一步为组织数据，即将文本化完成的文字材料按照一定的组织和架构进行分拣，并为之后的分析做好准备。本研究的数据是依照被访者性别、戒毒所所处省份以及访谈进行的日期排列的。此外，所有被访者的人口学背景信息以及毒品使用历程的关键信息点都被记录在一张参与者概况表中。

第二步为沉浸在数据中。这个步骤是为了保证研究者对其手中的访谈数据极为熟悉，从而能够更好地完成后续的分主题分析。面对着大量的文本以及堆积如山的访谈记录（Patton，2002），研究者往往需要花费大量的时间来反复阅读，以消化这些文字以及理解其背后的含义。也只有这样做，研究者才能够从庞大的文本中找出符合自己研究目标的主题，并形成多个完整的、有意义的故事体系。事实上，沉浸在数据中是贯穿于整个数据分析流程之中的，而并非一个独立存在的步骤；在后续的编码、解释等阶段依然需要研究者再次反复阅读文本。

为数据编码是分析的第三步，即采用各种编码来标示文本，并形成各种细致的分类和结构。具体而言，编码主要可分为开放编码（open coding）或者初始编码（initial coding）以及主轴编码（axial coding）两个阶段。开放式编码或初始编码旨在保留所有数据中的细微差异，因而编码呈现得多而细碎。而随后的主轴编码则是将开放式编码之后较相似的内容整合起来，从而使编码更加规整、更具逻辑性。经过编码，访谈文本便由"一盘散沙"被整理成有逻辑结构的序列。

数据分析的第四步是对编码后的数据做出解释并撰写分析性的备忘录（Marshall & Rossman，2006；Maxwell，1996；Rossman & Rallis，2003；Schatzman & Strauss，1973）。备忘录可算是研究者在分析数据时一些即兴的观点和灵感的呈现，虽然它们不一定十分体系化，却有助于稍后研究者对编码进行更加便捷的归类，以及对数据进行更加理论化的呈现。在本研究中，研究者一直保持着写备忘录的习惯，以确保与研究相关的思想火花可以被随时记录下来。八位研究助理在收集数据和文本化的过程中也被要求书写简单的备忘录，尽管有时只是一些简短的词句。而通过不断地编码和撰写备忘录，研究者便越来越可以给予数据一个良好的解释。

第五步便进入形成类型和主题的阶段。这也被认为是整个数据分析流程中最有趣和最具有创造力的过程(Marshall & Rossman, 2006)。面对不同的被访者讲述的千差万别的故事和不尽相同的观点，研究者既需要遵循自己的研究目标，又需要发挥其对数据的敏感度和归纳综合能力来对这些信息和编码进行分类(Marshall & Rossman, 2006)。至此，那些原本未经处理的大批访谈记录已经被处理为逻辑性强的完整故事。

当然，此时分析还不能算结束，而是进入第六步——寻找其他可替代的解释数据的方法。事实上，无论研究者分析、归纳和解释数据的路径多么富有逻辑性，替代性的选择总是存在的(Marshall & Rossman, 2006)。此时，研究者应进行反思，并证明自己的选择是更为恰当的。

三、伦理议题与计算机辅助工具的使用

本研究在实施的过程中还牵涉伦理的议题以及计算机辅助工具的使用，在此也需要一并交代。

1. 伦理议题

社会科学研究大多数都以人为研究对象，因而在研究的过程中总会涉及伦理议题。关于伦理的探讨不仅是审视研究的道德性，更是旨在确保研究对象不会因为参与了该项研究而受到生理或心理上的伤害(刘柳，2015)。

具体而言，社会科学研究所涉及的伦理议题主要包括研究计划阶段的伦理问题和数据收集与分析阶段的伦理问题两大部分。

首先，研究者的研究设计应该是符合伦理准则的(Mason，2002)。研究并不是目的本身，而应有益于某些特殊的社会群体或对整个社会有一定的价值(弗里克，2011)。换句话说，研究者在研究开始前应该自省：从伦理的角度来看，本研究的价值何在(Miles & Huberman，1994)？对于本研究来说，基于道德和伦理的立场，本研究的实施可以推动社会对吸毒者这一弱势群体的了解，继而为帮助他们戒除毒瘾以及增进这一群体的福祉做出努力。吸毒者是个很少为社会大众所了解的群体，而通过本研究，他们的经历和心声可能会有机会被社会大众所了解，因此便有更多的可能得到社会和学术界的关注。鉴于此，本研究的议题选择是理性的，也是符合伦理要求的。

其次，研究执行阶段的数据收集和分析也应该是按照符合道德的方式进行的(Mason，2002)。定性研究的数据收集大多基于访谈，研究者需要依赖研究对象的叙述去探究社会事实及研究对象的行为。然而研究者一方面好奇研究对象的经历和想法，总是想要一窥究竟；另一方面，却又在不停地思索研究对象所叙述的内容是否"真实"。基于伦理的考量，研究者在访谈时应充分考虑研究者与研究对象之间的信任与协作。研究者应清楚地认识到，自己的研究在伦理的层面上来说是为了给予特定群体一个自我表达的机会，而并非为了给他们造成不必要的影响(陈向明，2000)。因此，本研究在实施过程中，研究者要求访谈员秉承"将心比心"的原则，谨慎处理自己所问的问题，以免给参与者造成不适。而至于参与者所述之内容真实与否，则完全不用担心；因定性研究的立场便是阐释主义的而非实证主义的，研究者的关注点更多应该落在参与者如何陈述和解释，而并非其所讲述的事件是否为"事实"。

最后，为了确保研究对象充分了解研究的目标以及所涉及的内容，并且给予其选择参与该研究与否的自由，"知情同意"便显得尤为重要(Israel & Hay, 2006; Sedlack & Stanley, 1992)。可见，知情同意是为了使参与者在完全知情且不受胁迫的状况下自愿参与社会科学研究(Henn, et al., 2009)；它可以保证参与者的尊严和自主选择权(Bulmer, 1982)。遵循这一准则，本研究也按照规范在访谈开始前由访谈员向参与者简要介绍研究目标和内容，并征询其同意；在这一过程中，访谈员会强调，拒绝参加访谈不会对其造成任何负面影响。只有在参与者明确表达了自己自愿参加的意愿之后，访谈员才会正式开始访谈。

不过，尽管研究者已获得参与者的许可而能够继续进行访谈，也并不意味着研究者可以随意使用他们从参与者那里获得的信息。事实上，研究者在数据分析的过程中仍然需要提醒自己关注伦理问题。在定性研究数据分析阶段，最常用的降低伦理风险的方法便是匿名化以及保密处理(刘柳，2015)。在本研究中，研究者首先要求访谈员在访谈时明确告知参与者，他们的个人信息会经过匿名化处理以确保其身份不会因为参与本研究而被他人识别；其次，研究者也要求所有参与本研究项目的研究助理妥善保存手中的访谈资料，确保不会外泄；最后，在文本化和数据分析时，所有参与者的真实身份和个人信息都被隐去，而代之以代号或假名(Henn, et al., 2009)。经过这一系列的处理，在最后的各种学术作品中，可确保读者无法通过阅读所引用的访谈记录和相关描述综合构建出某一具体参与者的潜在真实身份。

2. 计算机辅助工具的使用

当下，越来越多的定性研究者们开始尝试使用计算机软件辅助进行数据分析。尤其是，随着计算机科学的进步，定性数据分析软件也越来越"聪明",可以处理各种不同的文字、图片甚至声音数据,在一定程度上为定性研究者们节省了时间。不过,与定量研究者们大量采用计算机软件处理他们的数字化数据不同,很多定性研究者并不是很愿意使用计算机软件来分析文字数据。其原因在于文字较数字复杂得多、也包含有更多的含义,因而在经由计算机软件分析时,研究者总不那么"放心"(刘柳,2015)。

虽然定性研究者很期待计算机软件能够代替他们阅读那浩如烟海的文本,并自动进行编码和分类(Weitzman,2000),但实际上就目前的技术而言,这一希望尚无法实现。计算机软件虽然可以承担检索和归纳文本的工作,但始终无法像研究者那样通过研读访谈记录发现其中丰富的内涵与意义。当然,它们也可以对文本进行编码,但这些编码常常被认为是"快速但不完美"(quick and dirty)的(Lee & Fielding,1991)。而分析的结果也往往需要研究者再进行复核。

因此,综合考虑计算机辅助工具处理文字材料的优缺点,本研究仅在有限程度上使用了 Nvivo 软件,即仅使用其整理编码,而并不完全依靠软件来自动检索和分析文本(Weitzman,2000)。当然,这也意味着,即便是用了计算机辅助软件,也并未降低研究者逐字阅读文本所需要耗费的时间。当然,我们必须承认,只有亲自对文本进行反复的阅读、分析和反思,才能够发现其中的有趣点和闪光点,并将其呈现在最终的论文及著作中。也只有如此,才能够完成高质量的定性研究。

第二编

成瘾与戒瘾经历：毒品使用生涯的不同阶段

本编主要基于对毒品使用生涯不同阶段的描绘呈现吸毒者的成瘾经历。西方研究表明，毒品使用生涯可包括如下几个阶段：开始阶段（initiation）、扩张阶段（escalation）、维持阶段（maintenance）以及终止（discontinuation）和复吸阶段（renewal）（Coombs，1981；刘柳、段慧娟，2015）。本编的第一和第二篇文章分别关注了男性和女性吸毒者使用毒品的开始阶段,第三和第四篇文章则分别呈现了毒品使用的扩张和维持阶段,而第五及第六篇文章则是关于毒品使用的终止和复吸阶段。同时,第二至五这四篇文章是基于同一轮调查中的女性吸毒者研究样本所做出的分析,但分别关注了女性毒品使用生涯的四个不同阶段,连起来阅读也可成为一个完整的关于女性吸毒者毒品使用生涯全过程的研究。

第一篇文章基于中国"面子文化"探讨了男性吸毒者对冰毒的初次使用模式。在过去的二十余年里,中国的冰毒使用量迅速增长,年轻男性冰毒使用者数量大幅增加;然而,中国男性初次接触冰毒的模式却鲜有研究关注。研究者采用半结构式访谈法,对正处于强制隔离戒毒所中进行戒毒治疗的35名男性冰毒使用者进行了调查,并采用主题分析法分析了访谈资料。结果显示,策略性应对结构性社会网络中的同伴影响是中国男性开始使用冰毒的主要原因。与朋友、同事或商业伙伴一起玩乐以维持其"面子",对冰毒充满好奇心,以及对冰毒这种潜在的成瘾性药物缺乏了解,综合构成了他们使用冰毒的动机。此外,大多数男性冰毒使用者都是在封闭的地点开始他们的冰毒使用历程的,例如夜总会、卡拉OK厅、酒店和私人住宅,因为这些地方被认为是"安全的"。一些参与者还表示,他们开始使用冰毒是因为他们将其看作一种减少海洛因或酒精依赖伤害的方式。当然,这种看法忽视了冰毒与其他毒品或酒精同时使用时会产生的有害后果。基于此,研究者建议为处于高风险社交网络中的年轻男性提供社会支持项目;因为在这些社交网络中,使用冰毒被视为一种"人际互动方式"。此外,实时更新的针对冰毒的毒品教育应在学校中广泛开展,而大众媒体也可以在教育公众冰毒使用的潜在风险方面发挥作用。

第二篇文章探讨了在强制戒毒机构中46名女性戒毒者的毒品初次使用情况,以捕捉长期接受戒毒治疗的女性吸毒者对其毒品初次使用经历的认知及态度。参与者依据其主要使用的毒品被分为两组:27人使用冰毒(甲基苯丙胺),

19人使用海洛因（其中11人偶尔使用冰毒）。在分析参与者的毒品初次使用体验后可以得到四个主题：(1)涉足高风险社交网络；(2)缺乏来自家庭的关爱和支持；(3)遭遇感情问题；(4)受到男性伴侣的影响。研究结果表明，年轻一代的女性吸毒者更倾向于从冰毒而非海洛因开始她们的毒品使用生涯，这在很大程度上与中国毒品市场的变化以及全球化的广泛影响相关。许多女性冰毒使用者开始使用毒品都源于缺乏来自家庭的关爱和支持，但这一影响因素对海洛因使用者接触毒品的经历却没有很大的影响，女性开始使用海洛因多源于感情问题或者与男性亲密伴侣相关。而涉足高风险社交网络是中国女性吸毒者开启毒品使用生涯的共同原因，无论她们选择使用何种毒品。

第三篇文章展现了青年女性新型毒品使用者在毒品使用生涯扩张阶段的经历，通过分析以说明她们在进入"毒品的世界"之后的心理与行为变化。如前文所述，目前中国毒品问题日趋严重，尤其是以冰毒为主的新型毒品呈现快速上升势头，成为青年吸毒群体普遍选择的毒品。研究发现，青年女性吸毒者在毒品使用生涯的扩张阶段主要围绕毒友圈和圈子亚文化展开；对毒友圈的依赖又使其社交生活发生变化，进而导致其难以摆脱毒瘾。根据研究所得结果，研究者建议针对青年女性吸毒者的戒瘾治疗可从多方面入手，包括构建良好的社交网络，加强其对新型毒品的认识，以及对其心理和行为方式的重塑。

第四篇文章通过经验性描述清晰勾勒女性吸毒者的吸毒经历，并对其毒品使用行为的维持作出解释和探讨。毒品使用行为的维持是吸毒者毒品使用生涯的一个重要组成部分。研究发现，女性吸毒者维持使用毒品行为主要源于三方面因素：家庭的默许和纵容、身处于毒友圈子以及社会舆论和歧视。究其内在，则可主要归结于两个问题：禁毒教育的缺乏以及我们的社会长期以来对吸毒者采取一种刑事司法的视角。鉴于此，可针对性提供或改进干预项目与相关政策以促进女性吸毒者放弃维持毒品使用，进而戒除毒瘾。

第五篇文章着重呈现女性吸毒者在强制隔离戒毒所中的戒毒经历和体验。研究发现，首次接受强制隔离戒毒治疗的女性吸毒者通常展现出戒毒的热情和积极的态度；而那些进入戒毒所两次以上的吸毒者则通常对她们能够通过治疗彻底戒断毒品持悲观态度。虽然这些女性都能够在戒毒所中戒除对毒品的依赖，然而很多人在完成戒毒治疗后短时间内便走上了复吸的道路。这表明强制隔离戒毒治疗模式在长期保持戒毒成效方面仍然有待提升。由此可以揭示强制隔离戒毒治疗的可改进之处，并可基于此构建一个综合治疗体系，将机构治疗模式的改进与社区治疗模式的发展进行有机结合，以解决吸毒者在不同阶段的戒瘾问题。

第六篇文章在理性选择理论的框架下探讨了寻求通过自愿戒毒治疗戒除海洛因使用的个人意愿和经历，以及取得积极效果所面临的挑战。研究发现，参与者尝试了医疗和非医疗的戒毒治疗方法，但同时也面临着多个阻碍他们获得积极效果的结构性和个人化障碍。虽然停止使用海洛因可能对他们的健康和家庭关系有益，但他们认为戒毒的生理、心理和社会成本都超过了潜在的收益，因而最终又选择重新开始使用海洛因。因此，研究者建议对具体的结构性和个人化障碍开展更有针对性的自愿戒毒治疗计划，以帮助这一群体戒除毒瘾。

"面子文化"与男性冰毒接触模式

一、研究背景及文献综述

过去二十余年来,贩卖和使用冰毒这一可能具有致瘾性的安非他明类兴奋剂在全球范围内迅速增长。在 2010 年至 2015 年间,全球冰毒缉获量翻了一番,2015 年缉获量超过 100 吨(United Nations Office on Drugs and Crime,2017);东亚和东南亚地区的冰毒缉获量已超过北美地区(United Nations Office on Drugs and Crime,2017)。自改革开放后 20 世纪 80 年代以来,中国一直面临着毒品使用问题(Lu et al.,2008)。在过去若干年中,中国最流行的毒品已从 20 世纪 90 年代和 21 世纪初的海洛因转变为安非他明类兴奋剂(Sun et al.,2014)。截至 2016 年年底,中国 60.5% 登记在册的吸毒者(至少一次因吸毒被警方抓获)被报告为安非他明类兴奋剂使用者(国家禁毒委员会,2017)。冰毒是中国使用最广泛的安非他明类兴奋剂类药物,而中国也成为该药物的主要生产地和经销地(Sun et al.,2014;United

Nations Office on Drugs and Crime, 2016)。2015年，中国登记在册的冰毒使用者人数已达77.6万，超过登记吸毒者总数的一半(O'Connor, 2016)。

探索冰毒初次接触模式对于制定预防冰毒使用的干预方案至关重要。已有研究表明，冰毒使用者的社会人口学特征及其社会关系都与其接触冰毒相关。冰毒使用者大多聚集在社会弱势群体中。一般来说，社会经济地位较低的人群更有可能面临结构性障碍——社会边缘化、有限的社会经济机会以及高风险的社会网络——这都是他们接触冰毒的原因(Hobkirk et al., 2016; Parsons et al., 2007; Saw et al., 2017)。在一些西方社会，拥有其他药物的使用历史也被发现与冰毒使用相关(Brecht et al., 2007; Sheridan et al., 2009)。家庭和社会网络在个体接触冰毒的过程中也起着至关重要的作用。例如，高度整合的家庭结构及亲密关系（如与伴侣、父母或孩子的关系）可以使人们更加熟悉冰毒(Brecht et al., 2004; Sheridan et al., 2009)。同样，许多年轻的冰毒使用者报告说，他们在很多时候都受到同龄人的影响，与亲密朋友"开心玩乐"是他们开始使用冰毒的导火索(Bolding et al., 2006; Brecht et al., 2007; Farrell et al., 2002; Semple et al., 2006; Sherman et al., 2008)。

尽管现有文献探讨了可能的影响变量，如受教育程度、性别、初始使用冰毒的年龄以及社会关系等(Carbone-Lopez et al., 2012; Parsons et al., 2007; Sherman et al., 2008)，我们仍然需要关注人们究竟是如何开始使用冰毒的。促使人们开始使用冰毒的情景、吸毒者的个人经历，以及他们开始使用冰毒的地点，都对我们理解他们初次接触冰毒的模式有重要作用。

中国男性使用冰毒的人数远远超过女性（国家禁毒委员会，2016）。诸如冰毒初次接触年龄这样的性别差异已经被很多相关的定量研究所探讨(Liu et al., 2013; Saw et al., 2017)。然而，尽管研究发现中国女性开始使用毒品在一定程度上与伴侣的影响有关(Liu et al.，2016)，但我们很难将这一结论应用于男性——这是因为在中国传统文化之中，性别间权力关系的差异使得男性受到其伴侣的影响的可能性较小。此外，在中国背景下，男性吸毒者可能出于特定的文化原因而开始毒品使用——面子文化。面子是一个人的社会地位被他人普遍认可的方式，它在中国人的日常社会交往中扮演着重要的角色(翟学伟，2004)。面子与权力和阶级关系紧密相关，而权力和阶级关系是建立在社会分层和经济资本之上的(Hwang，1987；Servaes，2016)。在社会交往中，通过满足对方的期望来维持对方的面子是建立和维护"关系"的关键，尤其是在双方社会地位不平等的情况下(Buckley et al.，2006)。值得注意的是，生活在城市地区的中国男性比女性拥有更大规模的人际网络(Lin，2001)；因此，他们在日常生活中可能会有更频繁的社会交往。考虑到面子在中国文化中的重要地位，许多中国男性可能会选择在冰毒使用被强烈期待的情景下使用冰毒。

鉴于此，一项相关的定性研究便显得十分必要，这有助于我们进一步了解中国男性吸毒者初次接触冰毒的模式。这项研究的开展即是为了填补已有文献的空白；同时，针对男性冰毒使用者的增加，本项研究也强调了有性别区分的毒品相关政策和干预方案的重要性。该研究也有助于学术界了解非西方社会中的人们初次接触冰毒的模式；事实上，时至今日，这一议题引起的关注依然是十分有限的(参见 Hernandez，2016；Liu et al.，2016；Saw et al.，2017)。

二、研究方法

本研究采用定性研究方法，旨在分析中国男性吸毒者初次接触冰毒的模式。本研究是 2013 年至 2016 年间实施的一个关注中国吸毒者及其毒品使用经历的大型研究项目的一部分,该项目在中国多个强制隔离戒毒所中展开针对吸毒者的调查。

1. 参与者选择与过程

本研究的参与者均来自该项目第三轮调查所涉及的多个强制隔离戒毒所。强制隔离戒毒所是高度戒备机构,被用来为那些因为吸毒受到警方三次或三次以上抓捕的各类吸毒者提供机构式戒毒治疗服务(Liu & Hsiao, 2018; Liu et al., 2016)。这些机构主要采用两种强制性治疗模式,即职业培训(旨在改变吸毒者的行为,以及帮助他们获得新的生活技能)和教育项目(包括毒品知识教育、心理健康训练以及独立生活技能培训)(《中华人民共和国禁毒法》,2007)。截至2012年年底,中国有超过30万吸毒者在678所强制隔离戒毒所接受治疗(Zhang et al., 2016)。

由于强制隔离戒毒所基本上是对外封闭的,研究人员无法与潜在的参与者建立个人联系。因此,戒毒所管理人员在参与者选取过程中被当作知情者,因其了解吸毒者的社会人口学背景。本研究采用方便和目的性抽样的方法来确定研究对象。戒毒所管理者首先按照研究者的要求推荐了具有不同人口特征的参与者候选人;之后,研究者有目的地从这些候选人中选出多名具有不同背景以及不同毒品使用经历的潜在参与者,以满足最大差异性的标准(Miles & Huberman, 1994)。这些被选出的潜在参与者都有选择参加或不参加本研究的权利。此外,还有一些潜在参与者虽然选择了参加研究,但在访谈过程中却拒绝合作。他们拒绝在访谈中分享他们的吸毒经历,因此,这几位被访者也被排除在研究参与者之外。最后,共有62名具有不同人口背景和不同吸毒史的男女性吸毒者在这一轮调查中参与了对其吸毒经历和生活经历的访谈;所有参与者在项目开始前自愿签署了知情同意书。虽然大型调查项目的该轮调查涉及不同性别、年龄以及毒品使用经历的吸毒者,但对于本项具体研究而言,参与者应为(a)男性,(b)有冰毒使用史。因此,35名男性冰毒使用者形成了本项研究的最终样本。

2. 数据收集与分析

本研究的资料收集采用半结构式访谈法。该方法允许研究人员设置预先确定的问题,且同时能够让参与者灵活地表达自己的想法(Flick,2014)。访谈语言为普通话。每次面对面的访谈都采用录音记录,在60~90分钟内完成。五名训练有素的研究助理承担了访谈员的工作,帮助研究团队进行数据收集。在整个数据收集过程中,他们一直接受研究者的督导,以确保数据收集的质量。在访谈中,访谈员向参与者提出一系列与冰毒的初次接触模式相关的问题,例如,接触的时间、地点、同伴、冰毒准备、以前的毒品使用情况以及使用者的感受等。而参与者则被鼓励依据这些问题说出自己的故事。

五名研究助理在访谈完成后将访谈录音整理成访谈逐字稿文本。这些文本之后被导入Nvivo10软件进行分析。在逐行阅读访谈文本的基础上,研究者使用了开放编码和主轴编码来构建叙事和形成主题。最后,一些关于参与者初次接触冰毒经历和过程的主题逐渐浮现。在主题分析的过程中,35名参与者的叙述最终围绕着这些主题被解释与构建出来(Sheridan et al.,2009)。

三、研究发现

1. 参与者的社会人口学特征

表1显示了35名参与者的社会人口学特征。这些男性冰毒使用者的平均年龄为33.5岁(17~55岁)。大约一半(17人)报称受教育年限在9年或以下。不到20%的参与者(6人)在进入戒毒所之前有全职工作经历。至于

婚姻状况，17名参与者汇报为单身，另有15名报告为已婚（包括同居）。只有1名参与者自称属于性少数群体，其余参与者均为异性恋人士。

表1 研究参与者的主要特征（人数＝35）

		人数	百分比（％）
年龄[a]	21岁以下	3	8.6
	21～30岁	12	34.3
	31～40岁	13	37.1
	41～50岁	5	14.3
	51岁以上	2	5.7
受教育程度[b]	小学（6年）或以下	2	5.7
	初中（9年）	15	42.9
	高中（包括职业高中）（12年）	10	28.6
	大学（包括大专）或以上	6	17.1
	缺失	2	5.7
职业	全职工作	6	17.1
	兼职工作	6	17.1
	自顾/做小生意	14	40.0
	学生	1	2.9
	无业	6	17.1
	缺失	2	5.7
婚姻状态	单身（包括离婚和丧偶）	17	48.6
	结婚（包括同居）	15	42.9
	缺失	3	8.6
性取向	异性恋	34	97.1
	性少数	1	2.9
初次使用冰毒的年龄	21岁以下	12	34.3
	21～30岁	11	31.4
	31岁以上	12	34.3
	缺失	1	2.9

续表

		人数	百分比(%)
冰毒使用前的毒品使用经历	海洛因	5	14.3
	氯胺酮	2	5.7
	摇头丸	2	5.7
	无	26	74.3
初次使用冰毒的地点	私人住宅	13	37.1
	酒店房间	5	14.3
	酒吧、夜总会、KTV或其他娱乐场所	12	34.3
	缺失	5	14.3
初次使用冰毒时的同伴	朋友/熟人	28	80.0
	领导/同事/客户	4	11.4
	伴侣	1	2.9
	无	1	2.9
	缺失	1	2.9

注：[a] 平均＝33.5岁，范围＝17～55岁。
[b] 如果参与者已经开始一个阶段的学习，但并未完成，依然会被记录为拥有该阶段的相应的教育程度。

2. 接触冰毒之前

(1) 已有的毒品使用经历

绝大多数参与者(26人)报告说，在他们接触冰毒之前并未使用过其他毒品(见表1)。这些参与者是没有经验的吸毒者，而冰毒是他们尝试的第一种毒品。

另有9名参与者在第一次尝试冰毒之前已经有过吸毒行为；在所使用的毒品中，最常被提及的是海洛因(5人)，其余的则为氯胺酮(2人)和摇头丸(2人)。从使用其他毒品转为使用冰毒主要源于"好奇"(案例7)，但同时也有来自同伴的影响。他们大多观察到，与其他毒品(海洛因或其他非阿片类合成毒品)相比，冰毒能够使他们获得更加旺盛的精力，并且可以让他们"维持三至四天不睡觉"(案例5)。

此外,5名曾经有海洛因使用历史的参与者还认为,相比海洛因而言,冰毒的成瘾性较低。一名参与者说,"海洛因很容易上瘾,很难戒掉。冰毒更好,因为它不那么容易上瘾。我可以控制我的使用量"(案例10)。对这5个人而言,改用冰毒被视为减少或停止海洛因使用的一种方式。另外4名曾使用过氯胺酮和摇头丸的参与者则表示,他们对其他非阿片类毒品已经感到厌烦;而转向更烈性的毒品,冰毒,则会让他们感觉"更兴奋"和"更愉快"(案例19)。

(2) 已有的冰毒知识

参与者们表示,他们在接触冰毒时对其一无所知或知之甚少。其中一位参与者说:"我对冰毒完全不了解。那时我很年轻,大约19岁。我以为它就像香烟一样。"(案例1)甚至那些有过其他毒品使用经验的参与者也报告说,他们在使用冰毒之前缺乏相关知识。"不,那时我对冰毒没有任何了解,"一位曾经使用过海洛因的参与者说(案例3),"我只是觉得它很有趣,和海洛因不同,我想试试。"也有少部分参与者宣称他们"清楚地知道冰毒是一种毒品,但认为它不会上瘾"(案例14);此外,他们在开始使用冰毒时"不知道冰毒的危害有多大"(案例16)。

得益于学校和大众媒体成功的针对海洛因使用预防的教育项目,大多数参与者表示他们知道海洛因极易上瘾。然而,他们却缺乏有关冰毒的必要知识。一位参与者表示:"我从学校学到了足够的海洛因知识。我知道海洛因是会上瘾的,所以我永远不会尝试它。但我从未了解过有关冰毒的基本信息。"(案例8)同样,另一名参与者说,"我认为只有海洛因才会上瘾,而所有其他东西都不会"(案例19)。

3. 初次接触冰毒的经历

(1) 初次接触冰毒的年龄

大多数参与者(23人)报告,他们首次尝试使用冰毒的年龄小于30岁

(见表1)。其中5人表示,他们第一次接触冰毒是在18岁之前。另有12名参与者在开始使用冰毒时年龄相对较大(大于31岁),而他们中有5人曾使用过其他毒品。

(2) 初次接触冰毒的地点与环境

参与者最常在私人住所(13人)、酒店房间(5人)或俱乐部/酒吧/卡拉OK房间(12人)使用冰毒(见表1)。他们的经历表明,在封闭的娱乐场所(如俱乐部、酒吧或卡拉OK房间)中初次接触冰毒与在私人场所(如私人住宅或酒店房间)中使用有一些不同之处。

娱乐场所提供了一种"直观的世界主义"(Davis, 2015)。在这样的社会环境中,吸毒者被性激情行为、各种各样的俱乐部毒品(冰毒是最"流行"的一种)以及快节奏的音乐混合包围着。据一些参与者说,他们的夜生活通常包括喝酒、唱歌、跳舞、性行为以及冰毒的使用。"冰毒在夜总会随处可见;在这种环境下,每个人都会想要使用它",一位参与者(案例7)说。另一个年轻人(案例30)也补充道:"如果你去酒吧,就会很容易开始使用冰毒,因为你到处都能看到它。"

在某些情况下,私人住所也可作为初次接触冰毒的地点。一位参与者这样描述:"在朋友家里有一个私人聚会。我们打完牌后,他们就拿出了冰毒,还劝我试试。"(案例1)与前文所描述的激情和娱乐情境不同,私人住所提供了更多的私密和自由的空间。这些私人场所也被视作更"安全"和更"放松"的环境,在朋友的影响和对冰毒的好奇心的驱使下,毒品使用新手们有了与毒品使用相关的社交机会。

(3) 初次接触冰毒时的伙伴

大多数参与者都是借由社交网络中的朋友介绍而接触冰毒的(见表1)。当被问及他们初次接触冰毒时的伙伴时,亲密朋友或熟人是最常见的回答

(28人，80%）。"我认识的一个人让我试试看，"一位参与者（案例18）说，而更多的参与者也给出了类似的回答："好几个朋友"（案例10），"当然是朋友"（案例22），"是从小和我一起玩的朋友"（案例28），"我那天遇到的新朋友"（案例25）。其他人则回忆说，他们是和老板/工作伙伴/顾客（4人）以及亲密伴侣（1人）一起开始他们的冰毒使用历程的。仅有一名参与者表示，他在初次接触冰毒时是一个人。

参与者回忆说，他们基本上都是从向他们介绍毒品的人那里获得冰毒的，并且他们初次使用的冰毒都是免费的。通常情况下，这些介绍人都是冰毒的长时间使用者，并倾向于扩大他们的冰毒使用圈子和社交网络。他们将向朋友或同事提供冰毒作为一种社交方式。一些参与者强调，"冰毒通常都是被用来招待朋友的"（案例14）。

(4) 冰毒使用介绍

所有参与者都报告说，他们几乎是偶然接触到冰毒的。然而，他们中的大多数人也坦言，他们对"尝试新事物"持相当开放的态度（案例35）。大多数参与者强调，第一次向他们介绍冰毒的人是"经验丰富的冰毒使用者"（案例4）。介绍人通常将冰毒描绘为值得一试的东西，因为它可以"解决"生活中的所有问题，特别是"消除疲劳"。体验"快感"和"愉悦"是说服新手使用冰毒最常被使用的话术。一位参与者描述了他初次接触冰毒的经历：

那天，我和几个有钱的朋友在赌博。赌博后他们就拿出冰毒在玩，也劝我试试。他们跟我说，冰毒能让人觉得开心，能忘记所有的烦恼。我那时候刚好生意上出了点问题，比较烦，就试了。（案例24）

此外，"冰毒不会上瘾"通常与"尽情享乐"一起被提及，以"增强说服力",促使"新手"加入冰毒使用者的行列。"他们都说这东西不会上瘾。他们告诉我,他们只在聚会上使用,只是为了好玩",一名参与者(案例 8)说。而使用昵称来代替冰毒的名字是另一种方法,用以减少新手使用毒品的不适感,同时增加其对缺乏经验的使用者的吸引力。

> 我的朋友跟我说冰毒不会上瘾。他们管它叫"冰",听起来根本不像是毒品。所以,我觉得应该是可以用的,我的朋友们都在用。(案例 16)

一些参与者提到,他们开始使用冰毒单纯是受到朋友的影响或者说是出于社交需要,因为在他们所处的社交网络中,冰毒被广泛使用。中国的"面子文化"被认为是这种朋友影响或社交需要的根源。例如,其中一位提到:

> 我之前在夜总会当经理。那时我看到一个顾客在我夜总会的房间里溜冰(指使用冰毒)。我们虽然谈不上是朋友,但是是认识的,算是熟客。他邀请我加入,我觉得我没法拒绝。如果我拒绝他的邀请,他肯定会觉得我看不起他,这会伤了他的面子,那他可能就再也不会来我的俱乐部了。我还得做生意,所以我接受了他的邀请。(案例 21)

也有一些参与者谈到,当看见其他人使用冰毒时,他们表现出了"好奇"和"兴趣",于是他们不需要他人的劝说,便决定尝试冰毒。他们大多认为开始使用冰毒是"一时冲动下自发的事情"(案例 33)。

(5)毒品准备与吸毒方式

除了 2 个人之外的所有参与者都报告说,他们初次接触冰毒是与其他吸毒者在一起的(见表1)。且大多数强调,鉴于他们缺乏冰毒使用的知识,他们需要依靠更有经验的吸毒者来教他们如何使用冰毒。

在初次接触冰毒期间,参与者对于吸毒方式的选择主要受到介绍人的影响。对大多数参与者来说,他们第一次使用冰毒的主要方式都是吸食,并使用一种自制过滤瓶装置,这也是一种非常常见的使用冰毒的方式。例如,一位受访者说,"我知道海洛因通常是注射的,但冰毒需要点燃,而吸食它需要用瓶子"(案例31)。同样,曾经注射过海洛因的参与者也认为,他们更喜欢采用吸食的方式使用冰毒而非其他方法。

四、讨论、启示与结论

1. 讨论

同伴影响是中国男性开始使用冰毒的主要原因。在中国,人们可能会认为,满足朋友或商业伙伴的期望(即使用冰毒)是必要的,因为这可以令他们"有面子";尤其是,冰毒被描述为能够消除抑郁、焦虑及其他负面情绪的"灵丹妙药",或者是能够使人"开心"的"开心果"。正如许多参与者所说,他们不能拒绝使用冰毒的邀请,因为这是保护邀请人面子的必要条件。这一发现在许多方面与一些现有研究一致,它们都发现了结构化的同伴影响在解释初次接触冰毒的经历中起着重要作用(参见 Hobkirk et al., 2016; Parsons et al., 2007; Sherman et al., 2008)。

大多数参与者都是在娱乐场所和私人住所开始使用冰毒。在这些封闭的空间里结识朋友、娱乐、建立和巩固社会关系被认为是安全的。这与一些已有的定量研究的结果一致:与一些经常在开放的街道上初次接触冰毒的西方人相比,中国人更倾向于选择娱乐场所、酒店房间和私人住宅等封闭场所作为其首次使用冰毒的地点(Li et al., 2002; Poon et al., 2011)。

一些参与者初次接触冰毒源于自己的决定,这主要是因为他们对使用冰毒可能产生的影响了解有限。而这有可能与冰毒在中国公共教育中受到的关注有限有关。正如一些参与者所说,由于多年来接受的教育,他们对海洛因的危害都有明确的认识。然而,他们对安非他明类兴奋剂(如冰毒)的了解却相对较少。以海洛因为中心的禁毒教育的成功可能在一定程度上对过去十年中国流行的毒品从海洛因转向冰毒造成了影响(梁鑫、郑永红,2015;Liu et al.,2016)。由于缺乏相关知识,参与者倾向于认为冰毒不像海洛因那么容易成瘾,因此对自己抵抗冰毒依赖的能力过于自信(Zhang et al.,2016)。此外,由于身处社会边缘地位,一些中国男性在获取最新毒品知识方面可能更容易面临结构性障碍,并置身于高风险的社会群体中;而在这些群体中,人们普遍认为使用冰毒是可以接受的。因而,冰毒的使用可以被认为是策略性的:用来帮助人们融入较高的社会地位网络。

此外,本研究的结果还显示,男性冰毒使用者开始使用冰毒时认为其对健康是有益的或至少没什么坏处。例如,许多参与者认为冰毒是一种较不易成瘾的药物,比海洛因更容易控制。他们对于使用冰毒表现得很高兴,因为他们相信它可以为生活带来乐趣,同时又没有或较少需要面对成瘾的问题。同时,一些参与者还认为,使用冰毒可能会有一些积极的后果,如减轻他们对其他药物或酒精的依赖。从这一角度而言,值得关注的是,一些参与者开始使用冰毒不仅仅是为了照顾朋友们的"面子",同时也出于对自我感知的健康益处的考量。然而,这种看法显然是不正确的,因为使用冰毒可能对人们的身体健康有害,而且当其与酒精或其他药物同时使用时,这种危害会增加(Darke et al.,2008)。值得注意的是,一些参与者是由海洛因注射转为吸食冰毒的。减少或停止注射行为确实可以降低健康危害,包括艾滋病毒(HIV)和丙型肝炎病毒(HCV)传播的风险。然而,使用冰毒也同时与高风险性性行为相关(Liu & Chai,2020),特别是在男男性关系之中,因而可能又会导致性传播疾病感染风险的增加(Saw et al.,2018)。

2. 启示

中国男性吸毒者初次接触冰毒的行为是一个复杂的社会现象,包括感知的个人利益和人际关系利益之间的相互作用,以及潜在的更广泛的个人和社会危害。尽管中国目前的强制隔离戒毒有许多明显的优势(例如,一些研究参与者表示,它能够帮助他们从不良的健康状况中恢复过来),但并不能很好地降低冰毒使用者数量的年增长率(梁鑫、郑永红,2015)。基于本研究的结果,研究者建议可为中国男性(尤其是年轻男性)提供相应的社会支持和毒品教育项目。

在中国,社会支持对身处高风险社会网络中的边缘人群尤其有用(例如,参见 Liu & Chui,2014)。这种支持可以增强他们的自我保护意识(Broadhead et al.,1998;Latkin et al.,2003),并进一步降低他们在冰毒使用常态化的社交网络中接触冰毒以遵循社会文化规则(如,面子)的可能性。

中小学提供的正规和全面的教育方案对于帮助学生获得有关毒品的最新知识是必不可少的,这可以包括识别不同类型毒品以及避免接触毒品的方法。此外,大众传媒也应在毒品教育中发挥补充作用,特别是考虑到许多中国男性吸毒者在很小的时候就已经辍学。有研究认为,大众媒体可有效抑制包括吸毒在内的不良健康行为(Wakefield et al.,2010)。因此,电视节目和互联网都能够成为呈现与冰毒相关的知识和信息的渠道,以提高人们对使用冰毒可能造成的负面健康后果的认识。

3. 研究不足与未来研究方向

本研究的主要不足在于参与者的选取过程。由于中国的强制隔离戒毒所都是封闭的,研究者只能依赖于戒毒所管理人员的帮助来选择参与者。

而管理人员的推荐可能是非常主观的,因为他们可能更熟悉一些特定的吸毒者,例如那些在戒毒项目中表现良好的人。此外,对管理人员的安排感到不舒服的吸毒者可能会选择不合作;正如我们的项目中就有几名参与者在访谈中拒绝合作。此外,参与者也可能倾向于不报告一些与其初次接触冰毒有关的个人故事和经历,因为他们可能会觉得这些经历是不适合在戒毒所那样的环境中谈及的。正如一些西方关于戒毒治疗项目的研究结果所呈现出的那样,那些身处强制戒毒治疗项目中的吸毒者会感受到较高水平的心理压力(Marlowe et al., 1996; Young & Belenko, 2002)。

为了更好地应对中国强制隔离戒毒所环境的强制性和排他性,今后对这一话题的研究可以受益于更全面的数据收集方式,例如可以包含一些来自社区的样本。同时,相关的定性研究也可以在全面了解中国"面子文化"如何影响男性在社交网络中接触冰毒的基础上做出其他更加深入的分析。而进一步探索"私人"场所如何潜在地影响人们的冰毒使用行为也是至关重要的,因为现在越来越多的冰毒使用发生在这样的环境中。

4. 结论

综上所述,本研究基于一个相对较小的样本,探讨了中国男性吸毒者初次接触冰毒的模式。本研究的发现填补了已有的研究空白,因其关注了前人较少关注的且甚少有研究成果的领域。同时,本研究的结果可指导实践者思考开展一系列关于社会支持和公共教育的项目,以减少冰毒的使用。这些拟开展的项目将使那些身处有潜在吸毒风险的社交网络中的中国男性获益。

女性视角下的毒品初体验

一、研究背景及文献综述

毒品的使用呈现出一种复杂的模式,包括初次尝试、使用的强度以及持续的时间(Beenstock & Rahav, 2004)。从传统角度来看,毒品使用生涯被认为是类似于专业人士的职业生涯,具有特定的开始模式和发展阶段(Becker & Strauss, 1956; Coombs, 1981; Hser et al., 1987; Johnson et al., 1995; Maddux & Desmond, 1981; Winick, 1974)。尝试使用毒品(尤其是较为强劲的毒品)可能与多个风险因素相关,包括较早期使用酒精、烟草等较为"温和"的成瘾性物质的经历(Kandel, 1975; Reid et al., 2007; Tennant & Detels, 1976);知晓同龄人中有人使用毒品(Farrell & Danish, 1993; Swadi & Zeitlin, 1988);曾经尝试过其他的越轨行为(Bry, 1983; Donovan & Jessor, 1985),以及多种家庭因素(Catalano et al., 1992; Richardson et al., 2013)。尽管尝试使用毒品是一个典型的具有重大负面后果的生活事件,但关于个体如何开始使用毒品以及他们在初次尝试毒品过程中的经历的定性描述并没有成为一个广泛性的研究焦点(Carbone-Lopez et al.，2012)。

中国有着较为可观的吸毒人口数量,但关于个体初次尝试毒品的经历及其相关因素的经验性研究至今仍然十分有限(Liu et al.，2001;Wu et al.，1996)。有学者对中国西南地区戒毒机构中的吸毒者做了研究,分析了他们初次使用毒品的情况以及相关的背景及环境因素,研究发现,吸毒者尝试毒品的经历因地区、性别和开始吸毒的年龄而异(Li et al.，2002)。首次吸毒最常发生在朋友家中(65%),并与其他吸毒者一起(83%),毒品通常都会免费提供给首次尝试者(72%)。首次使用毒品的原因则包括好奇心引发的尝试(90%)、在他人压力下的被迫行为(44%)以及使用毒品可能带来的放松感(42%)。在上海进行的一项涉及冰毒、摇头丸和氯胺酮使用的成年社区样本研究中,研究者发现,在年龄19～55岁之间(平均年龄为26岁)的267名研究参与者中,初次使用这些毒品的原因主要是好奇、受同龄人影响、希望获得情感麻痹、寻求快乐、社交、增强性功能以及减肥(Ding et al.，2013)。该研究还报告说,有12.7%的参与者在使用上述毒品之前曾有使用海洛因的经历。而在基于同一样本的另一项研究中,研究者分析了范围限制在18～30岁的209名青年并发现,青少年(17岁或以下)期间开始性行为与其后来开始使用冰毒、摇头丸和氯胺酮之间存在显著关联性(Ding et al.，2015)。

已有研究证实,中国的大多数吸毒者是男性(陈沙麦、朱萍,2008;刘晖、刘霞,2011;王祎,2008;Jia et al.，2015)。尽管西方研究表明,性别是影响初次吸毒的关键因素(Ahamad et al.，2014),但并没有专门的研究来关注中国女性初次尝试毒品的经历。这一研究领域的空白是十分令人惊讶的,原因在于过去若干年间中国女性吸毒人数显著增加,且她们通常都在很年轻的时候便开始尝试使用毒品(陈沙麦、朱萍，2008；刘晖、刘霞，2011；姚建龙，2001)。前文提及的两项关于冰毒、摇头丸和氯胺酮使用者的研究(Ding et al.，2013，2015)确实是关注毒品的初次使用的，但他们的样本既包括女性也包括男性。与这两项研究不同，本研究着重关注女性吸毒者，同时计划比较她们开始使用新型合成类毒品(如冰毒、氯胺酮等)和传统阿片类毒品(如海洛因)的经历的异同。此外，前述两项在上海进行的研究采用了被访者驱动抽样的方法来招募那些并非处于戒毒治疗状态的吸毒者作为样本，而本研究的样本则来自在强制隔离戒毒所中进行的一项较大规模研究的子样本。在中国，吸毒被视为严重越轨行为，而吸毒者将会面临处罚——那些因吸毒行为被抓三次或以上的吸毒者将进入强制隔离戒毒所接受为期两年的机构式戒毒治疗。中国的强制隔离戒毒所主要提供两种戒毒治疗方案：职业培训(指培养吸毒者的劳动观念，同时让他们学习劳动技能并进行一定的劳动实践)和教育项目(主要包括思想教育、心理健康培训以及生活技能学习)(《中华人民共和国禁毒法》，2007)。

二、研究方法

定性研究可以被看作一种"带有目的的对话"(Kahn & Cannell，1957，149)，它允许研究者和研究参与者之间进行充分的交流，并为研究者提供深入了解参与者想法和感受的机会。从历史上看，芝加哥社会学家采用了定性研究中的生命史方法(life history approach)作为研究越轨和犯罪行为的最主要方法(Shaw，1966；Sutherland，1937)。生命史方法从个体用自己的语言讲述的故事中获取有关其生活环境和条件的叙事数据。阿格钮(Agnew，2006)介绍了细化的故事情节(storylines)法，以了解即时情景和条件对犯罪者生活中特定事件的影响。这一方法曾被用于一项关注美国女性冰毒使用者的研究中（Carbone-Lopez et al.，2012）。本研究将这两种定性研究方法结合起来,用以探索在女性初次尝试毒品的叙事中那些导致毒品使用的生活环境因素和即时事件。同时,本研究还采用了以定性研究方法为主的混合研究方法设计,在进行定性叙述数据的分析之余,还辅以定量数据的补充分析,以帮助补充解释、优化、深入分析及扩展定性研究发现（Palinkas et al.，2011）。

1. 参与者选择

本研究的参与者均来自中国东部地区某女子强制隔离戒毒所。在本研究进行数据收集工作时,共有约1,200名女性吸毒者在该戒毒所中接受戒毒治疗。在戒毒所管理者的帮助下,研究者基于目的抽样（purposive sampling）的原则选择了46名女性吸毒者参与本研究。参与者均有着不同的社会人口学背景（如年龄、教育水平）,其主要使用的毒品亦有所差异;但所有参与者都是汉族,而未有少数民族参与者。

2. 数据收集与分析

本研究的数据采用半结构式访谈法收集,其属于一项关注中国吸毒者及其毒品使用经历的大型研究项目于2013年夏季进行的第一轮数据收集工作的一部分。本研究涉及的所有访谈均以面对面形式、使用普通话进行,并在有录音记录的状态下持续大约一小时至一个半小时。

半结构式访谈依据研究目标预先设立问题,但同时允许参与者在回答这些问题时灵活表达自己的想法（陈向明,2000;Flick,2014）。在本研究中,我们主要问了五个与初次尝试毒品相关的问题:(1)您是何时开始使用毒品的?(2)您第一次使用毒品时和谁在一起?(3)您在初次尝试毒品时的体验如何?(4)您认为导致您尝试使用毒品的主要原因是什么?(5)您在初次使用毒品时的生活状况如何?参与者在回应这些问题时被鼓励讲述他们初次尝试使用毒品的完整故事和经历。同时，在完成访谈后，参与者也被邀请用自己的语言总结和回顾整个访谈内容，并对其尝试使用毒品的原因进行最后总结。例如，一位参与者将自己尝试使用毒品的原因总结为"与丈夫吵架而感到难过"，而另一位在类似的情境下开始使用毒品的参与者则将其总结为"与男朋友分手"。我们将这些由参与者自己总结出的原因一个个列出并留待数据分析时使用。

定性数据分析采用了扎根理论的方法（Glaser & Strauss, 1967）。两名研究助理首先将访谈录音转录为可供后续分析的逐字稿。研究者在对逐字稿进行仔细阅读的过程中形成一个开放编码方案。之后，通过主轴编码，文字数据被进一步重组、简化以及综合成多个具体的类别。这些类别在被详细阐述的同时也得以构建出描绘参与者尝试使用毒品经历的主题。通过研究者编码过程构建的主题随后与参与者自我确定的原因（主题）进行比较，在绝大多数情况下这两者是重合的，但在个别情况下，两者也会出现不一致的情况，此时便需要研究者做进一步分析以区分最终的主题。

这 46 名参与者依据其主要使用的毒品被分为两组：冰毒使用者和海洛因使用者。本研究除了在定性数据分析时比较两组参与者的情况之外，还对其进行了双变量定量分析，以评估两组成员之间的社会人口学信息以及初次尝试毒品经历的异同。具体而言，本研究做了频率分布和均值分析，并使用卡方检验和独立样本 t 检验进行了统计学显著性差异的检验。起到补充解释作用的双变量分析使用了一元方差分析和 Scheffe 检验，佐证了参与者年龄与其初次尝试毒品使用的叙述主题之间的关联。所有定量部分的统计分析均使用 SPSS 19 进行。

三、研究发现

1. 参与者的社会人口学及初次毒品使用特征

冰毒及海洛因使用者的社会人口学以及初次使用毒品情况的双变量分析结果如表1所示。58.7%($N=27$)的参与者报告冰毒是她们主要使用的毒品,而41.3%($N=19$)的参与者则选择海洛因作为她们主要使用的毒品。主要使用冰毒的参与者(平均年龄26.6岁)和主要使用海洛因的参与者(平均年龄38.4岁)的平均年龄存在显著差异($t=-5.855, df=44, p<0.001$)。这一差异非常明显,即使在将海洛因使用组细分为主要选择海洛因但有时使用冰毒者($M=38.2, N=11$)以及只使用海洛因者($M=38.8, N=8$)两个亚组时,这种差异仍然显著存在($F=16.8, df=2, p<0.001$)。Scheffe检验显示,两个海洛因使用亚组与冰毒使用组之间的差异显著($p<0.001$),而两个海洛因使用亚组之间的差异则不显著。超过一半的参与者($58.7\%, N=27$)仅完成九年或以下的教育,在此方面两组成员之间没有显著差异。

这两组成员在初次尝试使用毒品时的平均年龄上没有显著差异(海洛因使用组为24.2岁,冰毒使用组为22.1岁)。冰毒使用组中有6名参与者报告在其首次吸毒时使用的并非冰毒,而是氯胺酮、摇头丸或大麻。关于初次使用毒品时的伙伴这一议题,58.7%($N=27$)的参与者报告他们是和熟人在一起时初次尝试了毒品,26.1%($N=12$)的参与者当时是和较为亲密的女性朋友在一起,13.0%($N=6$)则是经由男性伴侣推荐而初次尝试使用毒品。在这一方面,本研究没有发现两组成员间的显著差异。

表1 参与者的社会人口学及初次毒品使用特征(人数＝46)

		冰毒(人数＝27)		海洛因(人数＝19)[1]		总计(人数＝46)	
		人数	百分比(%)	人数	百分比(%)	人数	百分比(%)
人口学特征	平均年龄***		26.6岁(7.91)		38.4岁(4.6)		31.5岁(8.9)
	教育水平 小学及以下	3	11.1	3	15.8	6	13.0
	中学	16	59.3	5	26.3	21	45.7
	高中(含职高)	4	14.8	10	52.6	14	30.4
	大学	4	14.8	1	5.3	5	10.9
初次使用特征	初次使用平均年龄		22.1岁(7.7)		24.2岁(5.9)		23.0岁(7.0)
	初次使用毒品 甲基苯丙胺	21	77.8	0	0	21	45.7
	氯胺酮	6[2]	22.2	0	0	6	13.0
	海洛因	0	0	19	100	19	41.3
	初次使用同伴 熟人	18	66.7	9	47.4	27	58.7
	女性朋友	7	25.9	5	26.3	12	26.1
	男性伴侣	2	7.4	4	21.0	6	13.0
	无	0	0	1	5.3	1	2.2
	初次尝试使用毒品的首要原因(主题) 涉足高风险社交网络	8	29.6	8	42.1	16	34.8
	缺乏来自家庭的关爱和支持	12	44.5	2	10.5	14	30.4
	感情问题	5	18.5	4	21.1	9	19.6
	男性伴侣的影响	2	7.4	5	26.3	7	15.2

[1] 8人仅使用海洛因;11人使用海洛因的同时也使用冰毒。
[2] 6人中有4人使用摇头丸和大麻。
*** $p<.001$, ** $p<.01$, * $p<.05$.

2. 初次尝试使用毒品的经历

定性数据分析的结果显示,女性吸毒者主要阐述了四种初次尝试使用毒品的原因,即形成了四大主题。表1显示了这四种主题的出现频率分布:(1)涉足高风险社交网络(占34.8%);(2)缺乏来自家庭的关爱和支持(占30.4%);(3)感情问题(占19.6%);(4)受到男性伴侣的影响(占15.2%)。在比较冰毒使用者和海洛因使用者后可以发现,两组参与者在其初次尝试使用毒品的原因上并没有呈现出显著差异。然而,补充的双变量分析却显示,在四个主要叙述主题之间存在年龄上的显著差异:涉足高风险社交网络($M=31.1$, $SD=9.2$);缺乏来自家庭的关爱和支持($M=26.2$, $SD=6.2$);感情问题($M=37.7$, $SD=9.1$);以及受到男性伴侣的影响($M=34.8$, $SD=7.4$; $F=4.1$, $df=3$, $p<0.01$)。Scheffe检验表明,四个主题组之间的显著差异主要归因于缺乏来自家庭的关爱和支持及感情问题之间的差异。

(1) 涉足高风险社交网络

有16名女性在谈及初次尝试毒品的原因时提到了涉足高风险社交网络,其中8名为冰毒使用者,而另外8名为海洛因使用者。16号参与者在其17岁时,经由其关系较为亲近的女性朋友介绍而初次尝试使用冰毒:

> 那天我们是准备一块儿去逛街的,结果她让我先去她家。我到了之后,发现她还有她的另外一些朋友正在吸冰毒。我知道那是什么,但我那时候并不知道冰毒是很容易上瘾的,我也不知道它有什么危害。然后,我的朋友递给我一根管子,并多次要求我加入她们。出于好奇和同伴的影响,我觉得我无法拒绝,就加入了她们。

由于与父亲的关系恶劣,她在很小的年纪就离家出走了。正因为此,她过早地辍学并与那些她形容为"坏朋友"的人交往。她说她迫切需要加入一个社交网络,而这些人是唯一接受她的人。

许多参与者均表示,她们在毫无毒品相关知识的前提下完全信任她们的朋友。23 号参与者,一名 38 岁且拥有 16 年毒品使用经验的海洛因使用者,描述了她初次使用海洛因的经历:

> 在情人节那天,我去朋友家玩,亲眼看到他们在吸海洛因。当时我并不知道他们在做什么,但这个事情引起了我的兴趣。他们告诉我这个就像抽烟一样,没什么大不了的。就是主人用来招待客人用的。他们把海洛因称为"白粉"或者就简单称为"粉"。他们鼓励我尝试一下,我就同意了。我当时觉得它是安全无害的,我的朋友们都在使用它。

40 号参与者是一名 37 岁的海洛因使用者,使用毒品已有四年,她自认为是通过涉足高风险社交网络而开始使用海洛因的。事实上,在数据分析的过程中发现,通过编码获得的主题与她自己认为的主题是不相符的。从编码结果看,她的故事归属"感情问题"这个主题,因为她提到她的婚姻问题是引发她成为海洛因使用者的"导火索"。此时,研究者构建的主题与她自我确定的主题之间产生了冲突,于是研究者重新查阅了她关于海洛因使用的整个故事。在反复研读之后可以发现,尽管她曾提到婚姻冲突让她颇为沮丧,但她在叙述中更想要表达的深层含义是:她尝试使用海洛因更多的是出于好奇,且她是与自己店里的一名员工一起使用的,她在尝试使用海洛因的同时也向这名员工诉说了她的感情问题。她的员工后来也成了她的朋友，而这也就是直接导致她接触并维持海洛因使用的高风险社交网络的要素。正因为此，不能表面化地将点燃她尝试海洛因的"导火索"理解为"感情问题"，而应关注她一直处于员工、朋友所代表的高风险社交网络之中，而这才是重点。

> 我是在一家足疗店当经理时尝试了海洛因。我的大多数顾客都没有工作且过得很颓废。有一天，我和丈夫吵架后感到非常沮丧，当我走进我的一名员工的办公室想和她聊聊我的事的时候，她正在吸海洛因。当时出于好奇，我也尝试了一下。说真的，我很享受使用海洛因之后的感觉。从那时起，我一直与朋友们一起使用海洛因，朋友们在那段困难的时期为我提供了很多情感支持。

大多数参与者都在很小的年纪就开始吸毒了，而对于年轻的女性而言，减肥和保持苗条的身材永远是具有吸引力的。在本研究中，一些参与者也报告说她们之所以开始使用毒品，是因为她们的朋友告诉她们这样做可以保持"理想"的体重，而这是她们在青少年和青年时期一项很重要的追求。身处高风险社交网络之中，减肥和保持身材的诉求对这些女性尝试接触毒品有着至关重要的影响。其中一个典型例子是 24 岁的 14 号参与者，她从 17 岁便开始使用冰毒：

> 在一个聚会上，我的一些朋友公开使用冰毒，并告诉我这个东西很好，不会上瘾，就像抽烟一样，而且能非常有效地帮助减肥。这听起来很吸引人，因为我那个时候非常想减肥。所以我就试了一下，第一次尝试之后我连续三天三夜没有睡觉，然后我就真的瘦了！我对这个减肥

效果感到惊讶。这也是我开始吸毒的原因。

（2）缺乏来自家庭的关爱和支持

有14名参与者认为，缺乏来自家庭的关爱和支持是导致她们选择使用毒品的最主要因素，她们都是在缺乏父母引领和关爱的家庭环境中长大。其中12名女性是冰毒使用者，另外2名则是海洛因使用者。

9号参与者是一名25岁的女性，有着8年的冰毒使用经历。她在3岁时经历了父母离异，由祖父母抚养长大。说起自己的家庭状况时，她很强烈地表示，"我觉得我的父母从不关心我"。在她看来，她的父母都视她为负担，而从未对其表达过关爱。被父母忽视的她将朋友作为她主要的社会支持来源。她的一个朋友是冰毒使用者，也经由这位朋友介绍，她开始使用冰毒：

> 我在17岁时第一次使用冰毒，是和我的一位女性朋友一起用的。那时候，她被邀请去参加一个吸毒的局，就邀请我一块儿去。我就同意了，因为我不想一个人在家里无聊。

初次尝试使用冰毒之后，她便进入了"冰毒的世界"，这让她能够在逃避家庭问题的同时获得一定程度的社交连接感。

36号参与者也从17岁时开始使用冰毒，且已维持了11年时间。她这样描述了她初次尝试冰毒的经历：

> 那时候我妈一定要让我去上音乐学校，但我一点都不想去。所以我就辍学了，成了一名夜总会的经理。我爸妈知道这个事情，但他们没

有干涉。后来我怀孕了,在此同时,我又发现我男朋友出轨了。那时我非常生气,我感觉自己遭遇了背叛。于是我们开始无休止地吵架,后来有一次在吵架时我意外摔下楼梯,流产了。我那时候很无助,我就去求助我的父母,但他们并没有理会我。没有获得任何家庭支持的同时,我感到非常内疚,我觉得我对宝宝的死负有不可推卸的责任,所以从那时起我就开始吸毒以麻痹我的情感。

(3) 感情问题

9名女性尝试使用毒品的故事是围绕感情问题进行的。在她们的叙述中,毒品被用作缓解由于与亲密伴侣的感情问题而产生的痛苦情绪。这些女性中有5名为冰毒使用者,另外4名则为海洛因使用者。

1号参与者是一名31岁的冰毒使用者,她在26岁时爱上了她的男朋友。然而,双方父母都不赞成他们的情侣关系,他们也找不到什么办法来说服家人,于是选择了分手。"我感觉自己失去了对生活的希望和信心,"她说。自此,她开始每天流连于夜总会,首先使用酒精来麻醉自己,然后是氯胺酮。她对自己初次尝试毒品的描述非常简单:"一个朋友说它会让我快乐,然后我尝试了一下,就这样,没有什么特别的。"在她的叙述中,她选择淡化这段最初的毒品体验,而轻描淡写地将其描述为"只是为了消遣而使用氯胺酮"。三年后,她的母亲强迫她嫁给她姑姑的一个熟人。但她宣称"我们之间没有感情,我一点也不爱他"。然而,尽管如此,作为一个孝顺的女儿,她依然接受了这个"包办婚姻"。不过,仅仅在几个月之后,她就提出了离婚,随后便开始使用冰毒。"每当我想到我所经历的这些失败的感情所带来的痛苦的时候,我就会频繁地使用冰毒",她说。

她在首次尝试氯胺酮一段时间后初次使用冰毒表明她在毒品使用过程

中有了程度性进展,并增加了成瘾性。这一进展也让关于初次尝试毒品的叙述的复杂性有所增加。婚姻冲突加剧了家庭在她选择亲密伴侣问题上的支持的缺乏。简言之,尝试使用冰毒成为她最终发展成毒品持续使用者以及成瘾者重要的一步。

2号参与者是一名有着20年海洛因使用经历的40岁女性。她初次尝试海洛因的经历反映了她与男友在1992—1993年间的不幸关系:

> 我发现我男朋友出轨了,我感觉自己被骗了,于是选择了分手。那时我们已经有一个孩子了,而且我的生意也做得很有起色。但我当时还很年轻,无法处理这个重大的生活事件。记得1992到1993年短短的时间我就赚了超过700万(人民币)。这个财富在那个年代是非常可观的。但我的成功并没有给我带来幸福。因为感情问题,我一直选择喝酒和赌博来麻痹自己,以获得即时的满足感。

之后,她开始使用海洛因来应对由于感情的失败而产生的抑郁情绪。在很长一段时间里,她做生意赚来的财富支撑着她的海洛因使用。她回忆起第一次尝试使用海洛因的经历时这样说:

> 我整天和朋友们在一起,因为我不想一个人待着。我的一个朋友是吸海洛因的。有一天我肚子疼,她就告诉我吸一点海洛因不仅可以缓解我的疼痛,还可以让我感到快乐。我当时真的很天真,并不知道海洛因是毒品,而且极易上瘾。我第一次吸的时候其实并没有感觉很舒服,但我后来还是慢慢喜欢上了这种感觉。当我再吸海洛因的时候,我便感到了快乐。海洛因帮助我忘记了不幸的感情。

在她看来,只有海洛因能够给她提供安慰。不过,吸毒的开销远远大过她的预期,在短短几年内,她就耗尽了自己的所有财富。为了维持海洛因的使用,她选择以贩养吸。她已经因为吸毒多次被实施强制戒毒治疗。但每次治疗结束后,她都会选择复吸。她将自己的经历描述为"多次出入强制隔离戒毒所的终身监禁"。

(4)受到男性伴侣的影响

在7名女性关于初次尝试毒品的叙述中提到了男性伴侣的影响,其中5名为海洛因使用者,2名为冰毒使用者。3号参与者是一名41岁的海洛因使用者,她有19年的吸毒经验。她描述了其丈夫是如何通过谎言促使其在不知情的情况下使用海洛因的:

> 有一天,我的牙疼得厉害,我丈夫就拿给我一些海洛因,说可以缓解我的疼痛。我一眼就认出了那是什么,当时我非常吃惊!我没有用,而且那天我知道他吸毒之后,就再也没有给过他钱,因为家里的钱都是我管。之后他的朋友就给他出了个馊主意,说让他想办法把我也"拉下水",这样我就可以在经济上支持他了。就这样,他在我不知情的情况下,在我的香烟里做了手脚,放了海洛因在里面。一开始我没意识到异样,但是几周之后,我就意识到发生了什么。我那时候真的非常生气,但我已经对海洛因上瘾了。我感到很绝望,就想着破罐子破摔,自那以后就一直在使用海洛因。

四、讨论和结论

1. 讨论

同冰毒使用者相比，海洛因使用者的平均年龄相对较大。这种差异与毒品市场的变化以及全球化的广泛影响相关（梁鑫、郑永红，2015；Laidler，2005）。自21世纪初开始，海洛因在毒品市场中的主导地位逐渐受到来自冰毒的挑战。以海洛因为主要目标的禁毒教育以及相应的社交媒体宣传的成功带来了一个意想不到的后果，即在过去二十年中，中国毒品市场流行的主流毒品从海洛因转变为了冰毒（梁鑫、郑永红，2015）。与冰毒的流行相伴随的是，大多数人认为它并不像海洛因那样容易上瘾。因此，年轻一代大多选择以冰毒而非海洛因开始他们的毒品使用生涯。

此外，中国的全球化进程也促使了新型社交形式和社交文化的产生，舞厅、俱乐部等娱乐场所展现出一种非常"直观的世界主义"（Davis，2015）。舞厅在本研究中是一个经常被提及的初次接触冰毒的场所，且大多是在朋友聚会的气氛之中。前述提及的一项前人的研究也得出了类似的结论（Ding et al.，2013）：68.5%的参与者是在娱乐场所中初次接触毒品，而31.5%的人则是在私人场所内首次吸毒。不过，本研究发现，私人场所也是一个重要的开启冰毒使用的场所。这些场所为女性提供了一个可基于其好奇心及同伴影响而进行社交及寻欢作乐的机会。相反，舞厅等娱乐场所则越来越被认为是"危险的"，因为它们经常会受到警方的重点关注甚至搜查。

许多女性冰毒使用者开始使用毒品都源于缺乏来自家庭的关爱和支持，但这一影响因素对海洛因使用者接触毒品的经历却没有很大的影响。总的来说，冰毒使用者普遍较为年轻，且受到独生子女政策的影响，她们大多是家中的独生女。对于这些女性而言，父母（和祖父母）是她们成长过程中唯一亲近的亲人。父母可能缺乏育儿技巧，无法教导她们正确的社会价值观和道德观（Settles et al.，2013），边界感模糊，并且父母与孩子的沟通存在严重的问题（Fong，2007）。这些情况都促使这类女性需要依赖朋友的爱和支持而生活，提高了她们涉足高风险社交网络的可能性。

本研究发现，女性开始使用海洛因多源于感情问题或者与男性亲密伴侣相关，这一发现与西方已有的多项研究结果一致（Hser et al.，1987；Rosenbaum，1981；Rosenbaum & Murphy，1990）。然而，开始使用海洛因及冰毒模式差异在不同的文化背景下可能有所不同。例如，在一项涉及美国—墨西哥边境的双国籍女性样本的研究中，冰毒的使用既发生在俱乐部、夜场等高度涉及性行为的场景中，也同时受到男性伴侣的影响（Lopez-Zetina et al.，2010）。

涉足高风险社交网络是最为常见的促使女性接触毒品的因素，无论她们使用的是海洛因还是冰毒。中国社会强调人际关系的重要性，且拥有较强的集体主义意识传统。家庭的关爱和支持的缺失，以及来自学校、工作场所提供的亲社会网络的薄弱使得这些女性无法拥有一种身份归属感，这种归属感的空缺促使她们加入高风险社交网络，因为那可能是唯一会接纳她们的群体，但同时，这也成为导致她们吸毒的主要因素。与高风险社交网络的关联塑造了接触毒品的契机，并进一步形成了一个日益狭窄的社交选择集，类似的发现也在西方关于女性海洛因使用者的研究中得以提及（Rosenbaum，1981）。同时，也有研究发现，海洛因或可卡因的使用源于受到同伴的影响（Simmons et al.，2012），这也与本研究的结果有类似之处。

本研究的参与者很多都在明知毒品会对个人、家庭和社会造成危害的情况下选择开始使用毒品,其原因非常简单:毒品能够为她们带来所谓的"快乐",并且这是解决她们当下遇到的问题最快速有效的方法。这些女性在个人、家庭和人际关系方面遇到诸多问题,她们经历了悲伤、抑郁和无法自我调节的情绪问题。有研究证实,海洛因成瘾者更有可能选择采用吸毒的方法来应对应激事件,因为他们缺乏自我效能感、积极的社会支持和应对策略(Hser,2007)。因此,尽管毒品使用者了解并知道毒品的危害,但许多人仍会继续使用毒品来满足他们的身体和情感需求(Ding et al.,2013)。

2. 研究局限

本研究依旧存在一些方法上的局限性。本研究的分析基于处于强制隔离戒毒治疗中的女性吸毒者对其为何开始使用毒品的理性叙述。在样本的选择上,本研究可能存在一些偏误,因其主要依赖于戒毒所管理者的推荐。管理者很可能基于她们自身的认知来推荐参与者,例如可能会考虑选择那些更有可能完成访谈或更加有戒毒康复希望的女性。同时,自我回忆式的陈述也常常缺乏对当时其开始吸毒时的实际场景的详细的民族志式的描述。这些女性身处强制隔离戒毒所这样一个"全控机构"(Goffman,1961)中,她们已经学会了"坦白"以及以一种新的模式重塑她们的经历,这些都可能已经并不是她们实际在开始接触毒品时的情景和想法了(van Gelder & Kaplan,1992)。

3. 结论

药物滥用与成瘾是一个全球性流行病和公共健康问题,需要跨学科研究人员将其置于多种相关的文化背景中进行持续的关注。大多数本研究参与者初次接触毒品的故事都有一个共同的线索:来自高风险社交网络的同伴影响。这些女性中的大多数有着与家庭成员或其他重要人士有关的人际关系或感情问题,她们的学习或工作表现不佳,生活中缺乏温暖、爱和积极的社会关系。在这种情况下,她们渴望寻找能够接纳她们的社交团体。如果没有一个综合的战略计划和干预方案,毒品使用这一公共健康问题终将成为一个广泛存在的社会问题,无论是在中国还是在世界范围内均是如此。西方社会已悄然兴起了一种青年使用海洛因的新模式,这涉及一种新的"病态美"的全球化风潮,大众传播、新的亚文化、宿命论的态度以及童年虐待都可能导致毒品使用新模式的形成,且这一风潮也可能影响到中国,事实上这些因素在本研究中都已经或多或少体现在了冰毒使用者的身上(Duterte et al.,2003)。因此,提供更多可行的预防和治疗选择是非常重要的,这能够帮助这些女性应对她们的困难和痛苦,而不是令她们的生活方式选择越来越狭窄而最终只得"求助"于使用毒品。

毒友圈与女性毒品使用的扩张

一、研究背景

由于地理上与"金三角""金新月"等传统毒源地接壤,中国长久以来就是国际毒品贩运的"黄金通道"。随着经济的发展,中国的吸毒人数逐年攀升。至 2016 年年底,中国共有 250.5 万名登记在册的吸毒人员,同比增加 6.8%;其中 35 岁及以下的年轻人占比接近六成(国家禁毒委员会,2017)。尽管官方数据显示,过去 5 年中国的吸毒者人数持续下降,截至 2022 年年底,登记吸毒人员总数为 112.4 万名(国家禁毒委员会,2023),不过,中国社会仍对毒品使用与成瘾状况表示担忧。尤其是,经过多年的禁毒努力,中国传统毒品的蔓延势头得到了一定程度的控制;而随着新型毒品滥用程度的快速上升,又形成了新的毒潮。近几年国家禁毒委员会发布的毒品形势报告都显示,海洛因等传统毒品使用者比例逐年下降,而冰毒等新型毒品使用者的比例却急速上升。中国的毒品市场发生了根本性转变,不再单纯以海洛因消费为主,而是表现出以海洛因和冰毒为代表的传统与新型两类毒品更迭、交替、叠加使用的现状。从毒品使用者群体特征来看,吸毒人群呈现出明显的年轻化趋势(孟向京、王丹瑕,2000),并且女性吸毒者的人数和比例在迅速增加。青年女性成为吸毒者群体里增长速度最快的人群。

由于新型毒品的迅速蔓延,近些年中国学术界对毒品问题的研究重点也逐渐转移至新型毒品使用者(段慧娟,2014)。研究发现,新型毒品使用者群体具有以下特征:(1)男性吸毒者虽占多数,但女性吸毒者人数在迅速增加,比例也逐渐上升;(2)虽然绝大多数吸毒者学历较低,但也有越来越多的高学历人群进入吸毒者的行列;(3)吸毒者具有显著的低龄化特征;(4)吸毒者大多没有稳定且高质量的婚姻;(5)吸毒者多数不拥有稳定的职业;(6)多种毒品混合使用现象较为严重(段慧娟,2014;范志海、李建英,2012;刘明、关纯兴,2006;沈康荣,2007)。对比研究发现,相对于传统毒品,新型毒品的使用更多集中在夜总会、酒吧、歌舞厅等娱乐场所中(李骏,2009;夏国美等,2009;徐小良,2012)。不过,随着执法机关对毒品使用和贩卖管控的加强,很多吸毒者也开始将新型毒品的使用转移至私人场所,如宾馆房间或者私人住宅之中(韩丹,2008b;夏国美等,2009)。总体而言,以冰毒为代表的新型毒品蔓延的速度较之传统毒品要快很多(宋晓明,2006);且与传统毒品使用者相比,使用新型毒品的群体拥有较多的社会支持,较高的自我接纳程度和自我评价水平(罗旭、刘雄文,2013)。

相对于男性来说,对中国女性吸毒者的研究并不多见,更鲜见针对青年女性新型毒品使用者的研究。虽然吸毒者群体依然以男性为主,然而女性吸毒者的增幅却远远大于男性。尤其在使用冰毒等新型毒品的人群中,青年女性占有非常重要的比例。因此,本研究希望在此方面做出一些努力,通过经验性描述展现青年女性新型毒品使用者的生活,以及使用新型毒品之后其心理和行为等方面的变化。也希望经此研究,使得今后在探讨面对青年女性新型毒品使用者的干预及矫治方法时,能够更加有针对性,从而达到较好的预防、帮助和矫治女性吸毒的目的。

二、研究视角与研究方法

吸毒者多被视为病人(医学视角)或者犯罪者(刑事司法视角)(Coombs,1981);这二者都意味着他们在一定程度上被"另眼相待"了。然而从吸毒者自身的角度来看,吸毒却是他们生活状态的一个组成部分,甚至是非常重要的组成部分。自20世纪60年代末起,一些研究者开始尝试使用不同的视角来研究吸毒者的生活和生命体验,而其中最有影响力的便是"毒品使用生涯"概念的使用,用以从社会学习模型的角度(Coombs,1981)解释一个人从刚接触毒品到吸毒成瘾的转变历程(Waldolf,1973)。

毒品使用生涯可包括初始期、扩张期、维持期、终止期和复吸期这几个阶段(Coombs,1981;刘柳、段慧娟,2015)。第一个阶段是初始期,大多数发生在青少年阶段。年轻人吸毒更多的是一种社会行为,而不完全是个体行为。吸毒是为了证明自己已经自立、寻求刺激和获得同伴认可。事实上吸毒者们开始毒品使用生涯的原因和经历都是很复杂的,有些人很随意,但大部分都很谨慎,他们会缜密地考虑从哪种毒品开始以及由谁介绍他们去吸食(Hallstone,2006)。第二阶段是扩张期,吸毒者会进入"毒品的世界",习得该世界中的价值观和行为模式,并且接触更多的毒品,对吸毒也越来越熟练。之后便进入第三个阶段——维持期,此时的吸毒者已经完全沦为毒品的奴隶,其日常生活基本围绕毒品展开。而最后的终止期往往来源于外界的强制干预而被迫停止吸毒行为,如进入监狱或者被送去强制戒毒,几乎很少有吸毒者能够通过自愿戒毒而开始"新生活"。终止期如果无法维持戒状态便会发生复吸从而重新回到毒品使用生涯之中。在学者们看来,吸毒者们难以根除毒瘾并非由于自身对毒品需求的增加或是害怕戒毒的症状,而是他们经历了许多困难阶段,在吸毒这件事情上投入很大,包括金钱、情感、生活等多方面,其几乎所有的人生经历都是围绕着毒品展开的(Coombs,1981)。而毒品使用生涯的结束并不简单意味着吸毒者经过所有阶段之后到达终点,而是指必须在经历过以上任一阶段之后完全放弃对毒品的使用(Frykholm,1979),这对于将毒品使用当作"生涯"来看的吸毒者们来说是十分困难的。

　　从毒品使用生涯的视角出发,本研究旨在探寻青年女性新型毒品使用者群体在第二阶段——扩张期的心理和行为变化,以期了解她们如何进入毒品的世界,如何习得其价值观和行为模式,并以此来重新塑造自己的生活。基于如上视角下的研究主旨,本研究选择使用定性研究法。与定量研究相比,定性研究更加注重参与者对研究话题的经历、理解和解读。对于此研究而言,它更容易使研究者获悉青年女性毒品使用生涯扩张期的生活图景。具体来说,本研究所使用的资料来源于一项关于中国吸毒者毒品使用经历的较大型研究项目。在这一研究项目的第一轮数据收集工作中,研究者对位于中国东部地区的某女子强制隔离戒毒所(机构J)中的46名女性吸毒者进行了一对一的半结构式访谈。其中26位可被认为是青年女性新型毒品使用者——即年龄在35岁及以下且主要使用冰毒等新型毒品,因此她们构成了本研究的最终参与者样本。表1详细说明了这26位参与者的人口学特征。

表 1 青年女性新型毒品使用者基本信息（人数＝26）

		人数	百分比(%)
年龄[a]	20 岁及以下	3	11.5
	21～25 岁	13	50.0
	26～30 岁	4	15.4
	31～35 岁	6	23.1
童年经历	缺少父母管束	10	38.5
	虐待	10	38.5
	溺爱	2	7.7
	正常	2	7.7
	不详	2	7.7
受教育水平	小学及以下	3	11.5
	初中	15	57.7
	高中(中专)	4	15.4
	大专及以上	4	15.4
使用毒品种类	仅使用冰毒	20	76.9
	除冰毒外还使用其他新型毒品	6	23.1
使用毒品年限	1 年及以下	8	30.8
	1～5 年(包括 5 年)	9	34.6
	5～10 年(包括 10 年)	6	23.1
	10 年以上	3	11.5

注：[a] 平均＝25.3 岁,范围＝16～35 岁。

从人口学特征上看,这 26 名参与者都很年轻,超过六成在 25 岁以下,最小的为 16 岁。她们大多学历较低,接近七成参与者仅为初中及以下文化程度。另外,绝大多数参与者(八成半)表示,她们生长于缺乏父母教导的家庭,包括缺少父母管束、虐待以及溺爱。从使用毒品的种类上看,参与者们全都使用冰毒,有约四分之一的参与者还同时使用摇头丸、K 粉等其他新型毒品。而从使用年限上看,有超过六成的参与者使用毒品年限较短(在五年以下），其中三成使用毒品不到一年。可见，由于年轻，大多数参与者吸毒时间尚短，她们中的很多在进入戒毒所之前，处于毒品使用生涯的扩张期或者刚刚经历过扩张期进入维持期。这样的年龄结构和毒品使用经历与本研究目标十分契合。

本研究采用半结构式访谈法获取一手资料，因其既拥有根据研究目的事先设定的研究问题，又留有空间让参与者根据自己的实际经历和体验自由发挥（刘柳、段慧娟，2015）。在对这26位青年女性新型毒品使用者的毒品使用生涯发展状况进行详细而充分了解的基础上，研究者着重讨论了她们在扩张期的体验和经历，包括使用毒品的习惯、交往的人群，以及心理和行为模式的变化等。所有的访谈均为一对一形式，时长介于一个小时到一个半小时之间。数据分析依赖扎根理论的指引，以经典的定性研究资料分析方式展开，在阅读与编码过程中获取分类，并形成具有逻辑性的故事（陈向明，2000；Glaser & Strauss，1967）。本研究的参与者均为自愿参加。考虑到参与者身份的特殊性以及研究道德的问题，在数据分析和论文呈现中，研究者为每一位参与者编注了代号，以确保其真实身份的保密性。

三、研究发现

通过对访谈资料的整理可以发现，青年女性新型毒品使用者在毒品使用生涯的扩张期中大多表现得像个学徒，她们为了证明自己、获得经验或者得到资深吸毒者的认可而努力使自己融入吸毒者的圈子，和毒友交朋友，学习圈子文化，并基于此文化"修正"自己对于毒品的认知和态度、价值观以及行为模式。由于本研究的26位参与者全都使用冰毒，且冰毒是她们主要使用的毒品，因此其对于新型毒品使用经历及态度的阐述基本围绕冰毒进行。

1. 融入"毒友圈":"小姐妹"的重要性

访谈大多从参与者介绍她们的毒品使用历程开始。在这26位青年女性新型毒品使用者关于自己毒品使用生涯扩张期的故事中,几乎都出现了"小姐妹"——指一起使用毒品的女性毒友——这一共同的要素。

首先,她们进入毒友圈大多是由"小姐妹"引荐。

> 我是因为一个小姐妹(的介绍)开始"溜冰"(意指使用冰毒,是毒品使用者通用的行话)的。还记得那天,我和那小姐妹约好去逛街,后来她说让我先去她家,然后再一起去。我到了后就看见有几个人在她家里,在"玩"(指在使用冰毒)。我知道她们在"玩"什么,但当时我没什么想法,我不认识她们。她们看到我就叫我进去,把管子递给我,说和她们一起"玩"。我那小姐妹也叫我一起,说都是朋友,我也不好推脱,就加入了。(MX33)

其次,"小姐妹"也成为吸毒者毒友圈的"中坚力量",在青年女性使用新型毒品的历程中发挥着重要作用。以冰毒为代表的新型毒品因其独特的兴奋剂型药理特性,使用者为了追求毒品带来的兴奋和愉悦感,大多采用群体性使用的方式。事实上,的确有很多参与者表示:"冰毒要大家一起'玩'才好玩","'玩'这个的很少一个人,都是好几个人聚在一起","通常都是几个小姐妹一起,大家一边'玩'一边说说话"。而下述这位参与者则将冰毒和以海洛因为代表的传统毒品的使用方式做了比较,以此来说明冰毒拥有集体使用的特性:

> 这个(指冰毒)和海洛因刚好相反,"玩"海洛因的都是偷偷摸摸一

个人，打一针就睡了。"溜冰"不一样，都是几个朋友一起，边"玩"边说话，很少有一个人偷偷摸摸"玩"的。(MW38)

而在吸毒伙伴的选取上，大多数参与者表示，比起和异性在一起，她们更喜欢"和小姐妹一起玩"。这也是她们认为自己和男性吸毒者之间最明显的差别：

我们都是几个小姐妹一起"玩"（指使用冰毒），都是女的。我只跟小姐妹"玩"，不会跟男人"玩"。因为这个东西毕竟是，怎么讲呢，肯定是很贵的，男人不可能说无缘无故的请你去"玩"这个东西的，肯定是有什么企图的。我曾经差点出事情。是去年的事，去年夏天，那时是我一个哥哥喊我去"玩"，去了后他就走掉了，他的朋友在里面，然后（我）差点被强奸了。从那以后我就再也不和男人"玩"了。(MN39)

也有一些参与者表示，相对于男性使用完新型毒品之后的性需求，女性大多更希望借由语言表达的方式来"发泄"，以达到"散冰"（意即将冰毒的药性发散出去，是毒品使用者通用的行话）的目的。

正因为如此，参与者们大多表示，经过一段时间，她们大多会形成自己固定的毒友圈，每次使用毒品都是和同一批"小姐妹"一起。用她们自己的话来说，大多"都是熟人，不跟其他人玩"，通常就是"固定的几个小姐妹"。

2. 习得圈子亚文化：毒品使用"常态化"

在当代中国社会主流文化之中，毒品被视为一种具有巨大健康和社会危害性的成瘾性药物，社会大众大多对其避而远之。然而在青年女性新型毒品使用者的圈子里，吸毒却被视为生活的"常态"。因"圈子里"的人都吸毒，大家便逐步形成了使用毒品"很正常""很普遍"的观点。正因为"很多人都在玩"，大家普遍对使用毒品持侥幸心理，认为"别人能玩我也能玩""没什么大不了的"等等。毒品在毒友圈中俨然成为一种"常态化"的社交工具，就像烟、酒、茶一样普遍：

老实说，"玩儿冰"（指使用冰毒）这事已经很普遍，只是抓到和没被抓到的区别而已。我们那儿，买货（指买冰毒）都不用出小区的。(ML18)

记得有一次，一去到朋友家，他们就把那个（指冰毒，下同）拿出来了，很自然的，就像你去别人家做客，人家给你倒茶、敬烟一样的，就是都拿那个招待客人的。(MY36)

不过，这种"常态化"和"普遍化"是具有边界性的，只面对圈中之人，而"外人"往往是摸不到门路的：

其实酒吧啊、夜场啊，这些地方都有卖（毒品）的，我们都知道。每个场子都有固定的人在里面卖，但你如果跟他不熟，不是圈子里的，就不可能买到。一般都要有人介绍，一个带一个。(MF12)

还有参与者表示，使用新型毒品是某些场合下的一种固定的社交活动，就像人们去饭店就要吃饭，去卡拉OK就要唱歌(刘柳、段慧娟，2015)，在诸如夜场等某些特定的场合里使用毒品就是一种"自然而然"的行为，而没有任何不光彩的成分。

可见，虽然中国社会一直将吸毒视作一种类似于犯罪的、只有少部分人群才会涉及的、非常边缘化的行为，但在青年女性新型毒品使用者圈子中，它却是一种生活的"常态"，并逐渐形成了以毒品使用"常态化""合理化"为中心的亚文化。

3. 对毒品的认知和态度的改变：毒品"无瘾说""无害说"和"可控说"

群体性的毒品使用行为，不仅使青年女性进入并逐渐形成了自己固定的毒友圈，而且使其对毒品的认识和态度产生巨大的变化。尤其是受到毒友圈中毒品"常态化"的影响，在社会大众"谈毒色变"的大背景下，参与者们对于毒品的认知却是另一番景象。

首先，最普遍的就是"无瘾说"的观点。在大部分参与者看来，冰毒是不会像海洛因那样"上瘾"的：

> 我从没觉得自己上瘾了，这个（指冰毒）不像海洛因，"玩不玩"都是可以自己控制的。我可以很长时间都不"玩"（指使用冰毒），那也没什么，不会说很难过什么的。（MD02）

> 这个（指冰毒，下同）不会上瘾。海洛因就会上瘾，你一停肯定就有身体反应，所以天天都得用。这个没有瘾。（MF15）

正因为误以为冰毒不像海洛因那样具有强烈的生理性戒断反应，参与者们大多觉得"溜冰不能算吸毒"：

> 我就知道海洛因不能"玩"，那个是毒品，会上瘾，坚决不碰，这是我的原则。我感觉"玩冰"（指使用冰毒）根本不能算吸毒……（ML22）

其次，与"无瘾说"相似的还有"无害说"，即认为使用冰毒等新型毒品对人的身体没什么伤害，而不会像海洛因使用者那样变得"人不像人、鬼不像鬼"。相反，它在某种程度上还有一些所谓的"益处"，如"止痛""提神""解酒""减肥"等等。

> 一开始就是为了止痛。我那时得了淋巴炎，全身又肿又疼，在医院挂水连挂了三个多月都没什么效果，医生还说可能会发展成淋巴癌。那时的男朋友是贩毒的，他看我这么痛苦，就让我用点儿冰毒，说是可以止痛。你别说还真的蛮管用的，用一点儿就不感觉疼了，很"舒服"。(MX30)

> 我感觉我用它(冰毒)就是为了提神，没别的。感觉不用就没精神，用了就好了。(ML23)

最后，基于"无瘾说"和"无害说"，参与者们普遍形成了一种使用新型毒品"可控说"的观点：

> 我觉得自己也没什么瘾，也就没有想过要戒毒。有时候我连续三个月每天都在吸，但我也可以很长时间不去碰。我感觉我只要不想吸就能不吸，我自己能够控制。(MX31)

> 我感觉吸(冰毒)和不吸身体上都没什么感觉，也不是说非吸不可。即便有东西(指冰毒)放在那儿，我如果不想吸也可以不吸。我感觉它对我的吸引力并没有那么强。(MX34)

尽管支持新型毒品"无瘾说""无害说"及"可控说"的参与者众多,但也有女性表示,从自己的经验来看,自己已经"上瘾了"。下述这位参与者如是说:

> 我是为了减肥才开始用(冰毒)的,也不晓得危害。但后来我就感觉自己上瘾了。心情不好的时候,或者就是闲着无聊的时候,就会想玩(指使用冰毒),每天总是想要去弄一点来玩。(MD03)

可见,对于是否上瘾或是否可控的判定,与吸毒者对"瘾"的理解有直接联系(段慧娟,2014)。大多数青年女性新型毒品使用者对"瘾"的理解仅仅表达为生理性成瘾。在她们看来,像冰毒这样的药物不会引发全面的身体戒断反应(如同海洛因那样),因此便是"不上瘾"的。而至于心理上的依赖性则不被考虑在"瘾"的范围内。相反,那些提及"冰毒上瘾"的参与者则基本强调的是"心瘾"。例如,一位参与者阐述了这两者的差别:

> 它(指冰毒)和海洛因不同,不是生理上的那种瘾,是心理上的。比如你心情不好的时候、无聊的时候、空虚的时候等等,都会想到要去用一下,就是这个意思。(MD08)

4. 社交生活的变化

进入和形成自己的毒友圈对青年女性的社交生活也具有极其重要的影响。参与者们普遍表示,在使用毒品之后,自己很难再和不吸毒的人交朋友:

> 感觉和"不玩"的人（指不吸毒的人）无法交流，我觉得他们（指不吸毒的人）应该也不愿意跟我们一起玩了吧。（MG40）

她们的毒友也大多是使用新型毒品的，她们与传统毒品（如海洛因）使用者们则交流甚少。用她们自己的话来说，"和抽粉的（指使用海洛因的）说不到一块儿去"。这一方面是由于新型毒品使用者大多较为年轻，而以海洛因为代表的传统毒品使用者则大多数年龄稍长，年龄上的差距使得两个群体相互之间存在某种交流的"代沟"。而另一方面，也和毒品本身的药理特征相关。海洛因等传统毒品属于抑制类药物，使用之后人会处于半麻醉状态，表现为放松和昏昏欲睡；而以冰毒为代表的新型毒品则是大多为兴奋类药物，使用之后可使人长时间兴奋而不需要休息。正因为两种毒品使用过后身体反应有巨大的差距，使用者对毒品的理解以及吸毒过后的精神世界都不在同一层面上，致使两类吸毒人群很难沟通。

整日沉浸于同为新型毒品使用者的毒友圈里，很多女性表示，她们感受到了很大的群体压力。在此种情况下，即使自己有戒毒的愿望，也很难实现。就如同以下这位参与者的经历：

> 我那时其实不想"玩"的，但不行。我如果不"玩"，她们不会再当我是朋友，或者就会认为我是不是有什么问题，好像异类那种。（MD06）

正因为对毒友圈的依赖，参与者普遍认为"戒毒比想象中难得多"。她们表示，自己不是不能够戒掉毒品，而是摆脱不了毒友圈：

> 不是我不想戒，在 X 市，我接触的人和圈子就只有那么大，大家都

"玩",(我)不"玩"是不太可能的。(MD09)

虽然参与者们大多提到毒友圈对其社交生活的重要性,不过却鲜见有人提及自己有什么"知心朋友";相反,她们大多表示"吸毒的人不可信赖":

> 那些小姐妹肯定不可能是知心朋友。我圈子里(指毒友圈)就两个小姐妹,我和她们其实也就是普通朋友。也就比如说,一起出去吃个饭,一起出去做个指甲,一起弄个头发什么的。不会交心。(MD10)

事实上,绝大多数参与者都承认自己的社交范围就是毒友圈。虽然她们与圈中"小姐妹"的交往仅限于共同使用毒品(且基本均为新型毒品),而并不涉及更深层次的心灵交流,但鉴于社交的需要,她们依然无法真正远离毒友圈(段慧娟,2014)。

四、讨论和结论

基于上文分析,可以发现,青年女性新型毒品使用者毒品使用生涯的扩张期主要是围绕毒友圈和圈子亚文化展开的。对毒友圈及其亚文化的认同与依赖,又影响着这些青年女性的社交生活,使其难以摆脱毒友圈的环境。她们逐渐远离了那些和她们"不一样"的人(即不吸毒的人或者使用海洛因等传统毒品的人),而只和同为新型毒品使用者的人交往。

对于青年女性而言,她们毒品使用生涯的扩张期就是进入和形成毒友圈,并且让毒品使用"常态化"的过程;同时,在这一过程中,她们对待毒品的认知、态度和行为也由于毒友圈亚文化的影响产生了一定的变化。这种亚文化的影响主要体现为以下三个部分:首先,基于毒友圈内普遍存在的错误观念，青年女性吸毒者无法获得正确的毒品知识，在对待毒品的态度上也普遍存在问题，从而致使其坚定了使用毒品的行为。其次，在她们曾经想要戒毒的过程中，会迫于毒友的压力而难以戒毒成功。第三，因为吸毒，她们的社交范围发生了改变，越来越倾向于依赖毒友圈以及获得毒友的认同。可见，毒品对于青年女性心理和行为的影响主要缘于毒友圈和不良的毒品亚文化。这种亚文化传播功能使得女性吸毒者忽视自己的吸毒行为所带来的负面影响，从而达成对毒品亚文化的认同。此种亚文化也形成一种无形的压力，迫使新进入的成员通过吸毒而融入以及阻止已有成员通过戒毒的方式脱离。因此，对于这些青年女性而言，吸毒并不是纯粹的个人行为，而更多受到毒友圈亚文化的影响（刘柳、段慧娟，2015）。

基于此，研究者认为，可从以下两个方面来分析和考虑对策：

首先，新型毒品使用者群体中存在的对毒品的错误认知和态度，主要缘于禁毒教育与吸毒预防工作的不足。中国自20世纪90年代开始实施禁毒教育及宣传工作，至今已三十载。然而据本研究发现，很多参与者都是由于对毒品缺乏了解或者抱有不正确的态度而走上吸毒道路的。一些参与者坦言自己在吸毒之前并不知晓毒品是什么以及有什么危害，在她们的人生中从未接触过禁毒教育；而另一些参与者则表示自己曾经接受过禁毒教育，但觉得教育中传递的信息和自己实际毒品使用经历相距甚远，在使用毒品后并没有感觉如同教育宣传中说的那么可怕，因而并不认为自己需要终止使用或者戒毒。归结起来，这些禁毒教育与吸毒预防工作的失效主要缘于：第一，教育内容过于陈旧。现行的禁毒教育大多并没有清晰区分毒品的种类以及不同种类毒品间的差异性，而是将毒品视为一个无差别的整体（盛楠，2011；杨黎华，2012），且基本以海洛因的药性与危害作为宣传教育的来源。这导致了海洛因等传统毒品的危害深入人心，而以冰毒为代表的新型毒品的危害则较少被人了解。在很多青年新型毒品使用者眼中，海洛因绝对不可碰的观念根深蒂固，而说起冰毒等新型毒品，大家却普遍认为其"无害"。第二，禁毒教育对象缺乏聚焦性。近年来国家一系列统计数据均显示，毒品使用者大多为35岁以下的年轻人（国家禁毒委员会，2017），但目前禁毒宣传工作并未将青少年群体设为重点宣传对象。虽然目前大量的禁毒教育工作是由学校来承担，但是结合很多吸毒者学历较低、较早辍学这一事实，很多人并没有真正接受过完备的禁毒教育。第三，大众媒体宣传不够有效。调查中研究者发现，只有少数参与者表示她们对毒品的认识来源于电视等媒体。在日常生活中也能够感受到，大众媒体对于禁毒的宣传并不多，且对毒品知识的讲解也并不到位，存在着视角和内容单一的问题（袁楠，2012）。而为了达到针对年轻人的禁毒教育成效，我们需要适当改进禁毒教育和吸毒预防工作，强化针对青少年群体的毒品知识宣传活动。教育与宣传工作应提倡教育覆盖面广、毒品知识点清晰以及教育形式多样化。在覆盖面方面，考虑到青少年的活动区域主要集中在家庭、社区与学校三个主要场所，故而可重点于这三地强化禁毒教育。在毒品知识点方面，则主要应区分不同种类的毒品，而非以偏概全的片面式的宣传。尤其是在新型毒品广泛流行的今天，更应着重教育青少年认识到新型毒品的危害。而在教育的形式上，则可根据教育地点的不同灵活使用不同的教育形式，如影片、动画、展板、知识问答等，而非仅仅依靠单一的说教。

其次，新型毒品的使用致使青年女性的社交生活发生改变这一现状，不仅与青年女性自身的选择有关，很大程度上还缘于社会对吸毒人群的歧视。正如一些参与者所言，她们自从开始吸毒之后，便和那些不吸毒的朋友们"疏远了"，因为不吸毒的人是"不愿意"和吸毒者来往的。对于社会大众而言，如果吸毒者大多被视为边缘群体，甚至被严重标签化、污名化，那么这些女性正常的社会交往渠道将被阻断,而出于社交的需要她们只能越来越依赖毒友圈。对于此情形,本研究认为,首先可以增强针对女性吸毒者群体的社会支持工作,逐步瓦解毒友圈的毒品使用亚文化,提供其正常的社会交往渠道和技巧。这种社会支持工作也同时需要结合家庭和社区等多方面的努力,从不同角度提供帮助,既做到预防青年女性群体走上吸毒的道路,亦可促使女性吸毒者真正远离毒品、回归良性的社交生活。除此之外,我们还应致力于在宏观上努力消除社会大众对吸毒者的固有偏见,使其能有一个常态化的生存和康复环境,更好地实现摆脱毒品、回归社会的目标。

女性毒品使用行为的维持

一、研究背景

20世纪80年代初,随着改革开放以及受国际毒潮泛滥的影响,在我国已经绝迹近三十年的毒品"死灰复燃"。在80年代,我国的毒品问题还主要集中于过境贩毒,危害在局部地区;而自90年代以来,过境贩毒与国内消费并存,毒品得以在全国大部分地区发展蔓延。目前,我国的毒品使用问题越来越严重,以海洛因为主的传统毒品未有消散,而以冰毒为主的新型毒品又呈现快速上升势头;传统毒品和新型毒品的使用者既有交叉又有不同,而吸毒人群也越来越呈现多元化、年轻化的趋势,造成当今非常复杂的毒品滥用局面。

根据研究者近些年对于毒品使用群体的研究发现,虽然我国采取了强制戒毒和自愿戒毒相结合的方式以期帮助吸毒者戒除毒瘾,重新回归常态化的社会生活,但是实际看来戒毒成果的维持并不理想。无论是自愿戒毒还是强制戒毒,吸毒者戒断毒瘾后的复吸率都非常高。有研究表明,吸毒者强制戒毒后一年内的复吸率可高达80%(Hser et al.,2013)。可见,对于大多数吸毒者而言,除非被关在戒毒所中,否则他们基本上都维持着自己的毒品使用行为。

毒品使用行为的维持是吸毒者毒品使用生涯的一个重要阶段。西方研究表明,毒品使用生涯可包括如下几个阶段:初始、扩张、维持以及终止和复吸(Coombs,1981)。在维持阶段,毒品使用者对于毒品的需求变得"常规化";毒品成为他们生活中不可缺少的一部分,或者说,最重要的一部分。他们需要依靠毒品生存下去。对于这一问题,西方一些研究长期毒品使用行为或者毒品使用生涯的学者有所涉及(Coombs,1981;Anderson et al.,1983),而我国在此方面的研究则相对来说较为缺乏,至今鲜见关于毒品使用者维持毒品使用行为的研究。而这即为本研究希望达到的目的——通过梳理吸毒者的毒品使用经历,对其毒品使用行为的维持作出解释和探讨。

本研究选择了女性吸毒者作为研究对象。虽然相对来说,男性依然是毒品使用的主要群体,但女性吸毒者的人数和比例在近些年内却迅速增加,其增幅远远大于男性。相比较男性而言,她们有着自己独特的群体特征和毒品使用经历;然而她们却较少成为研究者关注的焦点。本研究希望借此唤起毒品研究者们对女性吸毒群体的关注。

二、研究方法

作为一项探索式(exploratory)的研究,本研究采用了定性研究方法。与基于实证主义的定量研究不同,定性研究的理论基础主要包括建构主义、后实证主义、解释学、现象学等各种理论流派。因而,这两者也有着相互对立的研究立场和研究方法。定量研究通常事先建立假设并确定具有因果关系的各种变量,然后使用某些经过检测的工具对这些变量进行测量和分析,从而验证研究者预定的假设;而定性研究则是解释主义(interpretivism)的,它更倾向于在自然的情境中描述人们的经历、人们彼此间的互动以及这些互动发生的环境(Berg,2007;Nielsen et al.,2008),并且在这一基础上建立假说和理论。换句话说,定量研究更加适合解释式(explanatory)的研究,而对于一个探索式研究而言,定性研究则更加适合。

具体而言,本研究所使用的数据资料来源于研究者于2013年夏在中国东部地区一所女子强制隔离戒毒所(机构J)中进行的一项较大规模的关于中国吸毒者及其毒品使用经历的研究项目的第一轮资料收集工作。在调查期间,研究者对机构J中的46名女性吸毒者进行了访谈,对其的吸毒经历有了详细而充分的了解,并据此形成了本研究的第一手资料。基于研究道德的考量,所有参与者均为自愿参加;并且在数据分析和呈现中,每一位参与者都被赋予了代号,以确保其真实身份的保密性。表1是参与者的基本信息:

表1 女性吸毒者的基本信息(人数=46)

		人数
年龄[a]	30岁及以下	22
	31—40岁	15
	41—50岁	8
	51岁及以上	1
婚姻状况	已婚或同居	7
	单身、离异、寡居	39
孩子	没有孩子	34
	1个孩子	11
	2个孩子及以上	1

续表

		人数
童年经历	缺少父母管束 虐待 溺爱 正常 不详	15 16 6 4 5
受教育水平	文盲 小学 初中 高中（中专） 大专及以上	2 4 21 14 5
吸毒年限	1年及以下 1—5年（包括5年） 5—10年（包括10年） 10年以上	12 11 8 15

注：[a] 平均＝32.5岁，范围＝16～55岁。

在参与者的选择上，研究者采用了如下两种策略：（1）典型案例（typical case），即在所要研究的社会现象中那些具有一定"代表性"的个案，也就是说，这些样本具备能代表整个社会现象的典型性；（2）最大差异化（maximum variation），即最大限度地选择招募不同背景的参与者参与本次研究。具体来说，本研究的"典型案例"就是那些有毒品使用经历的女性吸毒者；而"最大差异化"体现在选择参与者时会充分考虑她们不同的社会背景、受教育程度、人生经历，以及她们因何种原因而走上吸毒道路等。

在收集数据时，研究者使用了半结构式访谈的方法，因其同时兼备了结构式以及无结构式访谈方法的优点——它既依据研究目标事先设定的问题，也同时给予被访者足够的空间表达自己的观点。所有访谈均以一对一的模式进行，时间大约控制在一小时到一个半小时之间。在数据分析时，研究者使用了扎根理论(grounded theory)(Glaser & Strauss,1967)来产生主题和类型。研究者使用不同的编码标出不同段落,以使得数据在之后的分析步骤里更加容易使用。编码之后便可形成相应的主题和分类;在大的结构主题和分类下,一些更加细节化的类型和小主题也显现出来。此时,数据也被整理成具有很强逻辑关系的故事。

三、研究发现

1. 家庭

家庭出乎意料地成为相当一部分参与者故事中促使她们保持毒品使用行为的外在因素。参与者们大都表示,她们在刚开始接触毒品时总是竭尽全力地向父母隐瞒自己的吸毒行为;不过时间长了终究纸包不住火,很多父母还是能够通过"蛛丝马迹"发现自己女儿的反常行为,以了解她们吸毒的事实。可是,出于种种"心疼"或"不忍心"的情愫,许多父母在知道了女儿吸毒的事之后采取的是一种默许甚至纵容的态度:

> 因为那时候我太瘦了,他们(父母)也起疑心了。他们天天帮我打扫卫生什么的,但是他们也很好,从不检查我。比如说我就把壶(指的是使用冰毒时的器具)放在桌子里边,他们也就是照样(当作没看见)。我爸也说,他觉得有能力救我(的时候),我玩这个东西他就睁一只眼闭一只眼;他要是觉得没有能力救我、救不了我的时候,其实也没办法,也只能让我吸。其实我爸对我是很好的。(MD114210)

另一些父母则对毒品的危害缺乏必要的了解,这尤其表现在冰毒使用者的父母身上:

怎么说呢，因为在很多人心里面就觉得冰（指冰毒）跟海洛因不太一样。我家人可能也是这样认为的。就是说，他们觉得不会像海洛因那样子，那么恐怖吧。他们会劝我，比如说叫我不要"玩"这个东西（指使用冰毒），但也没有采取那种比较强制的措施。（MD112208）

还有一些父母则采取了一种回避的态度，权当这个事情不存在：

我吸毒这件事我妈是知道的，但是从来也没有说毒品不好或要我戒毒之类的话，就是心里明白但嘴上不明说。（MX224034）

而对于另一些女性吸毒者而言，父母不仅仅是采取消极态度对待其吸毒行为，更是主动将其推向毒品的深渊：

现在想起来，我还是很后悔自己吸毒的。是自己不好，太焦躁、太爱玩了，没有考虑周全。但是父母也有原因，我觉得他们认为我是多余的。我向他们要求有自己的房间，他们都不同意。尤其是在我毕业以后，他们就更不愿意为我付出什么了，哪怕一点点的事都不为我做。现在我这个样子（指有了吸毒案底）也读不了书了。我觉得自从我休学之后他们就放弃我了。反正现在他们也不怕我变成什么样，他们已经又有了一个孩子。我给父母打电话，父母说你这样怎么办啊，然后就骂我，什么都不顾地骂我，也没说想让我戒毒这类的话。我在这里每个月都会给家里打一次电话，父母每次接电话都是有气无力的。（MD113107）

至于一些有长期毒品使用经历的参与者,她们的父母可能开始时对她们还持关心态度,然而随着一次次戒毒后又不断地复吸,父母渐渐对她们失去了信心,并逐渐对其采取放任自流的态度:

我进来这么多次,我妈也不太相信我了。刚开始她还对我(抱)有希望,觉得我会改好,但现在已经基本不管我了,对我也没什么信心了。(HX312429)

我跟爸妈关系还挺好的,第一次出去以后他们还是很相信我的,相信我不会再吸毒,但是第二次进来,他们就不相信了,很生气。我以前不吸毒的时候和两个姐姐关系还比较好,但吸毒之后联系就很少了。(HL313219)

2. 毒友圈

在调查过程中,研究者最常听到的一句来自参与者的感慨就是"圈子很'重要'"。绝大多数参与者接触和维持使用毒品都可以或多或少归结于不良的社交网络和朋友圈:

我们圈子里有个姐妹认识了上海的老公,她老公吸这个(指冰毒)。后来我们打牌打的困了大家就吸一口。但真是吸得很少,都是每人一百块钱,十个人凑个一千来块,然后摆在麻将桌上,大家每人一口,这一人才多少点啊。(ML412224)

就像上述这位参与者所介绍的,当自己的朋友圈子里有吸毒者时,接触毒品便成为一种非常"简单"而"正常"的事情。一个很小的理由便会成为吸毒的开始,例如醒酒、减肥、提神、止痛等。而一旦开始,她们也会基于这些理由而持续不断地使用下去。

第一次接触毒品,是在我开的卡拉OK店里。一位客人跟我很熟,拿出一包白色的粉状的东西(海洛因),他告诉我这个东西可以治病还可以醒酒。我当时喝了很多酒,一听可以醒酒,就试了试。(MD423401)

我的前男友是贩毒的,他看我这么痛苦,就让我吸冰毒止疼。这种方法还挺管用的,疼的时候吸上几口就不疼了。所以我就一直用。我对冰毒其实没什么瘾,我也不觉得吸冰毒会上瘾,我纯粹是为了止疼。(MX322130)

甚至,吸毒也有时候是迫于一种群体压力,对于一些女性来说,想要进入并且很好地融入某个群体,获得群体成员的认可,就必须要吸毒。

来到X市以后,我就在娱乐场所打工,周围的朋友都是吸毒的。刚开始我什么也不懂,也不知道毒品是什么东西,只觉得跟"毒"字有关,肯定就不好。但是周围的人都在吸嘛,我要融入他们的圈子,就吸了。(HL310021)

我吸毒是因为我的朋友们都吸毒。因为她们在"玩"这个东西(指吸毒),我为了跟她们一起玩,所以我也就"玩"了(指吸毒)。

(MF112113)

可见,毒品的使用在某种程度上成为一个群体的标志。而吸毒者毒品使用行为的维持更是和毒友圈有着紧密联系。毒品使用者围绕着吸毒形成了所谓的"毒品亚文化"。而对于在这个圈子里的人来说,毒品不仅是一种令其成瘾的药物,更意味着社交的需要。在一些女性吸毒者的眼中,毒品被看作一种待客手段。

我的朋友喊我到她的朋友家去玩。到她朋友家的时候,她们就在家里把那个粉(指海洛因,下同)拿出来就在那边抽。就像到别人家里做客请你喝茶一样,她们就拿那个粉来招待你。(HD313405)

还有一些参与者则认为它是特定场合下的一种活动,就像去饭店就会吃饭,去KTV就要唱歌一样。

当时,我就只知道海洛因是毒品,不知道什么是新型毒品,也不觉得摇头丸之类的东西是毒品。我们朋友聚会,只要到酒吧什么的地方,我们就一起玩毒品。就好像到饭店一定要吃饭一样,我们一去那种场所就会想玩毒品。(MD212402)

此外,在毒品使用者的圈子里,不仅有独特的吸毒用语(例如,"溜冰"指吸食冰毒,"粉友"指一起吸食海洛因的朋友,"小姐妹"指一起吸食毒品的女性毒友等),更有一些特殊的"仪式"。其中,一个很常见的仪式便是"进过局子"(指坐过牢,或进过强制隔离戒毒所)的人,出来的时候要"还愿",这是指被关押或强制戒毒结束后，为了弥补在押期间不能使用毒品的痛苦，出来后便要立刻"再吸一口"。这也是一种促使吸毒者立刻复吸或者说重新进入毒品使用的维持状态的缘由。

可见，对于吸毒者而言，"圈子"的影响是显而易见的。圈子里成员的相互影响直接导致了吸毒行为的长期保持以及戒毒成效维持的困难。

> 说起来我吸毒也不是单纯的因为赌气，在 Y 市那种地方，接触的人和圈子就只有那么大，不"玩"也不太可能。（MD110109）

所以参与者大多认为毒友圈在很大程度上会影响到自己的吸毒行为，而能否摆脱持续性的毒品使用，也即能否戒毒则取决于是否真的能脱离毒友圈。

> 出去以后我肯定会和现在这个圈子的人都断了联系。只要我还和这个圈子有联系，那肯定还会再吸毒的。（MX311335）

3. 社会舆论和歧视

正如前文所述，想要彻底戒掉毒瘾，离开毒友圈是必要的途径；然而，想要离开这个圈子却并不那么容易。很多吸毒者坦言，随着毒品使用时间的累积，生活也渐渐发生了改变，而其中就包括原有的正常朋友圈的瓦解以及代之以毒品圈子的朋友关系的加强。大部分参与者均表示，自从开始吸毒之后，原来的朋友就逐渐不再来往了，而交往的都变成吸毒的"毒友"。

这种改变一方面是缘于吸毒者本身的选择。一些参与者表示，自己在吸毒之后，觉得和"普通人"没有共同话语，而跟同为吸毒者的朋友却更有共同语言。

> 就觉得敏感，不想和不"溜冰"（指使用冰毒，下同）的人接触。"溜冰"的人都是喜欢和"溜冰"的人在一起，和其他人在一起基本聊不到一块儿去，也玩不到一块儿。因为"溜冰"的人，两个人坐在一起无聊，可以"溜溜冰"，然后聊聊。不"溜冰"的人，和他们坐在一起就没劲，感觉就是老老实实坐在那儿，没什么劲。（MG111240）

而另一方面，吸毒在我国被看作一种严重的越轨行为。所以吸毒行为一旦为周遭所知，便很容易受到歧视；原来身边那些不吸毒的朋友便会渐行渐远。

> 我没有（其他）朋友，我周围全是抽粉（指使用海洛因）的，这么多年了，都这样。像我们这种也不可能和其他人交朋友的。怕（吸毒的事情）讲出去人家笑我，人都要强嘛。（HX312437）

此外，吸毒者在强制隔离戒毒所中度过两年之后，也很难平稳地回归正常的社会生活。在大多数普通民众眼中，强制隔离戒毒所和监狱并无二致，故而从强制隔离戒毒所结束戒毒在大众看来和"刑满释放"是一个概念。虽然根据《中华人民共和国戒毒法》的规定，"戒毒人员在入学、就业、享受社会保障等方面不受歧视。有关部门、组织和人员应当在入学、就业、享受社会保障等方面对戒毒人员给予必要的指导和帮助"，但事实上，这些刚刚迈出戒毒所的人在社会中还是很容易受到歧视的，尤其表现在她们找工作时。

根据标签理论(Becker,1963;Lemert,1951),犯罪人在被捕时即被贴上了"罪犯"的标签,并且这一标签将会伴随他们终生,即使在他们刑满获释以后也不例外;吸毒者的情况也是如此,即使她们已经从戒毒所中走出去,理论上已经戒毒成功了,却依然无法摆脱"吸毒者"这一标签。携带这一标签将会使其遭到各社会群体的排斥和疏远,对其找寻工作和重新回归社会生活造成巨大的影响。事实上,很多参与者都谈及由于自己吸毒被抓这一"污点"为自己找工作带来的影响,以及可能或已经受到了来自就业市场的歧视。

> 以前找工作没觉得难找,也很容易,现在的话找工作老是没什么音讯,不知道是不是知道我吸毒,可能吧,我也不是很清楚,自己猜测的。(HL212325)

在就业问题之外,正常的社会交往对于这些刚刚迈出戒毒所大门的人群而言也是非常困难的。由于之前的吸毒经历,绝大多数人已经没有了"正常"的社会交际网络,而和家庭的关系也普遍不那么融洽;再加上社会对于她们的歧视和标签化,使其很难建立起一个健康的朋友圈子。这也是为什么很多毒品使用者在走出戒毒所之后又迅速回到原来圈子,继续原来的生活。对于此,很多有着复吸经历的参与者都深有体会:

> 说实话 2000 年出来之后,我还是在吸。……更何况我接触的圈子都是吸毒的,走在大街上,到处有人叫我名字,然后一看啊,就是以前(吸毒时)的熟人。我们也很难有别的(不吸毒的)朋友,都是一些吸毒的,好像突然间觉得好亲切。哎呀,走我们出去玩玩,出去喝两杯咖啡,

喝茶什么的……感觉自己是戒不掉,脱离不了那个圈子。只能一直吸。(MF313417)

除此之外,有很多吸毒者认为,她们受到的歧视还体现在她们时刻都处于公安部门的监控之中。按照《中华人民共和国禁毒法》的规定,"公安机关应当对吸毒人员进行登记",如此一来吸毒者的身份信息在公安机关的系统中便"上了黑名单"。很多参与者都提到,这直接影响着她们的日常生活,尤其表现在其需要使用身份证时,如住酒店、上网等。

而当吸毒者们觉得开始"新生活"的道路受阻之时,她们便有更多的理由和可能返回之前的吸毒道路,回归她们熟悉的毒友圈,以及重新返回到维持毒品使用的状态。

四、讨论和结论

总结来看,女性吸毒者维持使用毒品行为主要可源于三方面因素:家庭的默许和纵容、身处毒友圈以及社会舆论和歧视。而究其内在,则可主要归结于以下两个问题:

首先是禁毒教育的缺乏。自20世纪90年代以来,我国开始建立禁毒相关法律和机构来遏制毒品的蔓延,自那时起也开始了禁毒教育宣传工作。然而时至今日,我们的社会大众对于毒品的了解依然非常有限。本研究发现,很多参与者对毒品的认识存在盲区:有相当一部分参与者表示自己此前从未接受过禁毒教育,并不清楚毒品的危害;而另一部人则表示自己虽然知道毒品是有害的,但是使用后觉得没那么可怕,所以就继续使用了。一方面,这些女性吸毒者因为不了解而开始吸毒;因为进入了毒品圈子而觉得吸毒"没什么大不了的";而等到真的知道毒品的危害时却已经为时太晚。另一方面，她们的父母也并不是很了解毒品的危害性，所以很多在获知自己的女儿吸毒时，常常为了面子或者为了所谓的"不忍心"而选择了默许和纵容。而这些都源于我们对于毒品危害性的教育的缺乏。

禁毒教育的缺乏主要可表现为以下三个方面：第一，缺乏有效的宣传途径。对于社会广大民众来说，大众传媒是最好的宣传途径；然而我们的大众媒体对于禁毒宣传和毒品知识的讲解却并不到位，存在着视角和内容单一的问题（袁楠，2012）。从调查获得的数据来看，很多参与者表示她们虽然有看过一些电视媒体对于毒品的介绍，但是其知识获取是极其有限的，并不足以使其了解毒品的危害性。第二，宣传缺乏针对性。在每年的中国毒品形势报告中，年轻人都是吸毒的高危人群。但是禁毒教育工作的针对性却不强，青少年群体并没有被作为重点的宣传对象。虽然目前大量的禁毒教育工作是由学校来承担的，但是结合很多吸毒者学历较低、较早辍学这一事实，很多年轻人并没有真正接受过完备的禁毒教育。第三，宣传内容较为陈旧，缺乏时效性。对于目前我国年轻一代的吸毒者来说，冰毒等新型毒品是非常普遍的选择。我们的禁毒教育没有很好地区分不同种类毒品的危害，而仅仅将毒品当作一个整体（盛楠，2011；杨黎华，2012）。禁毒教育更多的是强调海洛因等传统阿片类毒品的危害，新型毒品对健康的影响则会被忽略。这直接导致了在很多年轻的新型毒品使用者眼中，海洛因是有害的，而冰毒却是"无害"的。

其次，吸毒者之所以会长时间保持其吸毒的行为，还和长期以来我们的社会对吸毒者采取的刑事司法视角（Coombs，1981）有关，即认为吸毒等同于犯罪，吸毒者需要和犯罪者一样接受惩罚和矫正。事实上，无论是在社会大众还是吸毒者看来，强制隔离戒毒都是与"坐牢"类似的惩罚与矫正。从2004年开始，为了降低海洛因的使用以及预防艾滋病病毒感染，中国政府开始对海洛因使用者实施美沙酮维持治疗（methadone maintenance treatment，MMT）。据前卫生部（2013年撤销）统计，截至2011年，全国已有716家美沙酮诊所，不过覆盖的吸毒者只占10％左右。与美沙酮维持治疗相并行，中国政府亦开始在社区中推行针对吸毒人群的社会工作社区戒毒计划，该计划设想的戒毒服务内容包括：心理咨询、行为矫治、社会支持、家庭治疗、社会网络建立以及帮助吸毒人群了解和获取各种社区资源（例如美沙酮维持治疗、社会保险金、就业服务和医疗服务等）(Zhang，2008)。不过，遗憾的是，关于此类项目的研究很少（顾东辉等，2004；王玉香，2011），因此至今仍然很难评价这些项目的实施状况和效果。可见，虽然近些年也有基于社区的医疗和社会工作戒毒项目出现，但它们依然处于初始阶段，并不构成我们社会对待吸毒者的主要干预方式。正是由于我们的社会对吸毒行为以及吸毒者的干预模式，吸毒者认为自己遭遇到了和犯罪者或者刑满释放者一样甚至更多的歧视。很多吸毒者认识到了毒品的危害，但当他们想要彻底摆脱毒品使用时，却发现自己很难在"正常的"社会中找到立足之地。

女性吸毒者的机构式戒毒体验与态度

一、研究背景与文献综述

随着中国经济的快速发展和西方文化的影响,2016 年年底,中国登记吸毒人数已超过 250 万;其中 38.1% 为海洛因使用者,60.5% 则使用摇头丸和冰毒等非阿片类合成药物(国家禁毒委员会,2017)。相比之下,截至 2012 年年底,登记吸毒人数为 210 万,其中约 60.6% 为海洛因使用者(Zhang et al.,2016)。可见,在相当长的一段时间内,中国的毒品使用呈现显著增加的态势,且流行的毒品种类也发生了更迭——海洛因使用者比例减少,非阿片类合成毒品使用者比例增加。虽然近些年来,中国的登记吸毒人数逐年下降,但鉴于这一公共卫生流行趋势,中国禁毒工作的首要任务之一便是帮助吸毒者实现戒毒以及防止其复吸。

毒品使用是一个长期而复杂的问题,可能会对个人的整个生命周期产生负面影响(Dennis & Scott,2007)。适当的治疗可促进毒品依赖的戒断;

然而,当治疗结束时或戒瘾期完成之后,复吸是经常发生的状况(Galai et al.,2003;Veilleux et al.,2010)。研究人员和戒瘾治疗实践者都试图开发出更为严格的治疗模式,以帮助吸毒者长期维持戒瘾的状态,不过,时至今日,这仍然是一个重大的挑战(Aklin et al.,2014)。职业培训,作为一项针对吸毒成瘾的长期的且以就业为基础的干预措施,被认为对实现戒除毒瘾和预防复吸有积极影响(Aklin et al.,2014;West,2008)。同时,其他一些综合类服务也能够达到类似的积极效果,包括独立生活技能培训,心理教育方案,心理健康服务,以及医疗、法律和家庭服务等(Ducharme et al.,2007;Knapp et al.,2007)。

近年来,中国关于毒品使用的研究大幅增加,但与戒毒治疗相关的研究仍然不多见(Philbin & Zhang,2014)。在中国,吸毒被视为一种严重的越轨行为,并可能引发行政处罚(Liu et al.,2016;Hser et al.,2013)。同时,为吸毒者提供的医院式自愿戒毒治疗方案仍然极为有限。经过不懈的努力,中国目前建成了强制性的社区和机构戒毒治疗制度。首次被警方抓获的吸毒者将被登记在案并处以罚款(Liu et al.,2016)。第二次被捕后,他们会被强制性要求参加社区戒毒治疗(Liu et al.,2016;Zhang et al.,2016)。不过,社区戒毒治疗主要是针对海洛因使用者的美沙酮维持治疗方案,而很少有适合非阿片类合成药物使用者的社区治疗方案可被使用。因吸毒被警方抓获三次及以上的吸毒者将面临两年的机构式强制隔离戒毒治疗。这些戒毒机构设有严格的防卫,安全警戒程度与监狱类似。截至2012年年底,全国共有678家强制戒毒机构,有30多万戒毒人员在其中接受戒毒治疗(Zhang et al.,2016)。

在2013年11月15日劳教制度废除之前,吸毒者与其他轻罪罪犯一样被送入劳教机构中接受"改造"(Liu,2017);而劳教制度废止之后,强制隔离戒毒所替代了劳教机构承担起帮助吸毒者改变的职责,不过其工作重点由矫治转向了治疗与康复。强制隔离戒毒所旨在为所有类型的吸毒者提供戒毒服务,不论其年龄、性别、使用毒品的类型或时间长短。强制隔离戒毒所中主要使用两种治疗模式——职业培训和教育活动(Liu et al.,2016),其目标都是帮助吸毒者戒除毒瘾,而非简单地施以惩罚(Liu,2017)。职业培训是一项主要的戒毒治疗模式,它被用来改变吸毒者行为以及帮助他们获得新的生活技能,以使他们在结束戒毒治疗后能够找到工作并成功回归社区生活。教育活动则包含多个重要的主题:毒品知识教授、心理健康教育以及独立生活技能培训。戒毒所管理者,也即戒毒民警,管理戒毒所的行政事务以及承担完成这些戒毒治疗项目的任务,他们在各种治疗项目中承担着不同的角色和责任。理论上来说,吸毒者可以被无限多次送入强制隔离戒毒所中接受戒毒治疗,如果他们完成一次戒毒治疗后复吸,那么他们将很容易被抓并再次送进来。

除中国外,越南等东南亚一些毒品问题严重的发展中国家也采用了类似的强制机构式戒毒模式和以社区为基础的自愿美沙酮维持治疗(Vuong et al.,2017;Zhang et al.,2016)。不过,对这些强制性戒毒治疗有效性的科学研究依旧十分稀缺,而仅有的少量研究结果证实,该种方法同其他戒毒方法相比并没有表现出非常显著的积极性和有效性(Werb et al.,2016)。在这些国家开展关于强制性戒毒治疗的研究是可行的,但其在政治上依然具有一定的挑战性,需要在科学与政治之间取得一定的平衡。在中国,由于在获得政府批准、招募参与者和收集数据等方面的障碍,关于强制隔离戒毒治疗的经验数据的获取同样不易。鉴于此,专注于中国强制隔离戒毒的研究在已有的文献中也较为有限,而这就是本研究所努力的方向。

此外,中国大多数毒品使用研究都集中于男性使用者(陈沙麦、朱萍,

2008;刘晖、刘霞,2011;Jia et al.,2015)。近几十年来,年轻女性吸毒人数大幅增加,然而相应的有性别特色的研究依然缺乏(陈沙麦、朱萍,2008;刘晖、刘霞,2011;姚建龙,2001)。统计数据显示,登记在案的女性吸毒者从1999年的118 000人增加到2009年的205 000人(刘晖、刘霞,2011),这一增长突出了进行有性别特色的毒品使用研究以及制定基于性别考量的戒毒治疗方案的必要性。美国已有研究表明,刑事司法转介或强制治疗在预防男性药物滥用方面发挥着重要作用;然而,这些方法是否适用于女性还有待验证(Longinaker & Terplan,2014)。可见,我们需要更深入地了解女性吸毒者对机构式戒毒治疗的体验和态度。

二、研究方法

为了较为深入地探究中国女性吸毒者关于机构式戒毒治疗的体验和态度,本研究采用定性研究方法,因其能够为研究者更好地了解参与者的想法和感受提供更为广泛的交流渠道(Gillham,2000;Kahn & Cannell,1957)。

1. 参与者和流程

本研究的研究对象来自中国东部一所强制隔离戒毒所(代号J所)中正在接受戒毒治疗的女性吸毒者。与中国其他强制隔离戒毒机构一样,吸毒者在进入J所后须参加为期2个月的入所培训。在入所培训课程结束之后,她们会被分配到特定的职业培训岗位上。她们每天的大部分时间都花在指定的职业培训上——与当地的服装(纺织)厂合作,学习与制衣相关的技能。此外,戒毒者必须在非职业培训时段内参加教育活动。这些活动包括心理教育培训和有性别特色的独立生活技能培训,如烹饪、插花、化妆品、美容等,以及学习如何做一个好女儿、好妻子和好母亲。

为了能够有目的地选择具有广泛社会人口学背景(如年龄、受教育程度等)以及毒品使用经历的参与者,我们寻求了 J 所管理者的帮助,在其推荐的人选中确定合适的参与者。在我们的要求下,管理者帮忙推荐了拥有不同背景的候选人以供选择,这些候选人的年龄、受教育程度以及毒品使用经历都有所不同,她们进入戒毒所已超过 2 个月时间,也都有参与职业培训和教育活动的经验。当然,这种选择参与者的方法可能存在一定局限性和潜在偏误,因为戒毒所管理者可能会选择那些她们认为较为顺从的吸毒者配合完成访谈任务。同时,也可能有一些被推荐的候选人并不是很想参与这项研究,但她们可能无法直接拒绝戒毒所管理者的要求。此时,为了充分尊重参与者的意愿,在正式开始访谈前访谈员都会认真确认参与者的自愿性,如果她们表现出任何犹豫或不情愿,访谈将不会进行。最终,有 46 名女性成为本研究的参与者,参与者在参与访谈前均自愿签署知情同意书。

表 1　研究参与者的主要特征(人数=46)

		人数	百分比(%)
年龄[a]	21 岁以下	3	6.5
	21~30 岁	19	41.3
	31~40 岁	15	32.6
	41~50 岁	8	17.4
	51 岁以上	1	2.2
受教育程度	小学或以下	6	13.0
	初中	21	45.7
	高中(包括中专、职高)	14	30.4
	大学(包括大专)及以上	5	10.9
工作情况	合法的全职工作	4	8.7
	合法的兼职工作	18	39.1
	自雇或自己做生意	5	10.9
	性产业或涉性的娱乐业就职	6	13.0
	无业	13	28.3

续表

		人数	百分比(%)
主要使用的毒品	海洛因 冰毒 海洛因及冰毒	8 27 11	17.4 58.7 23.9
开始吸毒的年龄	21岁以下 21~30岁 31岁以上 未知	22 17 6 1	47.8 37.0 13.0 2.2
使用毒品的年限	1年及以下 1~5年(不包括1年,包括5年) 5~10年(包括10年) 10年以上	12 11 8 15	26.1 23.9 17.4 32.6
进入强制隔离戒毒所戒毒次数	1次 2次或以上	26 20	56.5 43.5
在J所中的时间	3~6个月 7~12个月 13~18个月 19~24个月	13 14 11 8	28.3 30.4 23.9 17.4

[a] 平均=31.5岁,范围=16~55岁。

表1展示了参与者的人口学统计信息。参与者的年龄从16岁到55岁不等,在二三十岁年龄段的参与者较多。一半以上的参与者仅完成了9年或以下的教育。大多数参与者($n=42$)在进入戒毒所之前没有合法的全职工作经验。有39名参与者报告她们在30岁之前便开始吸毒。27名参与者主要使用冰毒,8名使用海洛因,11名同时使用海洛因和冰毒。她们的毒品使用年限差异较大:12名参与者使用毒品1年或少于1年,而使用毒品超过10年的则有15人,其中使用时间最长者已超过27年。在46名参与者中,有20人有过2次或以上的强制隔离戒毒经历。参与者在J所中接受戒毒治疗的时间范围为3至24个月(即2年,接近治疗结束)。与之前的一项定性研

究(Yang et al.，2015)中的20名中国男性吸毒者相比,本研究中的女性受教育水平和就业状况相似,但使用冰毒的比例更高。

2. 数据收集与分析

本研究的数据于2013年夏季使用半结构式访谈法收集,其归属于研究者进行的一项较大规模的关于中国吸毒者及其毒品使用经历的研究项目的第一轮资料收集工作。半结构式访谈的特点是拥有预先设定的问题,但允许参与者灵活地表达自己的想法(Flick,2014)。本研究设置了一些访谈问题,用以了解吸毒者的机构式戒毒经历以及对两种治疗模式(即职业培训和教育活动)的态度和看法,具体包括:"您能描述一下您参与各种治疗项目的经历吗?""您认为这些治疗项目怎么样?""您觉得这些项目对您戒除毒瘾有帮助吗?"以及"您对这些治疗项目持何种态度?"参与者在回答这些问题时被鼓励分享她们的故事和观点。所有的访谈均以面对面的形式完成,沟通语言为普通话,在使用录音设备的情况下持续一个小时至一个半小时(包括研究介绍和知情同意)。所有访谈均由四名研究助理完成,她们是社会工作专业的硕士研究生,均为女性,且受过良好的学术训练。

数据分析采用了扎根理论方法(Glaser & Strauss,1967)。访谈录音首先由四名研究助理中的两名转录为逐字稿。在对逐字稿进行细致阅读的过程中,研究者进行了开放编码和主轴编码的工作。经过编码处理后,访谈记录便被整理为一些特定的类别。之后,这些类别又被进一步整理成不同的主题,这也是数据分析过程中最"困难、复杂、模糊、创造性和有趣"(Marshall & Rossman,2006,p.158)的步骤。

尽管在数据收集过程中,参与者的姓名和其他身份特征无法得以隐藏;然而,在数据转录及后续分析的过程中,为了保护参与者的隐私,参与者的所有身份信息被删除,而代之以假名和编号。

三、研究发现

1. 体验与适应戒毒所的纪律制度

J所采用的是准军事化的管理模式,强调效率、规范和服从。对于在其中进行戒毒治疗的吸毒者来说,戒毒所的生活与在戒毒所外的社会生活有很大的不同。在初入戒毒所时,戒毒者会首先进入为期2个月的入所培训,学习戒毒所的管理制度以及调整自己的作息以适应戒毒所中的生活节奏。2个月的入所培训对吸毒者而言是十分具有挑战性的,尤其是"出操训练",即类似于军训式的列队及齐步走。"每天,我们都要在太阳下练习好几个小时……这真的很难!"一名有着10年冰毒使用经历的参与者(参与者17,33岁,大专学历,无业,第1次强制隔离戒毒,已入所3个月)这样说。事实上,绝大多数参与者都认同,2个月的入所培训是整个治疗期中感觉最困难的时段。

除了军训式出操训练,戒毒者还需要尽快适应戒毒所中快节奏的生活方式。本研究中,有28名参与者表示,他们感受到了密集时刻表带来的压力,甚至是那些曾经参加过强制隔离戒毒治疗的戒毒者,当她们重返戒毒所时依然需要一段适应期。一名第4次入所接受强制戒毒治疗的参与者(参与者22,43岁,小学学历,兼职工作,27年海洛因使用经历,已入所7个月)这样说:

我没有办法很好地适应,尤其是在紧张的作息日程方面。这里的一切事情安排得都很密集,我们做各种事情的时间都非常有限,我感觉我很难在分配的时间内完成所有应该完成的任务。我(在社会上)没有过过这样的生活。

戒毒所的生活非常重视集体性,因此,接受戒毒治疗的吸毒者并不会被允许单独做任何一件事情。此外,她们在进行任何一项行动之前都必须先向管理者(戒毒民警)报告,以获得许可。

实施这一规则的目的是要求戒毒者形成监督小组并相互监督,以防止自杀、自残或私自逃离戒毒所的行为。它消除了接受戒毒治疗的吸毒者任何可预见的独自活动的机会,这也是上述之自杀自残行为的必要条件,并从管理的角度增加了服从性。

2. 体验两种治疗模式

在入所培训完成之后,吸毒者便进入常规戒毒治疗阶段。此时她们无需再进行军训式出操训练,而是以参加职业培训和教育活动为主。不过,在整个治疗过程中,密集的时刻表以及缺乏个人隐私的生活状态得到了延续。

(1) 职业培训

职业培训是吸毒者在戒毒所生活中参与的主要戒毒治疗活动。在46名参与者中,39人被分配到戒毒所的制衣厂工作(35名在流水线上工作,4名从事管理工作),而其余7人则被分配从事戒毒所中的其他辅助类工作,如清洁和烹饪等。

26名第一次进入强制隔离戒毒所戒毒的女性,无论其之前是否有过工作经验,都或多或少在参加戒毒所职业培训方面遭遇了困难。不管她们被安排在什么样的工作岗位上,这些参与者都表示,她们需要一段时间来学习和适应这一工作。其中一人表达道,"一开始我觉得很累。我做得不熟练,总会担心自己不能完成规定的任务"(参与者31,25岁,职业高中学历,自雇,1年冰毒使用经历,第1次强制隔离戒毒,已入所5个月)。

事实上,从职业培训的角度出发,戒毒所安排的工作和绩效要求并不比大多数社会上的就业岗位更难。然而,吸毒者在进入戒毒所之前绝大多数都没有工作或仅有一些不太正规的工作经历。她们不熟悉工作流程、要求和绩效预期。在这种情况下,大多数参与者最初都很难适应。

相比较而言,其余20名之前曾接受过强制隔离戒毒治疗的参与者更容易适应职业培训项目所安排的工作内容。她们通常只会有一个较短的调整期,因为她们非常熟悉戒毒所中的治疗模式和流程。

(2)教育活动

接受戒毒治疗的吸毒者除了需按照要求参加职业培训之外,还需要参加各种形式的教育活动以避免其有太多的空闲时间。教育活动的内容之一是毒品知识的普及教育。在第一次参加强制戒毒治疗的26名参与者中,有24人提及她们通过毒品知识普及教育了解到毒品对个人、家庭和社会的破坏性和危害性。一名参与者提到,"在参加教育活动之前,我对毒品的危害性一无所知。我通过毒品教育课程和观看纪录片获得了非常有用的信息"(参与者25,22岁,初中学历,兼职工作,3年冰毒使用经历,第1次强制隔离戒毒,已入所6个月)。

然而,那些再次进入戒毒所接受强制隔离戒毒治疗的参与者,便对参加毒品知识普及教育失去了兴趣。其中一人说:"这是我第三次进来了!我看了无数次毒品知识纪录片,听了几十次讲座。这些内容我甚至能背诵了,我感到很无聊,但是我仍然需要参加这些活动。"(参与者23,38岁,职业高中学历,无业,14年海洛因使用经历,第3次强制隔离戒毒,已入所23个月)

此外,所有接受戒毒治疗的吸毒者都需要参加强制隔离戒毒所安排的心理教育课程。这些课程为吸毒者提供了如何处理自己的心理健康问题的具体知识。除了必须参加的心理教育课程之外,戒毒所还提供有限的自愿个人咨询和团体治疗服务。然而,由于专业治疗师、咨询师以及社会工作者的配备并不那么充足,并非每个接受戒毒治疗的吸毒者都有机会单独向咨询师寻求帮助或者参加团体治疗。有时,这些吸毒者也可能通过专业志愿者获得一些特定的治疗。不过,总的来说,这些治疗服务都是非常稀缺的,且依然停留在实验阶段。在本研究中,只有两位参与者提到了曾参与过这些服务:

> 几个月前,我参加了一个一对一的心理咨询。咨询师是一名有咨询师证书的警官。在咨询过程中,我哭了。不过,她证实了我在生活中遇到了挑战,也向我提供了建设性的反馈和支持,我感觉自己好过多了。(参与者28,37岁,高中学历,兼职工作,4年海洛因使用经历,第2次强制隔离戒毒,已入所4个月)

> 我曾经参加过正念治疗小组,是由一位大学教授和她的学生主持的,每周进行一次。通过小组讨论,我学会了练习正念的不同方法。我以前很冲动,但现在我可以很好地管理我的情绪和保持一个温和的心态。(参与者26,24岁,小学辍学,兼职工作,6个月冰毒使用经历,第1次强制隔离戒毒,已入所14个月)

独立生活技能培训是教育活动的另一个组成部分。J所为接受戒毒治疗的吸毒者提供若干具体的独立生活技能培训项目。一名参与者(参与者11,41岁,高中学历,兼职工作,16年海洛因使用经历,第2次强制隔离戒毒,已入所23个月)提及,这些项目包括插花、书法、舞蹈、化妆以及美容美发等。由于这些培训项目不是强制性的,而且许多内容显得有些陈旧,因此很少有接受戒毒治疗的女性吸毒者对这些培训项目感兴趣,她们对此的评价也较为消极。

是有一些技能培训项目,但我从来没有参加过。这些项目不是必须(参加)的,而且我也不认为这些培训对我有什么帮助。以计算机课程为例,他们教的东西我都知道,那我为什么还要去呢?(参与者29,26岁,大专学历,失业,2年冰毒使用经历,第1次强制隔离戒毒,已入所19个月)

除了参加各种教育活动,吸毒者在接受戒毒治疗期间还需要定期与她们的分管警官面谈,汇报她们对毒品以及自己的吸毒经历的想法、态度和反思,同时也汇报她们的戒毒进展,并接受警官相应的评估。

3. 对机构式戒毒治疗的态度与评价

(1) 初次接受戒毒治疗者的积极态度

接受戒毒治疗的吸毒者对上述提及的机构式戒毒治疗的态度并不统一。26名第一次接受强制隔离戒毒治疗的参与者对戒毒治疗项目表现出较高的热情。

其中,15名参与者认为她们从职业培训中受益。在她们看来,这些培训项目不仅使她们获得了更好的就业技能,而且令她们对未来抱有希望。其中一名参与者(参与者5,24岁,小学学历,性工作者,2年冰毒使用经历,第1次强制隔离戒毒,已入所5个月)说:"我相信这对我的康复有好处。我想好好度过这两年,完成戒毒治疗后做一个好人。"另外5名参与者提到,职业培训是她们可以弥补以前错误行为的一种方式,就像其中一位参与者(参与者4,28岁,初中学历,全职工作,3年冰毒使用经历,第1次强制隔离戒毒,已入所5个月)所说的:"吸毒是错误的,它对我的家庭以及社会都造成了伤害,所以我把这段强制隔离戒毒治疗的经历看作我错误行为的代价。"其余6名参与者则抱怨戒毒所内工作要求高、令她们觉得十分困难,其中一名参与者

(参与者31,25岁,高中学历,自雇,1年冰毒使用经历,第1次强制隔离戒毒,已入所5个月)说:"我以前从未有过这样的经历,我感觉很累。"她接着强调道:"我想我以后再也不会吸毒了。我害怕再回到这里。"对这些女性而言,职业培训被视为对她们的吸毒行为的"惩罚",当然,从另一个角度来说,这也成为她们防止今后吸毒行为的内在动机。

除了职业培训,这些初次接受强制隔离戒毒治疗的女性还普遍对教育活动表达了肯定。她们认为,尽管教育活动只占她们戒毒生活的一小部分,但是通过参加多种多样的教育活动,自己不仅了解了许多与毒品有关的知识,而且还获得了心理辅导、知道了如何应对心理健康问题。

(2) 多次接受戒毒治疗者的消极态度

相比之下,其余20名有过两次或以上强制隔离戒毒经历的参与者则普遍对机构式戒毒治疗的成效持消极态度。她们大多描述说只是想要"完全平和地"度过这两年戒毒生活而并不期待能够真正实现戒毒,就像其中一位参与者所说,"老实说,我真的不认为我能保持戒毒成效,两年出去肯定还会继续吸,就是这样"(参与者28,37岁,高中学历,兼职工作,4年海洛因使用经历,第2次强制隔离戒毒,已入所4个月)。

戒毒治疗,特别是职业培训,在很大程度上被这些女性视为"消磨时间"的一种方法。有17名参与者明确表达了这一看法。

这是我第三次(进入强制隔离戒毒所接受戒毒治疗)。我知道这里的戒毒治疗安排的每一个细节。(戒毒所的)生活是无聊的。我只能用工作来消磨时间。日复一日无休止的工作让我觉得时间过得很快。(参与者23,38岁,高中学历,失业,14年海洛因使用经历,第3次强制隔离戒毒,已入所23个月)

同时,这些女性大多还会强调,她们觉得教育活动过于无趣以至于并不想参加这些活动。她们熟悉这些教育活动的主题和内容,并不期望从中获得任何新知识。她们仅仅希望参与那些不得不参与的教育活动,而从不花费时间和精力参加自愿活动。一名参与者(参与者 41,40 岁,高中学历,失业,7 年海洛因和冰毒使用经历,第 2 次强制隔离戒毒,已入所 7 个月)说:"这不是我第一次来这里,我什么都知道,如果有时间的话我宁愿休息。"8 名参与者甚至用"无意义"一词来描述戒毒所中的各种教育活动,尤其是那些独立生活技能培训项目。她们强调,这些活动对她们而言没什么意义,也没什么用处。

(3) 对机构式戒毒模式的评价

参与者基于其自身参与机构式戒毒治疗的经验,表达了对机构治疗模式的迥异评价。第 4 次接受机构治疗的一名参与者(参与者 12,41 岁,初中学历,失业,11 年海洛因使用经历,已入所 23 个月)解释了为什么吸毒者在第一次接受强制隔离戒毒治疗时通常抱有很高的希望,但第二次或以后则失去了戒毒成功的期待:

> 这是我第四次(接受强制隔离戒毒治疗)。我在这里待了这么长时间,看到了各种不同类型的人。很多人是第二次、第三次、第四次来到这里的,甚至更多次。有些人离开戒毒所以后不久就又回来了。出去以后要保持住不吸毒是很难的。在我第一次来的时候,我也曾经希望经过两年的治疗我能改变。并且我认为这些治疗项目对我是非常有用的。然而,当我结束治疗之后,我很快便回到了吸毒的老路上。

虽然吸毒者能够通过强制隔离戒毒机构设置的治疗方案实现戒除毒瘾

的目标，但这是建立在她们无法获得毒品的基础之上的。当她们在回归社会生活后，情况就不同了；此时，她们就需要非常努力才能维持自己的戒毒成就。因此，如果在她们戒毒后的康复期，如果缺乏相应支持的话，当她们遇到各种"诱惑"时，她们维持住自己戒毒成效的信心便会非常低，因而极易引发复吸行为。

四、讨论

本研究结果显示，军训式出操训练、快节奏的时间表以及集体化生活对接受强制隔离戒毒治疗的吸毒者的生活和行为有显著影响。其有助于戒毒者服从戒毒所的管理，并最大限度地发挥职业培训和教育活动这两种治疗方式的优势。在本研究中，将近一半的参与者（46人中的20人）曾有过两次或以上接受强制隔离戒毒治疗的经历。她们过去的经历和消极态度降低了她们戒除毒瘾的动机和信心。已有研究表明，吸毒者在接受强制隔离戒毒后一年内的复吸率超过80%（刘志民，2004；Hser et al.，2013；Tang et al.，2006），甚至可高达98.9%（铁恩贵等，1999）。这表明，两年的机构式强制隔离戒毒治疗并不能保证戒毒者在结束戒毒治疗后成功维持其戒毒成效。这一结果在已有的研究中（Werb et al.，2016）也得到了证实，即没有证据表明强制戒毒治疗方法与其他治疗方法相比可能具有更为积极和持久的效果。

基于本研究结果可以发现，中国目前实施的机构式强制隔离戒毒治疗方式存在四个有待改进之处。首先，吸毒者大多是在被警方抓获后被迫接受戒毒治疗的，因此其大多缺乏戒毒动机。吸毒者在戒毒过程中需要参加戒毒所设置的多种治疗活动，但没有相应的评估方案对他们进行全面的生理、心理及社会性评估，也缺乏深入了解他们的吸毒原因和吸毒史的有效策略。因此，他们中的大多数人错误地认为戒毒治疗是他们需要忍受的惩罚，而非帮助他们戒毒的治疗历程。其次,戒毒所并没有根据吸毒者的吸毒经历制定相应的治疗方案。无论吸毒者的吸毒史和所使用的药物如何,所有接受强制隔离戒毒治疗的吸毒者都被安排了相同的戒毒治疗方案。针对女性的戒毒方案与针对男性的非常相似(Yang et al.,2015)——他们都必须参加职业培训和教育活动。虽然 J 机构提供了一些针对女性的独立生活技能培训,但这些培训只占整个戒毒治疗的很小一部分,且培训项目涉及的知识许多也已经过时了。显然,有过多次强制隔离戒毒治疗经历的吸毒者对参与这些项目的热情很低。第三,尽管职业培训的实施已经非常系统化,但鉴于戒毒所的人力资本和资源有限,教育活动的实施依然是非标准化的。戒毒所既无法根据吸毒者的个别需要提供相应的教育方案,也无法雇用充沛的专业心理咨询师或者社会工作者为吸毒者提供定期的个人咨询服务及团体治疗。与职业培训拥有较为完善的评估方案不同,除了戒毒所管理者(戒毒民警)的主观观察和评价外,并没有标准化的工具用于评价教育活动的实施效果。第四,帮助完成戒毒治疗的吸毒者重新融入正常社会生活的社区康复方案依然缺乏。自 2004 年以来,中国在社区中实施了美沙酮维持治疗等降低伤害的戒除毒瘾治疗方法(Jian,2009);然而至今为止,针对非阿片类合成药物依赖的医疗服务以及医疗服务以外的各类社区戒毒及康复服务(如社会工作服务)仍然是缺乏的。

因此,基于上述挑战,应建立和实施综合治疗体系以应对吸毒者在戒除毒瘾过程的不同阶段的需要。从微观视角来看,戒毒机构中的治疗提供者(戒毒民警)需要掌握一定的唤起或促进吸毒者产生戒毒意愿的技术。过去 20 多年来,动机式访谈(motivational interview,MI)在美国被广泛应用,其作为一种有效的工具可以帮助那些对改变自身不良行为持矛盾态度的药物滥用人群(Miller & Rollnick,1991)。此外,戒毒机构也应配备受过专业培训的精神卫生专业人员,并可确保每个接受戒毒治疗的吸毒者都能接受全面的生理—心理—社会评估。同时,这些人员应与戒毒治疗服务的提供者进行合作,通过循证干预方法制定适当的治疗目标并展开戒毒治疗活动。尤其是,在教育活动的实施方面,接受戒毒治疗的吸毒者将可能从如下技能的学习中获益:正念练习可帮助吸毒者调节自身情绪并缓解焦虑,问题解决疗法可帮助吸毒者确定触发吸毒的因素并制定相应行动计划,认知行为疗法以改变吸毒者的消极思维模式并促进其亲社会行为、增进其交流技能。同时,考虑到人员的不足问题,与机构所在地的大学建立合作伙伴关系将是个很好的选择,这可以使强制隔离戒毒所中的工作人员获得心理健康知识和技能培训的机会,同时,大学也可输送接受过专业指导的学生作为实习生去戒毒所服务,以满足戒毒所对相关专业人士的需求。

除了强制隔离戒毒所提供的机构式戒毒治疗之外,还需要建立以社区为基础的综合戒毒治疗和康复方案。成功的戒毒之路往往充满挑战,包括不利的社会经济地位、缺乏家庭温暖和社会支持、人际冲突、污名以及与犯罪记录相关的歧视等(Yang et al., 2015)。在极为不利的情况下,如果已完成戒毒治疗的吸毒者没有适当的专业帮助或康复支持,便很容易复吸。一个在美国某县监狱中实施的药物滥用治疗计划(Miller et al., 2016)发现,34名男性罪犯在获释后1年内的再犯罪率较低,并保持了远离毒品的生活方式。这一成功归功于监狱中实施的以家庭为基础的戒瘾治疗,并且他们在获释后1年内继续在社区中参加行为矫正强化项目。可见,除了药物干预之外,在社区中实施的家庭和社会支持服务在戒毒治疗过程中是极为重要的。强制隔离戒毒所应在吸毒者结束戒毒治疗前6个月在个案管理服务的基础之上为其提供综合家庭支持服务,这可由训练有素的心理健康咨询师或社会工作者通过密集化的个人、团体和家庭治疗来实施。强制隔离戒毒所与专门化的社区戒毒治疗和康复方案之间的协作和服务连接应能够在女性吸毒者完成其机构戒毒后进一步提供对其及其家庭的支持服务,该服务可为期1年,通过促进其重塑自尊、寻找就业机会以及建立积极的家庭关系和社会网络,以最终协助她们重返常态化的社会生活。

正因为中国正在努力解决毒品使用这一重大的公共健康问题,研究现行的强制隔离戒毒模式的有效性以及社区戒毒方案的可能影响是具有重要意义的。有明确性别取向的戒毒方案,以及针对使用不同药物的女性吸毒者设计相应的戒毒方案,都将是十分值得考虑的,这也需要我们在今后继续进行进一步的研究。政府应与大学、非政府组织、服务提供者以及其他的利益相关者进行合作,共同解决毒品问题,并制定出最佳的干预方案和毒品问题治理策略(Thomas et al.,2016)。

自愿戒毒的结构性和个人化障碍

一、研究背景

由于毗邻海洛因的主要产地,海洛因曾一度占据着中国毒品市场的主导地位(Liu et al., 2018)。尽管中国使用海洛因的人口比例有所下降(Liu & Hsiao, 2018),但他们的数量仍然庞大,约为 55.6 万人,占中国毒品使用者总人数的 37.4%(国家禁毒委员会,2022)。

海洛因是阿片类药物中成瘾可能性最大的毒品之一,在中国尤为如此(Hosztafi, 2011)。未经治疗的海洛因戒断症状可能非常严重,包括发冷、腹泻和呕吐、身体疼痛以及无法入睡等(Dissiz, 2018)。在更极端的情况下,使用海洛因的人还会出现抽搐、呼吸衰竭和死亡(Garrick et al., 2010)。为了避免出现这些戒断症状,海洛因成瘾者必须定期使用这一毒品,同时也需要逐渐增加使用剂量。因此,寻求戒除毒瘾(本文中指戒除所有类型的毒品使用)者很容易复吸(McDonnell & Van Hout, 2010)。

在中国,毒品使用被视为一种严重的越轨行为(Liu & Hsiao, 2018)。一旦被警方逮捕,吸毒者就会被登记在案,档案记录会对他们未来的就业机会产生负面影响(刘柳、王盛,2019;Liu & Chui, 2018)。鉴于此,在被发现之前,许多海洛因使用者都会选择躲起来,按照自己的方式寻求戒断,他们更倾向于使用"冷火鸡"(cold turkey)式的自然戒断方法。在这种情况下,害怕因海洛因使用而蒙受耻辱的人不愿接受美沙酮维持治疗等公共医疗援助服务,因为他们担心受到歧视(Lin et al., 2011;Yang et al., 2015)。此外,虽然这些人有时会自愿接受医疗治疗,但在中国,自愿戒毒治疗仍具有相当的挑战性,因为基于医院或诊所开展的自愿戒毒治疗项目非常有限(Liu & Hsiao, 2018)。

面对这些挑战,试图自行戒毒者通常只会得到负面的结果(Yang et al., 2015)。由于在中国自愿接受阿片类药物治疗的机会很少,大多数关于海洛因使用戒断的研究只关注强制性戒毒治疗(Liu et al., 2013;Yang et al., 2018),而很少关注个人在被警方抓捕之前寻求戒瘾的经历。

戒毒意愿、高效而有效的戒毒治疗以及戒毒后的支持服务是实现成功戒除毒瘾的关键(Kelly et al., 2016;Miller et al., 2016;Veilleux et al., 2010)。在许多欧洲和北美国家,戒毒治疗通常带有自愿性质(Liu & Chui, 2018)。因此,戒毒被视为一种"寻求帮助的行为",需要良好的治疗服务(McDonnell & Van Hout, 2010)。在这些国家,寻求戒除海洛因使用的人可以获得不同的治疗服务,包括提供美沙酮和丁丙诺啡等替代性药物(Whelan & Remski, 2012)以及咨询和职业培训等社会工作服务(Liu & Chui, 2018)。这些国家的学者和戒毒服务从业者通常更加强调吸毒者的戒毒意愿(Liu et al., 2018),且会利用动机式访谈等方法增强个体的戒毒动机(Li et al., 2016)。但中国的情况则大不相同,学者们必须更多地关注在缺乏自愿性质的治疗服务提供时,吸毒者在正规治疗系统之外发生的求助策略。

为了填补这一空白,我们需要回答这样一个问题:是什么阻碍了吸毒者取得积极的戒毒成效？作为一项探索性研究,通过揭示中国海洛因使用者在自愿戒毒过程中所面临的障碍,本研究旨在为这一群体在被捕和接受强制性戒毒之前的戒毒意愿和尝试戒毒的行为提供实证信息。

二、以理性选择理论作为理论视角

已有研究发现,个体戒毒意愿是影响其未来戒毒行为的关键性指标(如 Kelly et al., 2016)。相比之下,个人的复吸行为也可被视为与回归其熟悉的以毒品使用为特征的旧生活模式的意愿密切相关(McIntosh & McKeganey, 2000)。戒毒或重新吸毒的意愿可能是由多个理性因素共同决定的。因此,理性选择理论可以作为一个有用的工具,帮助我们解释为什么本研究的参与者通过自愿治疗服务或其他方法寻求戒毒,以及为什么他们后来又复吸。

在犯罪学中,理性选择理论主要用于在个体层面解释越轨行为以及越轨行为终止的理性因素(Cornish & Clarke, 1986; Paternoster et al., 2015)。经过仔细计算之后,个体会选择实施越轨行为,因为他们相信实施此类行为的收益将大于替代性亲社会行为的成本(Cornish & Clarke, 1986)。如果越轨行为的可感知收益减少或可感知风险增加,个体将可能会选择停止此类行为。在毒品使用的研究中,理性选择理论认为,当个体认为毒品使用行为的收益大于或者小于风险时,他们就会选择使用或停止使用毒品(Black & Joseph, 2014)。

本研究将有兴趣揭示导致参与者产生戒毒意愿、戒毒行为以及复吸的理性因素。具体而言,本研究从理性选择理论的角度出发,旨在回答以下研究问题:(1)导致参与者产生海洛因使用戒断意愿的原因是什么?(2)为什么他们在自愿戒毒后无法保持戒断状态或最后选择复吸?在清楚了解他们寻求戒毒的想法和行为后,可以建立或改进专门的治疗服务和计划以更好地帮助这一群体。

三、研究方法

本研究采用了定性研究方法。研究者通过面对面访谈,了解参与者的想法、观点、感受和寻求海洛因戒断的经历,然后对其进行分析,以形成关于海洛因依赖戒除的主题。

1. 参与者

本研究有目的地选取了37位参与者(22名女性和15名男性),他们都曾使用过海洛因,并经历过自愿戒毒和复吸的过程。2013年至2016年间,所有参与者都在位于中国两个省份(一个在东部沿海,另一个在西南边境)的多个强制隔离戒毒所接受戒毒治疗;其均来自研究者实施的一个关注中国吸毒者及其毒品使用经历的大型研究项目的多轮调查活动。

职业培训和教育活动是在这些戒毒所中主要实施的两种治疗方法(Liu & Hsiao, 2018),同时,戒毒所也会根据个人需要提供包括美沙酮维持治疗在内的医学治疗。参与者均未能通过自愿戒毒达到彻底戒除毒品使用的目的,因此进入了强制戒毒治疗项目中。研究者通过官方渠道获准进入这些强制隔离戒毒所,并由戒毒所的管理者帮助推荐潜在参与者。潜在参与者有权自由选择是否参与,即便拒绝也不会产生任何负面影响。所有参与者在参加访谈前都自愿签署了知情同意书;由于戒毒所不允许为接受戒毒治疗者提供任何经济补偿,因此本研究没有向参与者支付报酬。

2. 数据收集与分析

本研究采用半结构式访谈法收集数据。研究者鼓励参与者分享他们的戒毒经历。在访谈过程中，访谈员使用一些开放式问题帮助参与者回顾他们的戒毒历程，如"您为什么会决定戒掉海洛因？""您选择了什么方法来戒毒？"以及"您为什么会复吸？"所有访谈均以汉语普通话作为沟通语言，采用面对面形式进行并使用录音设备记录，平均访谈时间为 60～90 分钟。八名研究生助理在接受培训之后承担了访谈员的工作。

所有访谈在整理为逐字稿之后均按照主题分析的指南（Braun & Clarke, 2006）进行分析。通过逐行阅读访谈记录，研究者确定了多个初级编码，以描绘参与者的戒毒意愿、使用的不同戒毒治疗方法以及复吸经历。在仔细考虑编码及其分类上可能出现的重叠之后，可形成和提炼出主题和亚主题，从而将数据整理成一个清晰而系统的故事。在引用参与者的陈述时，本研究使用了化名而非其真名以达到对参与者身份保密的目的。

四、研究发现

37 名参与者的年龄为 20～54 岁，平均年龄为 38.97 岁。19 名参与者的受教育年限不足 9 年（即初中水平），只有 3 人有过大学经历。22 名参与者为单身。有 15 人表示在进入戒毒所之前有工作，另有 5 人汇报其为个体经营者。5 名参与者曾有在性产业工作的经历，另外 9 人则没有工作。他们开始使用海洛因的平均年龄为 22.39 岁。29 名参与者使用海洛因超过 10 年，其中 3 名超过 25 年。26 名吸毒者除了使用海洛因外，还使用过其他毒品，如冰毒、摇头丸、氯胺酮、大麻等，其余 11 人则只使用海洛因。37 名参与者中有 18 人曾三次或三次以上尝试自愿戒毒。

1. 戒毒意愿的产生：追求"更好的生活"

所有参与者都表达了明确的戒毒意愿以及十分合理的理由，包括海洛因对其健康产生了负面影响以及为了满足家人的期望。这些戒毒者在决定戒除海洛因使用时都对"更好的生活"有所期待。

首先，与使用海洛因后的"放松"和"愉悦"相比，对健康造成的负面影响成为越来越大的代价，这就导致个人会产生通过戒除海洛因使用来寻求更好、更健康的生活的意愿。24 名参与者（13 名女性和 11 名男性）表示，他们的戒毒意愿是基于他们糟糕的健康状况的考量。长期使用海洛因之后，会由于"免疫力下降"而"经常生病"（珠，女，41 岁，使用海洛因 19 年）。例如，一位女性参与者（柏，51 岁，使用海洛因 28 年）表示，她"经常感冒，咳嗽半个月都好不了"，因此她"觉得毒品破坏了健康"，而不是带来快乐，于是"决定戒掉它"。另有两名女性参与者透露，海洛因对健康的负面影响在于其会在她们怀孕期间危害到胎儿。为了"保护孩子"（灿，34 岁，使用海洛因 15 年），她们选择改变，从而产生了戒毒意愿。健康状况恶化也导致吸毒者在事业和社交生活中遇到困难，一位参与者表示，她"总是感觉不舒服，无法完成规定的工作任务"（妙，女，40 岁，使用海洛因 20 年）。

其次，一些吸毒者认为家庭的反对是他们持续海洛因使用行为的代价。与上述 24 例不同的是，其他 13 名参与者（9 名女性和 4 名男性）认为他们"只使用有限剂量的海洛因"（光，女，48 岁，使用海洛因 17 年）并且"没有长期且不间断地使用"（畅，女，37 岁，使用海洛因 20 年），所以他们"没有上瘾"（春，男，27 岁，使用海洛因 7 年）。然而，这些参与者仍然提到了他们寻求戒断的经历。他们把自己的戒毒意愿说成是一种家庭义务或满足家人期望的方式。如其中一位参与者所说："我的父母每天都责骂我，要求我戒毒。我别无选择，只能服从他们的要求。"（糖，女，38 岁，使用海洛因 16 年）参与者妙表示"父母知道我使用海洛因后很生气",且由于父亲对她说不能再过这种生活,她"感到非常内疚,并决定戒毒"。可见,与健康相关的担忧是个人取向的、内化的理性原因,而与之不同的是,与家庭相关的担忧是人际取向的、外化的理性原因。对于这些参与者来说,虽然没有健康方面的顾虑,但满足家人的期望和保持家庭和谐也是追求更好生活的一种方式。

2. 利用"一切可能的方法"实现戒毒目标

参与者普遍提到两种自愿戒毒的方法:一种是医疗治疗,即在社区或住院式的戒毒医院中使用药物和医疗设施进行的治疗;另一种是非医疗治疗,指在没有医疗辅助的状态下的自然戒断方法。许多参与者两种方法都尝试过;用他们自己的话来说,他们已经"用尽了所有可能的方法"(兰,女,41岁,使用海洛因16年)。

(1) 医疗治疗经历

37名参与者中有30人提到,他们曾尝试通过医疗治疗来戒毒。住院式的医疗治疗是该种模式最常见的形式,"包括服药、静脉及注射各种药物"(洛,男,50岁,使用海洛因21年)。治疗时间的长短主要取决于个人毒品成瘾的严重程度。然而,有几位参与者表示,医院治疗"非常昂贵"(钟,男,28岁,使用海洛因2年),他们或他们的家人为此花费了大量金钱,甚至"高达20万元人民币"(荷,女,39岁,使用海洛因20年)。相比之下,社区中的美沙酮维持治疗诊所是一个"更经济的选择",因为"只需10元人民币就能支付一天的治疗费用"(松,男,31岁,使用海洛因12年)。

虽然美沙酮维持治疗是一种更为经济实惠的医疗手段,却并非各个社区都有美沙酮维持治疗的诊所。鉴于中国的美沙酮维持治疗主要针对强制戒毒人员,因此只在有限的地点设立,并仍然带有污名化标签。只有7名参与者曾选择采用这种方法。例如,兰描述道:"我必须每天服用美沙酮。诊所离家很远，我需要穿越整个城市。"由于诊所并非随处可见，一些参与者甚至表示，他们在进入强制戒毒项目之前从未听说过美沙酮维持治疗，或"不知道诊所在哪里"（熏，女，28岁，使用海洛因4年）。

一些参与者还说，他们通过在药店购买非处方药物的方式来缓解海洛因戒断症状，以实施戒毒。春表示，他曾有过"在本地药房购买安眠药"的经历，因为他认为安眠药可以让他"睡上一整天，而不会感到疼痛"。另一位参与者钟甚至提到了他曾经"购买戒毒胶囊"以帮助自己戒毒，但他没有透露该胶囊具体的药效，只是相信"胶囊会有效果"。

一些参与者还尝试了传统中医疗法，包括针灸、电针、中药以及气功疗法等。例如，桂描述了她"服用中药约一个月"以"减轻疼痛"的经历。但她拒绝使用针灸，因为她"害怕尝试"。

（2）非医疗治疗经历

相当多的参与者(37人中有15人)还讲述了尝试通过非医疗治疗来戒除海洛因使用的经历，也就是"冷火鸡"疗法。由于"冷火鸡"疗法不涉及采用任何药物或医疗手段来缓解戒断症状，因此吸毒者在戒毒时通常需要忍受身体上的不适，如"过度困倦"（畅）、"腰酸背痛"（珠）、"胸闷"（孟，女，42岁，使用海洛因21年)以及"心悸、流鼻涕、发烧与发冷交替出现"(华，男，34岁，使用海洛因16年)。许多人因为过程痛苦而放弃，并开始重新使用海洛因。为了避免这种情况，一些参与者提到，他们选择把自己"关起来"（妙），关在一个封闭的空间里，请家人"看管"（华），甚至请家人把自己绑起来。这些经历在参与者的描述中均为"非常痛苦"的，用一位女性参与者的话来说，就是随时"感觉自己快要死了"（孟）。

除了在家通过"冷火鸡"疗法戒除海洛因使用之外，一些参与者还选择去离家很远的地方实施这一疗法。他们认为，在"陌生的地方"就"没有渠道来购买毒品"(兰),因此,偏远的环境被认为会对戒毒有所帮助。

3. 戒毒失败:因为"不值得"

尽管参与者使用了各种方法来达到戒毒的目的,但由于难以忍受的戒断症状和缺乏足够的正式支持,他们都未能成功地戒断海洛因使用。参与者普遍认为,他们所采用的治疗方法都"没有用"(孟),因为他们"不能完全戒毒"(钟),而且通常"在短时间内就会复吸"(兰)。除了治疗的"无用",来自同伴的不良影响、来自社会的污名化和歧视、生活的悲惨以及不尽如人意的精神和身体状况等挑战也让他们觉得维持不使用海洛因的状态是"不值得"的。

参与者认为,"被一群吸毒的同伴包围着"使他们"不可能从海洛因依赖中走出来"(空,女,28岁,使用海洛因9年)。例如,兰表示,如果有机会见到她的"坏朋友",她将几乎无法控制自己,特别是当他们"提到毒品"时;她认为"这个词似乎有魔力",吸引着她"购买和使用"海洛因。参与者还认为,"拒绝朋友一起使用海洛因的邀请"会对他们的友谊产生"负面影响"(蓬,男,29岁,使用海洛因18年)。他们不愿意为了戒掉海洛因而放弃友谊。

高风险社交网络并不是影响戒毒的唯一负面因素。社会歧视是导致个人无法成功戒毒的另一个重要原因。参与者航(男,54岁,使用海洛因20年)指出,即使他决定戒毒,社会仍然会给他贴上"海洛因成瘾者"的标签。因此,他在与家人保持良好关系、与不吸毒的人交朋友以及找工作等方面都遇到了困难。他将自己不幸的人生经历形容为"没有家人"以及"因为社会歧视,很难交到新朋友,也很难找到工作"。这样的境遇使他几乎"无法融入正常的社会生活",从而促使他"与那些同为海洛因使用者的坏人待在一起"。无处不在的社会歧视与那些一直包容他使用海洛因的"坏朋友"形成了鲜明的对比。对这些参与者来说,为了远离毒品而忍受歧视是不值得的;

与其他同样使用海洛因的吸毒者在一起才是一个更加舒适的选择。

参与者提到的其他原因还包括遇到各种不如意的生活事件以及心理压抑的状态。例如，一些女性参与者强调了人际关系问题，如"我离婚了，我觉得我的生活很悲惨。我很沮丧，只有海洛因能让我快乐"（兰）。身体或精神健康状况不佳等个人原因也可能导致海洛因复吸。例如，柏解释说："当我被告知患有艾滋病时，我又复吸了。我觉得天都要塌了，没有希望，没有未来。那我为什么还要戒毒呢？"这位参与者表示，戒毒对她来说"毫无意义"，因为她"活不了多久了"。

五、讨论、启示和结论

1. 讨论

本研究的参与者主要基于健康和家庭的考虑而形成戒毒意愿。他们认为，终止海洛因使用可让他们过上"更好的生活"，因为健康和家庭成本超过了使用海洛因所带来的快乐。已有研究表明，与使用非阿片类合成毒品（如冰毒）的人相比，海洛因使用者由于对使用海洛因所造成的不良健康状况的认识和经历，一般都有更多的机会追求戒除毒瘾（Liu et al., 2018）。此外，由于中国文化非常重视家庭关系（Lu, 1998），一些人即使不认为海洛因会严重危害他们的健康，也会出于满足家庭期待而形成戒毒意愿。

本研究的结果表明，当海洛因使用者计划进行自愿戒毒时，他们不仅需要有基于理性原因的坚定的戒毒意愿，还需要克服可能阻碍他们实现戒毒目标的结构性和个人化障碍。这些障碍会使他们感到戒毒的成本过高，从而重新回到使用海洛因的老路上。

首先，可供参与者使用的治疗方法的不足可被视为结构性障碍，它会促使个人重新使用海洛因，或使未来复吸的可能性增高。使用"冷火鸡"疗法的人经历了更多的困难,出现了更多的戒断症状,因此很快便回到毒品使用生涯之中(Coombs,1981)。医疗治疗可以缓解戒断症状,但中国的自愿戒毒医疗服务还不够完善,参与者提到只有有限的医疗治疗服务可以帮助吸毒者戒毒,医疗治疗的效果也并不令人满意。

其次,除了治疗不充分以及效果不好之外,本研究还揭示了导致复吸的一些社会和个人原因。其中,最主要的原因是高风险社交网络的影响,这也被认为是吸毒者开始接触和使用海洛因的最关键原因(Liu et al.,2016)。社会支持可以起到改善戒毒效果的作用(Dobkin et al.,2002;Wang et al.,2014)。然而,如果吸毒者总是与吸毒的同伴或鼓励他们吸毒的人在一起,他们就很难寻求并实现戒毒的目标(Jason et al.,2007;McKay et al.,2013;Zywiak et al.,2009)。同时,不幸的生活事件、社会歧视和健康(身体和精神)问题也可能会导致复吸(刘柳、段慧娟,2017;Liu et al.,2016)。

基于理性选择理论的视角,戒除毒瘾可以给健康和家庭关系带来益处,不过,吸毒者在戒毒过程中会面临着相当大的生理、心理和社会成本的挑战;在他们的眼中,这些成本远远超出了可能的"收益"。因此,在权衡利弊之后,有些人可能会觉得戒毒是"不值得的",继而选择复吸。这就是在他们寻求戒毒的过程中,推力(有限的正规医疗服务)和拉力(若干结构性和个人原因)共同形成的挑战。

2. 对实践的启示

在参与者看来,戒除海洛因使用的挑战主要在于戒毒"成本"高于"收益"。目前的自愿戒毒治疗服务无法帮助期待戒毒的海洛因成瘾者克服戒毒实践所带来的生理、心理和社会挑战。因此,必须设立更有针对性的自愿戒毒服务项目,以满足海洛因使用者在寻求戒毒过程中的各种不同需求。

首先,鉴于适当而持续的治疗可以促进戒毒,大多数社区都应提供医疗辅助治疗（Liu & Hsiao，2018；Veilleux et al.，2010）。美沙酮维持治疗是最常用的针对海洛因成瘾的社区戒毒治疗方法，可有效帮助人们摆脱对海洛因的依赖（Liu et al.，2010；Hser et al.，2013）。然而，海洛因使用者在自愿接受基于社区的美沙酮维持治疗时仍然存在障碍，亟须加以改进。除了美沙酮维持治疗之外，其他被证明有效的医疗干预方案也应根据循证研究结果而制定治疗标准，并在医院和社区诊所中实施和推广，以便被更多有海洛因使用经历的人群所使用。

其次，毒品依赖不仅仅是一个医学问题（Liu & Chui，2018）。突如其来的生活挫折很容易导致已经戒毒的吸毒者复吸。一些人会选择吸毒来减轻生活挫折所带来的负面情绪。这些挫折包括不令人满意的家庭或人际关系、较低的社会经济地位以及社会歧视（Yang et al.，2015）。在处境极为不利的情况下，个人需要专业的社会工作服务来帮助他们应对可能引发复吸的情感痛苦和生活压力事件（Levran et al.，2014；Liu & Hsiao，2018）。通过适当的社会工作干预，个人更有可能保持远离毒品的生活方式（Miller et al.，2016）。中国政府已经建立了以社区为基础的社会工作服务，以更好地帮助吸毒者戒毒（范明林、徐迎春，2007）。然而，由于中国社会工作服务发展仍处于起步阶段，目前基于社区的社会工作戒毒及康复服务还远不能满足吸毒者在戒毒时的需要（Liu & Chui，2018）。而想要解决吸毒这一公共卫生问题，必须提供更为专业的社会工作服务。

3. 结论

本研究从理性选择理论的角度出发，发现海洛因使用者往往难以戒除毒瘾，尽管他们大多数人都有明确的戒毒意愿。本研究的主要局限性在于，所有参与者都未能通过自愿戒毒摆脱对海洛因的依赖。未来的研究可以对未被执法部门抓获的社区样本进行研究，特别是那些通过自愿戒毒成功摆脱海洛因依赖的人。尽管如此，本研究通过强调海洛因戒断意愿和重新使用海洛因背后的理性原因，为该研究领域做出了贡献。并且，有鉴于此，本研究建议建立更多基于社区的医疗和社会工作干预计划，以帮助那些自愿寻求戒断的海洛因成瘾者。

第三编

成瘾者的社会生活与个人体验

本编着重探讨成瘾者的社会生活与个人体验,而这两者通常又是交织在一起的。第一和第二篇文章主要基于女性毒品使用者的经历探讨了毒品的"功能性使用"话题,第一篇文章阐述了女性冰毒使用者可能出于一些社交或功能性的原因使用毒品,第二篇文章则更加聚焦于女性吸毒者为了追求社会认可的美而使用毒品减肥的现象。第三篇文章从标签化体验的角度描绘了毒品使用者的社会生活困境。最后,第四篇文章关注了成瘾者中一个特殊的群体——在使用毒品的同时又从事毒品交易的女性,并探讨了毒品经济中的性别角色议题。

第一篇文章关注女性吸毒者的冰毒成瘾体验。冰毒使用已成为中国社会严重的健康问题,在过去十余年中,冰毒消费者的数量大幅增加。然而至今为止,关于中国女性的冰毒成瘾模式依然甚少被研究者所关注。基于49个半结构式访谈记录,研究者对女性冰毒使用者的成瘾体验进行了主题分析。发现表明,女性冰毒使用者普遍认为冰毒不会导致生理性成瘾,而可能会引发一些心理依赖。使用冰毒可以为个体带来心理愉悦感,除此之外,它还具有一些功能性作用。例如,一些人需要冰毒来缓解压力、保持身材、减轻疼痛、治疗疾病以及应对酗酒问题。本研究还发现,冰毒使用在一些具有特定社会背景的群体中出现概率极大,尤其是那些具有较差社会经济状况的群体。通过了解她们使用冰毒成瘾的经历,研究者建议通过正式教育项目及媒体宣传为女性冰毒使用者(特别是那些身处高危社交网络中的女性)提供关于冰毒的最新以及正确的知识。同时,在戒毒治疗的过程中也需要增加相应的教育项目。此外,有针对性的干预和社会支持项目也可用于帮助女性冰毒使用者避免因使用冰毒而产生严重的健康问题。

第二篇文章主要探讨了女性吸毒者使用毒品减肥的经历。我国女性吸毒人群数量呈增长趋势,且女性吸毒者对自身体重具有较高程度的关注。在此背景下,研究者考察了中国女性吸毒与她们减肥和保持苗条身材的意图之间的关系。参与者包括29名女性吸毒者,她们都有使用毒品来控制体重的经历。研究发现,期望减肥和追求理想的苗条体型是本研究参与者开始和维持毒品使用行为以及无法成功戒毒的重要原因。中国女性吸毒者对其使用毒品后的减肥效果大多表示满意。鉴于此,我们有必要更全面地了解中国女性与减肥有关的毒品使用模式,从而才能更好地制定应对这一日益严重的健康与社会问题的政策和措施。这些措施包括改变社会占主导地位的对苗条身材的审美偏好,在戒毒治疗中关注对毒品使用的功能性目的,以及对其社交网络中有吸毒者的女性进行特别干预。

第三篇文章基于标签理论研究了吸毒人群遭遇社会排斥的心理体验。关于吸毒人群心理状况的研究是毒品和吸毒者研究领域的一个重要组成部分。然而,此类研究大都是从心理学视角出发的量化研究,从吸毒者角度讨论因使用毒品而带来的主观心理体验的研究则较为罕见。运用定性研究方法可深入了解吸毒者关于吸毒经历的主观心理体验。研究发现,吸毒者被标签化的过程普遍包含隐瞒、被发现、被贴上标签以及标签的内化这几个阶段,而在这一历程中社会歧视与排斥始终伴随。一些吸毒者选择接受这一事实,而另一些则表示了不满与反抗。从心理体验的角度出发,吸毒者被标签化的经历也可总结为害怕歧视、感受歧视、面对歧视以及最后对歧视或接受或反抗的心理过程。基于这一研究发现,研究者提出,应转变禁毒戒毒工作的刑事司法视角,并配合以禁毒教育内容与宣传策略的改变,从而修正社会大众对于毒品和吸毒者的刻板印象,缓解吸毒者被标签化的问题。

第四篇文章聚焦于有吸毒经历的中国女毒贩使用和贩卖毒品的经历以及她们参与毒品经济的情况。在中国,贩毒传统上被视为男性职业,且通常与吸毒行为相伴随。虽然这一主要由男性主导的经济已被广泛研究与记载,但我们对女性在毒品经济中的经历却知之甚少。通过对12名女性的访谈,研究者旨在揭示有吸毒经历的中国女毒贩的生活及毒品使用和贩卖经历。研究结果表明,对于参与者来说,进入毒品经济的动机主要源于维持自身的吸毒开支。同时,分析还表明,参与者在有限的社交圈内贩卖毒品。她们通常并不寻求从贩毒活动中获取巨额利润,而大多仅希望借此来"帮助朋友"以及确保自己能够维持毒品的使用。同时,这些女毒贩通常依附于她们的男性伴侣,并有目的地利用自己的女性特征和性别化的行为方式来为自己在毒品经济中的性别角色服务。在这一实践过程中,可以揭示出在中国以及更广泛地区中毒品贩卖和毒品经济市场中的性别特质。

"我不是瘾君子":冰毒的"社交"和"功能性"使用

一、研究背景

冰毒是世界上仅次于大麻的第二大被广泛使用的毒品(Baracz & Cornish,2016;Potvin et al.,2018)。冰毒使用的普及带来了严重的全球性健康问题,并已达到流行病的水平(Degenhardt et al.,2017;Petit et al.,2012)。从药理学角度而言,冰毒是一种具有高度成瘾性的药物(Baracz & Cornish,2016;Meade et al.,2015;Yuan et al.,2014)。使用冰毒可引起广泛的神经损伤,导致个体无法控制自身并持续不断地使用(Barr et al.,2006;Rose & Grant,2008)。长期使用冰毒可能会使个体对药物产生耐受性,而这通常会使得使用者增加使用剂量和频率(Rawson & Condon,2007)。同时,停止使用冰毒会导致戒断症状的产生,包括心烦意乱、抑郁、焦虑、疲劳、失眠和食欲增加(Elkashef et al.,2008;Petit et al.,2012;

Zorick et al.，2010)。

"成瘾"是一个备受争议的概念(Sussman & Sussman，2011)，它不仅涉及吸毒者的人格特征，还与社会文化背景相关(Akers，1991；Decorte，2001)。例如，自我治疗假说(Khantzian，2003)指出，毒瘾是一种自我"缓解"痛苦心理状态的手段，可以帮助吸毒者实现情绪"稳定"(Pascari，2016)。此外，根据"成瘾—替代物模型"，只有当"愉悦"活动成为强迫行为时，它们才会被定义为"成瘾"(Johnson，1999)。同样，新自由主义自治和自由思想也将"成瘾"视为"剥夺一个人的自由意志和自主选择能力"(Pennay & Moore，2010，p. 563)。总体而言，对药物使用的个人控制被作为一个根本议题而讨论(Decorte，2001)，以验证特定药物的使用是否过量，其依据是"可控的使用即是适当的使用"(Riley et al.，2010，p. 448)。考虑到社会背景，毒品使用传统上被视为与亚文化有关的问题行为(Hathaway et al.，2011；Sandberg，2013)。因此，在某些社会背景下，"毒瘾"可能被用作对吸毒者进行批评的标签，也可能作为戒毒失败者的借口的自我标签(Akers，1991)。

男性和女性有着不同的冰毒使用经历，在使用冰毒后也有着不同的反应(Dluzen & Liu，2008)。一方面，与男性相比，女性使用冰毒的动机主要集中于外因以及身份角色的考虑，如增强自信心、提高生产力、缓解生活压力、应对不良情绪以及获得更多精力以成为更好的母亲和妻子(Bairan et al.，2014；Boeri，2013；Dluzen & Liu，2008；Semple et al.，2005)。另一方面，自我治疗和体重控制也增加了女性使用冰毒的可能性(Brecht et al.，2004；Semple et al.，2005)。与能够轻易从各种渠道购买毒品的男性不同，女性倾向于从较紧密的社交网络以及男性伴侣那里获得冰毒，甚至以性换毒品也成为女性获取冰毒的一种模式(Loza et al.，2016；Semple et al.，

2007；Venios & Kelly，2010）。最后但依然十分重要的是，已有研究结果表明，与男性相比，女性在使用冰毒后通常会面临更严重的负面健康后果（Shen et al.，2012）。

鉴于"成瘾"一词具有多层次含义，研究者不仅要从药理学角度来加以理解，还应充分考虑吸毒者的个人经历和社会背景（Decorte，2001；Zinberg，1984）。然而，在物质滥用研究领域，女性的视角和观点通常并不会被认为是研究的常规取向（Ettorre，1989）。可见，在研究已经发现男女之间冰毒使用的显著性别差异的情况下，开展一项侧重于女性吸毒者对其"冰毒使用成瘾"的自我理解的研究是非常有价值的。

二、中国的冰毒使用以及针对冰毒使用者的治疗

近期数据显示，东亚和东南亚已逐渐取代北美成为冰毒的生产、销售和消费的中心（He et al.，2013；McKetin et al.，2008；United Nations Office on Drugs and Crime，2017）；中国是该区域重要的冰毒生产和营销地之一（Liu et al.，2018），同时，冰毒也是目前中国市场上最流行的毒品（国家禁毒委员会，2019）。

虽然大多数中国吸毒者都是男性（Jia et al.，2015；Liu & Liu，2011），但有证据表明，女性吸毒者群体在过去若干年中大幅增加。此外，这些女性通常在较年轻时便开始了她们的"毒品使用生涯"，且其中大多数为冰毒使用者（Liu et al.，2016；Liu & Liu，2011）。

在中国，使用毒品（包括冰毒）被视为一种严重的越轨行为，需要接受强制戒毒治疗（Liu et al.，2016；Zhang et al.，2016）。因吸毒被抓三次及以上的吸毒者需接受为期两年的机构式强制戒毒治疗，职业培训、心理健康教育、独立生活技能和毒品知识培训等戒毒治疗项目是适用于所有类型的吸

毒者(无论使用哪一种毒品,无论男性还是女性)的治疗方法(《中华人民共和国禁毒法》,2007;Liu & Hsiao,2018)。接受机构式治疗的吸毒者大多比接受社区治疗(也是强制性的,且不分性别)的吸毒者拥有更为严重的药物依赖和成瘾问题(Liu et al.,2016)。那些因吸毒被警方抓获一次或两次的吸毒者将被要求接受社区戒毒治疗;而那些已经完成机构式戒毒治疗的吸毒者也需要参与社区的康复计划(Liu & Chui,2018;Zhang et al.,2016)。

尽管近年来关于中国毒品使用和治疗的研究有了大幅增长,但关于吸毒者对吸毒行为看法的研究仍然很少。现有的研究很少会重点关注冰毒成瘾,更不用说女性冰毒使用者的经历了。考虑到性别是研究吸毒行为的关键因素(Ahamad et al.,2014),本研究旨在系统研究中国女性吸毒者的冰毒使用经历以及她们对冰毒成瘾的理解。更具体地说,本研究旨在回答以下两个问题:(1)中国女性吸毒者如何通过她们的冰毒使用经历定义和理解成瘾?(2)中国女性吸毒者为什么选择维持她们的冰毒使用行为?

三、研究方法

主题分析是一种广泛使用的定性研究方法,被用于确定本研究中 49 名女性吸毒者访谈记录中产生的与冰毒使用及冰毒成瘾相关的模式和主题(Braun & Clarke,2006;Levitt et al.,2018)。本研究中分析的数据来自一项较大规模的关于中国吸毒者及其毒品使用经历的研究项目。该研究项目于 2013 年至 2016 年间对在强制戒毒机构中接受治疗的吸毒者(包括男性和女性)进行了多轮的数据收集工作。

1. 研究参与者

本研究仅对女性吸毒者的定性数据进行分析和呈现。这些女性吸毒者都来自中国东部某省的强制隔离戒毒所,在整个数据收集期间,研究者及团队两次进入该戒毒所收集关于女性吸毒者的定性数据。她们至少因吸毒被警方抓获三次，并且被认为对毒品具有"更强的依赖性"。由于戒毒所的封闭性，戒毒所管理者参与了抽样过程。为了满足基于目的抽样策略的最大差异标准(Miles & Huberman, 1994)，研究者要求戒毒所管理者推荐具有不同社会经济和人口背景以及不同吸毒史的女性吸毒者参与研究项目。这些潜在参与者可以选择拒绝参与研究而不会受到任何惩罚。最后，该所中的 64 名具有不同背景的女性吸毒者参加了研究项目的访谈；参与者都在参与访谈前签署了知情同意书。

在这 64 名女性吸毒者中，本研究仅选择了那些常规性使用冰毒者作为研究样本，因为本研究的目的是探索女性吸毒者的冰毒成瘾经历。64 名女性中有 8 名没有任何使用冰毒的经历，有 7 名报告说她们只尝试过一次冰毒但未继续使用，因为她们"不喜欢那种感觉"。因此，本研究的最终样本确定为 49 名有常规使用冰毒经历的女性参与者。这 49 名女性冰毒使用者的年龄在 16 至 55 岁之间，平均年龄为 31.02 岁。一半参与者(49 人中的 24 人)仅接受了 9 年或以下的教育，只有 5 人接受过大学教育。22 名参与者在进入戒毒所之前有合法的全职或兼职工作经历；另外 11 人自雇或做小生意；8 人表示她们在性产业中就职；其余 8 人则处于失业状态。至于婚姻状况，有 39 名参与者为单身(包括离婚和丧偶)，仅有 7 名参与者处于结婚(包括同居)状态。此外，15 名参与者报告了使用除冰毒以外的其他药物的经历，而海洛因是最常被提及的药物(12 人)。

2. 数据收集过程

本研究使用半结构式访谈来获取参与者的冰毒使用经历(Flick, 2014)。在访谈过程中，访谈员鼓励参与者根据但不限于依据研究目标设定的访谈问题分享她们关于冰毒成瘾的故事。尽管这些女性均在接受戒毒治疗，但她们仍然分享了关于冰毒使用和成瘾的多元化经验和观点。所有访谈都以普通话为沟通语言且以面对面形式完成，用录音记录，每次访谈持续 60 至 90 分钟。

八名受过良好访谈技巧训练的研究助理承担了访谈员的工作。为了确保数据的信度，研究者为访谈员提供了两种类型的培训：第一种是在访谈开始之前进行的，它帮助访谈员了解边缘化社会地位等结构性因素在影响人们吸毒行为中的作用，从而减少访谈员对吸毒行为及吸毒者可能具有的刻板化负面看法(Liu & Chai, 2020)；第二种是在整个数据收集期间提供的持续监督，以解决访谈员在实地调查中遇到的困难。通过培训，研究助理学会了如何尊重研究参与者，以使她们能够自由坦率地表达自己的观点和陈述自己的故事(Liu & Chai, 2020；Shenton, 2004)。

3. 数据分析

所有的访谈都被整理成了逐字稿，然后依据主题分析的六阶段程序指南进行分析(Braun & Clarke, 2006)。这六个阶段是：(1)熟悉数据，(2)生成初始编码，(3)探索主题，(4)审阅主题，(5)定义和命名主题，(6)撰写报告(Liu & Chai, 2020；Shenton, 2004)。

第一阶段主要是对访谈记录逐字稿进行反复的逐行仔细阅读，这使得研究者能够熟悉数据的"深度和广度"(Braun & Clarke, 2006, p. 87)。在此过程中研究者也做了许多笔记，以记录在第一阶段形成的思考和想法。有了明确的研究目标和两个具体的研究问题，编码和主题识别过程便是"分析驱动"而非"数据驱动"的。第二阶段的工作主要形成了若干与研究目标和研究问题相关的初始编码，如"不认为自己是一个冰毒成瘾者""喜欢使用冰毒的感觉""只在与朋友见面时使用冰毒""使用冰毒以保持身材""冰毒有助于缓解压力""用冰毒解酒"以及"将冰毒当作一种药物"等。在第三阶段，研究者使用思维导图对不同编码进行分类和组织，形成了主题和亚主题，同时仔细考虑了"编码之间、主题之间和不同层次的主题之间的关系"（Braun & Clarke，2006，p. 89）。第四阶段涉及进一步对候选主题的审阅，以及最终将参与者分享的经历和观点整理成一个清晰、完整而平衡的故事。第五阶段为进一步定义和细化主题，以最后形成两个主要主题并分别命名为"冰毒成瘾经历和对其的理解"以及"冰毒使用行为的工具性用途"。在此之下，几个亚主题也得以确定。最后是第六阶段，也即本研究发现部分的撰写与呈现。经过六个阶段的分析，参与者对冰毒成瘾经历的叙述围绕主题被编织起来，形成一个具有显著特点、可被理解的结构性整体（Sheridan et al.，2009）。

四、研究发现

1. 冰毒成瘾经历和对其的理解

当被问及对冰毒成瘾的理解时，女性冰毒使用者普遍强调冰毒并非一种成瘾性药物。不过，虽然使用者拒绝承认她们对冰毒具有生理依赖性，但她们大多同意其在心理上存在一定的依赖性。

（1）生理成瘾体验

绝大多数的女性冰毒使用者（49人中有32人）认为"冰毒不会令人成瘾"；至少"在生理上不会上瘾"（参与者2）。她们也不认为自己是"冰毒成瘾者"。一位参与者描述了她对使用冰毒的理解："我喜欢用，但如果没有它，我也不会觉得不舒服"（参与者44）。"我不认为冰毒会让人上瘾，"另一位参与者说，"我一直在用它，并没有发生任何不好的事情"（参与者49）。在这32名参与者中，有19人进一步解释说，冰毒不同于海洛因，因为海洛因被认为是"很容易上瘾的"，而冰毒"只是一种娱乐，不会导致任何生理性成瘾"（参与者19)。此外,7名参与者强调了个人控制的意义并否认过量使用冰毒,这与新自由主义的自治意识形态是相一致的(Decorte,2001;Riley et al.,2010)。

尽管大多数女性参与者强调冰毒不会上瘾,但大约三分之一(49人中有16人)也承认,她们在使用冰毒后出现了健康恶化,或至少经历了一些身体症状和变化。常见的体验包括歇斯底里的亢奋(参与者1、7、8、38和41),视觉和听觉幻觉(参与者2、21、27和42),记忆力减退(参与者29),情绪易怒或失调(参与者10、30和33),偏执倾向(参与者37和47),以及肺病和心脏病等(参与者40)。这些症状与既有研究的发现一致,即冰毒使用会带来负面的身心健康后果(Marshall & Werb,2010;Potvin et al.,2018;Zhuang & Chen,2016)。

(2) 心理依赖

与认为冰毒不会造成生理依赖的看法不同,超过一半的参与者(49人中有29人)表示她们对冰毒有心理依赖。作为一种人工合成的苯丙胺类兴奋剂,冰毒可以引起强烈的中枢神经系统作用,给使用者带来欣快和兴奋感(Ma et al.,2013;Zhuang & Chen,2016)。"我总是想着使用冰毒的感觉——非常舒适和愉快,"一位参与者(参与者1)说,"虽然我不认为我对此上瘾了。"

当参与者感到"生活很无聊"(参与者19)或"没有别的事可做"(参与者33)时,她们通常就会"想念冰毒的感觉"(参与者3)。一位参与者说:

> 我的生活中没有什么有趣的事情。冰毒可以使时间过得更快。每次使用它时,我都感觉时间过得很快。消磨时间真是件好事。我总是想在感到无聊的时候使用它。(参与者23)

当冰毒使用者看到冰毒时,这种心理依赖性就会表现得特别明显。一位参与者说:"我认为我在心理上是依赖冰毒的。每当我看到它,我就无法控制自己"(参与者46)。其他一些参与者甚至透露,每当她们听到人们在谈论冰毒时,她们就会立刻想要使用它(例如参与者1)。该发现也证实了之前的研究结果,即女性可能对冰毒有更强的依赖性(Bairan et al., 2014;Brecht et al., 2004;Dluzen & Liu, 2008),尤其是在心理层面。

2. 冰毒使用行为的工具性用途

本研究的参与者试图通过强调工具性目的来"合理化"她们使用冰毒的行为,而这也同时成为她们否认自己使用冰毒成瘾的说辞。也即,冰毒使用被认为是在她们社交生活中的必需品或者能够有效改善她们的身心健康。

(1) 社交需要:"我只在和朋友社交时使用冰毒"

在49名参与者中,有38名在为自己的冰毒使用行为辩护时提到了"社交需要"。一位参与者讲述了她的经历:

> 我需要和朋友们交往,他们都是吸毒者。我无法想象除了吸毒之外,我们在一起还能做些什么。但我也不是毫无节制地使用毒品。我独自一人时从不使用它,因为我不是个瘾君子。毒品只是我社交生活中不可或缺的东西。(参与者28)

由于参与者主要与同为吸毒者的同伴社交,她们普遍认为在其社交活动中使用冰毒是可以接受的,甚至是一种可被预期的行为。事实证明,冰毒在社交中是被接纳(Peretti-Watel & Moatti, 2006;Williams, 2016)且融入这些女性的社交生活中的。因此,这一来自中国的发现与西方已有的研究结果一致,即社交圈、同伴影响和社会压力是女性使用冰毒的关键因素

(Boeri,2013;Kerley et al.,2014)。一名参与者承认"朋友圈很重要",并且"如果你身处某一朋友圈中,你就必须使用冰毒,因为其他人都在使用它"(参与者40)。

(2) 其他工具性用途

除了社交需要之外,有33名参与者提及一些其他冰毒使用的工具性原因,包括缓解压力、保持身材、医疗用途以及缓解醉酒。

已有研究揭示了冰毒使用与心理健康和功能改善之间的关系(Lende et al.,2007),这对于女性使用者而言尤为突出(Bairan et al.,2014)。本研究参与者也分享了类似的使用冰毒的工具性原因,包括应对紧张和怒气、缓解焦虑、减轻生活压力,以及减少无价值感和抑郁的负面情绪。21名女性强调使用冰毒是一种"对抗不良情绪"(参与者30)和"应对空虚和孤独"(参与者33)的方法。"我只在感到困扰时使用冰毒,"一名参与者说,"就像是其他人喝酒寻求安慰一样"(参与者18)。同时,参与者还强调了她们享受使用冰毒后的"轻松感",感觉所有烦恼都会消失:

> 使用冰毒时,我会专注于它带给我的感觉,而忘记生活中的不愉快。如果停止使用它的话,我会感觉所有不快和麻烦都会回来,这令我无法忍受。当我遇到无法解决的问题时,我唯一能做的就是使用冰毒来逃避坏情绪。(参与者23)

保持身材是参与者持续使用冰毒的另一个关键原因,这也与之前西方的研究结果一致(Bairan et al.,2014;Semple et al.,2005)。16名女性提到冰毒在减肥方面的"神奇"作用,并愿意继续使用它以保持理想的身材。当然,她们并不认为自己持续使用冰毒是一种成瘾的状态。"我不能忍受自己是个胖子，"一名参与者表达了她的观点，"女孩们都想要变美，我也是。这让我别无选择，只能靠使用冰毒来保持苗条的身材"（参与者3）。

除了控制体重，自我治疗也被认为是女性使用冰毒的另一个功能性的原因（Bairan et al., 2014），本研究中有5名参与者提到这一点。"对我来说冰毒就是一种药，"一名有着一年冰毒使用经历的中年女性（参与者25）说，"我用它来缓解疼痛。"除了缓解疼痛，"治疗疾病"是冰毒的另一种"医疗用途"。一名参与者认为冰毒是一种"有效的药物"，能够帮助她在使用后的一天内就"完全康复"（参与者29）。

此外，据4位参与者称，使用冰毒的"积极作用"还包括缓解醉酒或应对酒精的影响。对于这些女性来说，冰毒是一种非常有效的用以缓解醉酒状态的药物。"冰毒是十分有益的，当我喝太多酒时，它可以在短时间内让我清醒过来，"一位"喜欢在酒吧喝酒"的参与者如是说（参与者15）。

五、讨论、启示与结论

1. 讨论

本研究中的女性冰毒使用者普遍认为冰毒不会令使用者成瘾，这种想法主要来自使用冰毒和海洛因之后不同的身体体验。鉴于中国的禁毒教育主要以海洛因成瘾及危害为中心（Liang & Zheng, 2015; Liu et al., 2016; Liu et al., 2018），参与者对"成瘾"的理解仅限于海洛因使用所引起的身体症状。在没有引起类似症状的情况下，参与者会误认为冰毒是一种非成瘾性药物，尽管有不少参与者确实报告了使用冰毒后她们的健康状况恶化或出现负面的身体和精神症状。其实，拒绝承认冰毒是一种成瘾性药物的同时也是一种拒绝承认她们的"冰毒成瘾者"身份的方式，这也可以令她们得以远离毒品使用者和成瘾者的负面社会评价（Hathaway et al., 2011; Radcliffe & Stevens,2008;Rhodes et al. ,2011;Riley et al. ,2010)。

由于受教育程度有限和不稳定的就业状况,本研究中的女性冰毒使用者主要来自较低社会经济地位的阶层。来自较低社会阶层的人往往更有可能参与高风险的社交活动,在这种活动场景中,毒品的使用通常都被视为是可以接受的(Hobkirk et al. ,2016;Liu et al. ,2018;Saw et al. ,2017)。与男性相比,已有研究还发现,女性冰毒使用者更有可能面临社会心理挑战,包括有限的受教育程度、工作技能缺乏以及较低的收入,这些都使得她们特别容易使用冰毒(Hser et al. ,2005;Venios & Kelly,2010)。更广泛的结构性边缘化可能促使这些女性与其他冰毒使用者发生互动从而发展出某种亚文化,使用冰毒也有助于她们更好地融入这一圈子。这一发现在许多方面与现有的"差异性常态化(differentiated normalization)"研究(Shildrick,2002;Williams,2016)是一致的,也即某些类型的毒品和毒品使用行为在某些社会群体中是常态化的,尽管它们在主流文化中是不被容忍的。这也从社会分层的角度突出了不同人群使用毒品和对毒品容忍程度的复杂性(Askew,2016)。

作为一种中枢神经系统兴奋剂,冰毒也被用作一种工具性药物,用来增加个体的能量和整体幸福感,这对于女性使用者而言尤为突出(Elkashef et al. ,2008;Lim et al. ,2018)。与已有的研究结果相似,本研究中的一些参与者也强调了冰毒的医疗作用以及功能性用途,包括缓解压力、保持身材、减轻疼痛、治疗疾病以及缓解醉酒(Brecht et al. ,2004;Lende et al. ,2007;Liu et al. ,2018)。从某种意义上来说,"毒品带来的快感"(Dennis & Farrugia,2017)本身并不足以能使冰毒使用合理化(Askew,2016),而这些功能性用途增强了女性使用冰毒的"合理"性。

2. 启示

本研究结果的启示在于,可开展有针对性的教育和干预计划,以回应有关女性吸毒者的"成瘾"经历,从而减少与冰毒使用相关的健康危害。首先,鉴于本研究发现女性吸毒者普遍缺乏与冰毒相关的知识,中小学应提供专注于冰毒及其健康影响的针对性教育项目,这对于帮助人们了解与冰毒使用相关的负面健康后果至关重要(Petit et al., 2012)。同时,也应加强公共卫生服务,以应对冰毒使用的持续增长(Zhuang & Chen, 2016),特别是针对日益增长的年轻女性使用者。考虑到许多中国女性吸毒者在很小年纪就已经辍学,社交媒体应在禁毒教育方面发挥补充作用,从而将毒品知识传播给更广泛的人群(Liu et al., 2018)。此外,在戒毒治疗期间也需要提供相应的教育计划;因为对于那些不清楚冰毒的危害且不认为自己的冰毒使用行为是有问题并需要改变的人,戒毒治疗的效果将是十分有限的。基于性别差异考量,设置面向女性的教育计划以应对毒品使用对女性的危害和负面影响也十分关键,因为女性在使用冰毒后往往会经历更多和更严重的包括抑郁症在内的精神问题(Dluzen & Liu, 2008;Semple et al., 2007;Shen et al., 2012)。

考虑到高风险社交网络对中国女性冰毒使用行为的影响,提供针对性干预计划以提高这些女性对毒品危险性的认知及自我保护能力,将能够减少群体性使用冰毒的行为(Broadhead et al., 1998;Latkin et al., 2003;Sherman et al., 2008)。早期干预措施也可帮助刚开始使用冰毒的女性避免因冰毒使用依赖和成瘾而导致的严重健康问题(Anglin et al., 2000;Sherman et al., 2008)。例如,促使人们了解使用冰毒对健康的负面影响(Parsons, Kelly & Weiser, 2007)的教育计划将阻止意外开始使用冰毒的女性继续使用这种药物,同时鼓励她们寻求戒断方案。此外,对于那些身处高风险社交网络中的女性来说,帮助她们改善社交圈的计划也将非常有益。与非吸毒者进行更多的社交活动可以减少她们与吸毒的同伴共同使用冰毒的机会,从而缓解对健康的负面影响。

女性吸毒者对戒毒治疗的反应更为积极,并能从戒毒治疗方案中获益更多(Dluzen & Liu, 2008; Hser et al., 2005)。不过,目前中国的戒毒治疗项目未能很好地解决和应对毒品的功能性使用问题,这在很大程度上阻碍了女性吸毒者戒除毒瘾的意愿和行为。例如,一些参与者将吸毒作为应对孤独、不良情绪以及抑郁的方法。这些负面心理健康状况可能是由一些不愉快的生活事件所引起的;这在社会经济地位较低、无法完全掌控自己生活的女性中十分常见。社会支持被认为能够有效帮助弱势和边缘化女性(Liu & Chui, 2014)以及应对生活困境(Baek et al., 2014; Giesbrecht et al., 2013)。确切地说,在面对压力性生活事件和处理毒瘾方面,女性被发现对社会支持有更大的需求(Faller et al., 2016; Tracy et al., 2010)。除了释放精神压力之外,吸毒的其他功能性用途,如控制体重、缓解疼痛、治疗疾病以及缓解醉酒等也应得到关注和重视。忽视毒品的功能性使用将可能会导致戒毒治疗的失败或造成复吸。清楚地认识这种联系将会提醒戒毒治疗服务的提供者更好地为治疗吸毒者做好准备,以应对治疗过程中可能出现的各种后果。

3. 研究局限与未来研究方向

本研究的主要局限来自参与者的招募过程。由于参与者是在戒毒所管理者的帮助下招募的,那些与管理者关系密切或在日常戒毒治疗中表现良好的吸毒者可能有更大的机会被管理者推荐(Liu et al., 2018)。事实上,即使研究者已经要求戒毒所管理者推荐具有多样化社会人口背景和吸毒史的吸毒者作为参与者,但管理者真正的选择过程仍然是模糊不清的。考虑到目前研究的局限性，未来类似的研究可以采用社区样本进行，从而避免因强制戒毒机构的封闭性和排他性所造成的参与者招募的不确定性。

4. 结论

基于一个小规模的、针对性很强的便利样本，本研究发现了中国女性吸毒者中一些有趣的冰毒成瘾模式。该研究的结果对学术界做出了一定的贡献。首先，本研究探索了一个很少被研究的话题。研究结果提供了对冰毒成瘾复杂经历的独特见解，可被用于未来相应的定性和定量研究之中，尤其是那些在中国背景下实施以及关注于女性毒品使用者的研究。其次，对女性吸毒者冰毒成瘾经历的深刻理解也有助于制定必要的策略，以应对中国女性日益增长的冰毒使用问题。基于研究结果，本研究建议开展相应的教育项目，向公众提供足够的冰毒知识，并采取支持性干预措施，以减少因冰毒使用而导致的负面健康问题。

"保持身材的最佳方式"：
毒品使用与"美"的追求

一、研究背景与文献回顾

人们对理想体重和体型的看法受到社会和文化因素的影响,如性别差异、健康考量以及宗教信仰等;因此,不同文化的人们对理想体重和体形的看法不尽相同,而且随着时间的推移也有所不同(Couch et al., 2016;Furnham & Alibhai, 1983;Furnham & Baguma, 1994;Lake et al., 2000)。某些发展中国家的人喜欢丰满的身材,因为这是财富、富足和生育能力的体现(Shuriquie, 1999)。出于同样的原因,在 1900 年以前的北美和一些欧洲国家,这种看法也很普遍。然而如今,在粮食供应充足、重视健康的发达国家,人们不再认为丰满的身材是可取的;相反,瘦才是时尚。随着城市化、现代化和西方化进程,全球化促使这种审美标准蔓延至发展中国家(Becker et al. , 2007)。

女性更有可能将全球化媒体中描绘的与体型相关的社会文化理想内化(Demarest & Allen, 2000)。尽管大多数女性的体重实际上处于健康范围内,她们往往还是对自己的身材不太满意,认为自己超重,并会采取较为极端的减肥方法(Haworth-Hoeppner, 2000;Lemon et al. , 2009;Thompson & Stice, 2001)。此外,与男性相比,女性更多地会在与他人相比较的过程中对自身的体型产生不满的情绪,这表明女性对自己身体的态度更容易受到社会评价和压力的影响(Demarest & Allen, 2000;Myers & Crowther, 2009)。此外,女性也更倾向于追求极瘦的体型,以符合男性对女性魅力的社会期待(Demarest & Allen, 2000)。

为了变得苗条或保持苗条身材,许多女性,特别是那些处于青春期和青年时期的女性,很有可能采取不恰当的减肥和体重控制方法。这些行为不仅包括饮食障碍(Becker et al. , 2007;Haworth-Hoeppner, 2000),也包括物质滥用(von Ranson et al. , 2002)。已有研究表明,女性青少年的物质滥用行为(包括使用酒精、烟草,以及大麻、可卡因等毒品)与体重控制期待和行为之间存在显著正相关关系(Thomas et al. , 2018;Vidot et al. , 2016)。研究发现,身材感知和减肥预期对女性的毒品使用有重大影响(Bruening et al. , 2018;Ganson et al. , 2021;Neale et al. , 2009;Page et al. , 1995)。

虽然现有研究揭示了女性的体重控制期待与其毒品使用行为之间的联系,但大多数研究侧重于毒品使用行为的负面后果,并将毒品使用视为实现减肥目标的非正常方式(Killeen et al. , 2015;Mendieta-Tan et al. , 2013)。然而,当女性认为毒品使用是一种可以接受的甚至是理想的控制体重的方法时,她们就会在她们所认为的积极结果的驱使下实践吸毒行为。因此,在现实生活中,女性吸毒者对毒品作为体重管理工具的主观认识和态度是其吸毒的驱动因素。然而却很少有研究涉及女性吸毒者对毒品功能性作用的看法,与体重控制有关的研究更加稀少。

在经历了20世纪中国巨大的社会变革和迅速的全球化之后,追求苗条身材成为中国人对身体形象最普遍的态度(Jung,2018;Zhang,2012)。与此同时,中国吸毒人口数量也在快速增长,尤其是年轻的女性吸毒者(Liu et al.,2016)。研究者通过对年轻人的药物滥用态度和行为的持续研究发现,一些年轻的女性正在尝试使用一些成瘾性物质(包括卷烟、电子烟和一些非法药物)来控制体重。近年来,中国对毒品使用的研究激增(Liu & Chui,2018),但以女性毒品使用与减肥和控制体重为着眼点的研究仍然很少。现有研究中几乎很难看到关于女性吸毒者对将毒品作为控制体重手段的看法的探讨。为了填补这一空白,本研究旨在探讨中国女性使用毒品与她们减肥和保持苗条身材的期待之间的关系。此外,本研究还将关注女性吸毒者在其整个毒品使用生涯中对体重控制的期待和需求,而不是仅仅关注她们开始吸毒时的状况(Coombs,1981)。

二、研究方法

1. 参与者

作为一项探索性研究,定性方法被用来收集和分析研究数据。具体而言,本研究采用了主题分析这种常用的定性分析方法,从对29名女性吸毒者的小规模方便抽样访谈获得的数据中,找出与毒品使用和体重控制有关的主题和亚主题(Braun & Clarke,2006;Levitt et al.,2018;Liu & Chui,2020)。本研究的参与者是一项关于中国吸毒者及其毒品使用经历的大型研究项目参与者群体的一部分。

该大型研究项目于2013年至2016年间对在多个强制隔离戒毒所中接

受治疗的女性和男性吸毒者进行了多轮调查和数据收集工作。中国的强制隔离戒毒所为因吸毒被抓三次或以上的吸毒者提供机构治疗（Liu & Hsiao，2018）。虽然强制隔离戒毒所不是监狱，且有专门的戒毒治疗设施和方案，但戒毒者不能在戒毒治疗结束前离开戒毒所。在戒毒所中接受治疗的人通常被认为是吸毒成瘾者（Liu & Chui，2020）。

在大型研究项目的数据收集期间，研究者在中国东部和西部的两个女子强制隔离戒毒所中接触了女性吸毒者。基于自愿与最大差异原则（Miles & Huberman，1994），研究者在戒毒管理人员的帮助下招募研究项目的参与者。研究者采用目的性抽样策略，首先请戒毒所管理者帮助推荐具有不同吸毒经历和社会人口学背景的女性吸毒者参加该项目。这些潜在的参与者在参与项目之前已被充分告知项目的目标和隐私保护方案。她们有权自由选择是否参与该项目，而不需要因为拒绝参与而承担任何负面后果。最终，来自两个戒毒所的共77名具有不同社会人口学背景和吸毒经历的女性参加了该项目的访谈。所有参与者均在参与项目前签署了知情同意书。

鉴于本研究的具体目标，研究者只筛选了那些使用毒品控制体重的女性吸毒者作为本研究的参与者。在参与大型研究项目的77名女性吸毒者中，有29名分享了她们与减肥有关的毒品使用的经验，因此构成了本研究的最终样本。巧合的是，这29名参与者均来自中国东部某强制隔离戒毒所，该所在研究项目数据收集期间大约有1200名女性吸毒者接受戒毒治疗。

表1列出了29名参与者的社会人口学信息和毒品使用情况。这些女性吸毒者的平均年龄为31.0岁，其中最小的16岁，最大的48岁。其中17名女性仅接受过9年或以下的教育，只有一名参与者有大专学历。23名参与

者在提到婚姻状况时表示自己是单身(包括离婚和丧偶)。在所有参与者中,13 名女性在进入戒毒所之前有合法的全职工作,7 名在(非法)性行业中就职,4 名是个体户或小企业主,另外 5 名女性处于失业状态。14 名参与者为冰毒使用者,另有 14 名参与者称她们使用多种毒品,其中绝大多数人混用冰毒与海洛因,只有 1 名女性称自己仅使用海洛因。

表 1 参与者的社会人口学信息与毒品使用情况(人数=29)[a]

		人数	百分比(%)
受教育程度	小学及以下	4	13.8
	中学	13	44.8
	高中(含职高)	10	34.5
	大专及以上学历	1	3.4
	缺失	1	3.4
婚姻状况	单身(包括离婚、丧偶)	23	79.3
	已婚(包括同居)	4	13.8
	缺失	2	6.9
就业状况 (与治疗相关)	法定全职工作	13	44.8
	性相关工作	7	24.1
	个体户或经营小企业	4	13.8
	失业人员	5	17.2
使用的药物	海洛因	1	3.4
	甲基苯丙胺	14	48.3
	混合使用	14	48.3

注:[a] 平均年龄=31.0 岁,年龄范围=16~48 岁。

2. 数据收集与分析

本研究通过半结构式、一对一访谈收集中国女性吸毒者与减肥相关的毒品使用经历(Flick,2014)。访谈员在访谈中主要围绕以下几个开放式问题展开提问,包括:"您能描述一下使用毒品减肥的经历吗?""您是如何知道使用毒品可以减肥的?""您出于什么原因决定使用毒品减肥?""您认为在戒毒治疗完成后可以彻底放弃毒品使用吗？"以及"您对使用毒品控制体重有什么看法？"在访谈过程中，访谈员鼓励参与者讲述自己的故事并表达自己的观点。根据参与者的故事和回答，访谈员在提出既定问题的同时也会进行适当追问，以了解每个参与者的独特经历和故事细节。所有访谈均以普通话为交流语言并进行录音，访谈时间为 60~90 分钟。

八名受过访谈技巧培训的研究助理担任整个大型研究项目的访谈员，也包括这 29 个访谈。这些研究助理在项目实施前均学习并练习了访谈技术。为了确保访谈数据的质量，研究者还为所有访谈员进行了专门的访谈前培训和持续监督。专门的培训和监督不仅能够使访谈员更加注重采用适当的访谈策略，而且也可使他们认识到可能影响个人吸毒行为的社会原因，从而最大限度地减少他们对吸毒者及其吸毒行为可能存在的负面刻板印象（Liu & Chui，2020）。因此，访谈员基本都能够注意尊重参与者，从而为成功访谈提供友好的对话场景。

上述八名研究助理在完成访谈后整理了逐字稿。之后，研究者依据主题分析指南（Braun & Clarke，2006）进行了数据分析。为了熟悉和更好地解释这些数据，分析从逐行仔细阅读访谈记录开始。在此过程中，研究者确定了与研究目标相关的多个初始编码。生成初始编码后使用思维导图对不同候选主题和亚主题下的初始编码数据进行归纳分类。在重新审视、讨论和细化候选主题和亚主题之后，最终确定了三个主要主题和相关亚主题。通过主题分析，最终将女性吸毒者与减肥相关的毒品使用经历整理成了一幅简洁而翔实的图画。

在数据收集和分析过程中，所有参与者的私人信息均处于保密状态。本研究使用化名代替参与者的真实姓名，并确保即便将她们的语言表达和对其情况的描述组合起来，也不会造成参与者身份的泄露。

三、研究发现

本研究基于以下三个关键主题展示了中国女性吸毒者的减肥经历。首先,本研究讲述了她们开始吸毒的故事,以展示她们开始吸毒时对体重下降的考量。其次,本研究分析了吸毒者使用毒品后的减肥经历与体验。最后,本研究进一步揭示了这些女性基于对体重上涨的担忧而在戒毒方面存在的障碍。

1. 因减肥而开始吸毒

14名女性吸毒者表示,无论其所使用的毒品是何种类型,她们都是出于减肥的目的而选择开始使用毒品的。在这些女性看来,吸毒是实现减肥目标和保持苗条身材的一种"方便"甚至"理想"的方式,她们形成这种想法的主要依据是朋友们的经验。

例如,28岁的苞提及,她开始使用海洛因是因为她"从朋友那里听说使用海洛因有助于减肥",而这正是她想要的,因为她"生完女儿后变胖了"。"我一直觉得自己很胖,想减肥,后来朋友介绍我吃冰毒",22岁的蓬也分享了她开始使用冰毒的经历。

如同苞和蓬一样,这14位女性都从她们的朋友那里得到了毒品"有助于减肥"的信息,其中大部分是她们亲密的女性朋友。"保持身材的最佳方式"(康,43岁)是最常见的劝说理由。基于友谊,这些女性通常都会在未经仔细考虑和核实的状况下就接受朋友们的建议而使用毒品。除了朋友的口头介绍和劝说之外,一些参与者还表示,她们亲眼看到了毒品在朋友们减轻体重和保持体型方面所展现的"魔力"。

在朋友的推荐下,再加上"对毒品神奇功效的好奇"(叶,30岁),这些女性一般都会选择直接尝试使用毒品,而很少会经过深思熟虑。在使用毒品之前,她们对将要使用的毒品通常都知之甚少。"我不知道什么是冰毒",24岁的冰毒使用者湘说。其他一些参与者也表达了这种看法。她们基本上均无视与毒品使用相关的负面健康后果,而仅关注"毒品对减肥的作用"(兰,22岁)。

然而,与可能稍微有些超重的耀不同,依据 BMI 指标来看,大多数本研究参与者(29 人中的 25 人)的体重非常正常或甚至低于正常水平,尽管她们大多认为自己"真的很胖"。事实上,有几名女性(29 人中有 9 人)在开始吸毒时体重还不足 50 公斤。例如,一名参与者提到,她在决定使用冰毒减肥时只有 46 公斤:

我当时 46 公斤,朋友们都说我很瘦,但我还是觉得自己很胖。我想减肥。一个朋友告诉我使用冰毒是一个很好的减肥方法,所以我尝试了。(巍,21 岁)

2. 吸毒减肥的经历与体验

正如这些女性吸毒者所期望的那样,她们在吸毒后体重大幅度减轻。15 名参与者的吸毒故事中都包含着减肥这一话题,她们也在访谈中分享了自己的经历以及对待这一话题的态度。在解释吸毒后体重下降的原因时,大多数参与者认为这是由于毒品有着"降低食欲"的作用(康,43 岁)。其中一人说:"当我使用海洛因时,我就丧失了食欲。我什么都不吃,所以体重下降得很快。"(珠,43 岁)"我只是喝一些软饮料,什么也不吃,这就是为什么海洛因能让我变得非常瘦",另一位参与者(桦,40 岁)说。与单纯关注食欲减退的海洛因使用者不同,冰毒使用者指出,食欲减退和睡眠剥夺都是促使她们在使用冰毒后体重迅速下降的因素。"睡不着,不想吃东西",26 岁的芒在谈到使用冰毒的后果时如是说,因而她最后"变得非常瘦"。

与楠类似,其他一些参与者也承认她们的瘦是"不健康的"(莲,22岁),"缺乏活力的"(蔷,16岁),以及"苍白的"(桦,40岁)。一名海洛因使用者甚至形容自己"瘦得像鬼一样"(娟,37岁)。虽然这些女性吸毒者充分意识到她们苗条的身材是以牺牲健康为代价换来的,但她们中的大多数仍然追求这种极度病态的瘦。

3. 戒毒障碍:对体重增加的担忧

有10名参与者明确表示,她们对戒毒没有信心,因为她们害怕戒毒之后自己的体重增加。19岁的冰毒使用者芳就是一个典型的例子:

> 我不认为我对冰毒上瘾,但我真的需要它!我是没有那么胖,但我想更瘦一点,所以我选择使用冰毒。用了它之后我变得越来越瘦,我对此很满意。事实上,我曾经试图戒掉冰毒。但当我停止使用它时,我觉得自己突然变得非常胖!真的是一下子就胖了,这让我受不了!为了迅速恢复苗条的身材,我不得不再次使用冰毒。(芳,19岁)

除了芳外,还有不少女性吸毒者汇报其在放弃使用毒品后出现了体重增加的情况。大多数人表示,她们的体重增加了15公斤至25公斤,这是她们"不愿面对的"(叶,30岁)。钟(44岁)在回忆她以前的戒毒经历时说:"你能想象我长胖了25公斤吗?太可怕了!"

在没有毒品摄入的情况下,"不停地吃和睡"(凌,40岁)被参与者认为是其体重增加并导致她们"异常肥胖"(珠,43岁)的原因。"当停止使用冰毒后,我吃的非常多",鼎(19岁)说。另一位参与者明则用她的自身经历做了进一步解释:

毒品会让人食欲减退并导致体重减轻。当我使用冰毒时,我可以三到四天不吃不喝不睡觉。那时我的体重肯定会下降。但是当我不用冰毒的时候,我的胃口就会很好,我可以吃很多东西。我几乎什么都吃;即使是我以前不喜欢吃的东西对我来说也是美味的。因此,我的体重增长得很快,而且比我开始用冰毒之前更胖了。(明,36岁)

当这些女性看到自己的体重增加时,她们十分轻易地就会恢复吸毒行为,因为她们认为"吸毒是最快的减肥方法"(露,32岁)。康已经接受了好几次戒毒治疗,但每次她都会复吸,因为她不能忍受戒毒治疗后自己的体重增加。"我唯一能做的就是重新开始吸毒;之前我用海洛因,后来改用冰毒。"(康,43岁)

四、讨论与结论

与西方社会的一些研究结果一致(Bruening et al.,2018;Neale et al.,2009),本研究发现,中国女性吸毒者会使用毒品作为不健康的体重控制方法,以追求并保持理想的体重和体型。正如已有研究结果所呈现的那样(Lemon et al.,2009),本研究中的女性参与者对自己的身材不满意,不断地实施减肥计划,即使她们已经非常苗条或至少体重在健康范围之内。对这些女性来说,使用毒品就是要达到减肥的目的,尽管她们已经注意到吸毒对健康造成的负面影响。事实上,这些女性相信毒品有助于她们控制体重,这也是她们开始和维持毒品使用的一个主要动机。

为了快速减肥和达到理想的体型,这些女性通过接受朋友的推荐和目睹毒品在朋友身上的"神奇效果"而开始吸毒。这一发现在很大程度上证实了女性的吸毒行为受到她们所属的"高危社交网络"的影响(Liu et al.,

2016)。在开始吸毒之前,她们大多没有意识到毒品可能给健康带来的负面影响。这一发现也与之前的一项研究结果一致,即女性吸毒者在使用毒品之前对毒品相关知识知之甚少(Liu & Chui, 2020)。之后,即便是当她们经历了由吸毒引起的健康问题时,一些参与者仍然对毒品的减肥功效持肯定态度。当她们在戒毒治疗过程中或之后出现体重增加的状况时,她们会毫不犹豫地选择复吸。可见,女性吸毒者大多认可吸毒行为,因为这有助于她们变得非常苗条,以实现她们对自己身材的期望。

1. 追求苗条和冒险

无论是出于减肥还是其他目的,吸毒都是一种不健康的冒险行为。冒险行为是指在不确定且没有稳健的应急计划的情况下进行的行为,这些行为通常会产生负面后果,并可能对行为人或其他人造成伤害(Kreek et al., 2005)。已有研究发现,男性通常比女性具有更高的冒险倾向(Byrnes et al., 1999),而女性似乎比男性更不容易表现出攻击性、冲动性和寻求感觉刺激等不良的相关人格特征(Nolen-Hoeksema, 2004)。然而,根据本研究的结果,女性吸毒者很愿意冒险,也愿意以牺牲自己的健康为代价来实现控制体重的目标。这种行为表明,女性对苗条身材的追求可能会达到极度不健康的状态(Harring et al., 2010; Malinauskas et al., 2006)。她们坚信毒品在控制体重方面的功效,而这可能致使她们选择忽视吸毒行为可能带来的潜在风险。

对苗条体型的文化偏好(例如,苗条意味着吸引力)(Leung et al., 2001)以及对超重者的隐性和显性歧视(例如,因无法购买合适的衣服而被嘲笑)(Killeen et al., 2015)也促使这些女性使用毒品来控制体重。这一发现与已有的研究结果一致,也即,在社会压力和社会评价下,女性更有可能进行控制体重的实践(Assari & Lankarani, 2015; Myers & Crowther,

2009)。对于本研究中的女性参与者来说,成功地实现对苗条身材的追求会给她们带来快乐,因为依据社会文化规范,苗条的身材会让她们更具魅力。事实上,吸毒确实给她们带来了一些所谓的快乐,以至于她们可以忽略该行为对她们健康的负面影响,如脸色苍白和缺乏活力。与瘦身的好处相比,这些健康上的负面影响在这些女性看来是微不足道的。

2. 同伴影响与差异性常态化

根据本研究的结果,在女性吸毒者的社交网络中,使用毒品作为体重管理工具的现象非常普遍。有经验的吸毒者也愿意分享她们的经验,并劝说自己的朋友们使用毒品来减肥。这证实了毒品亚文化中的"差异性常态化"解释(Liu & Chui, 2020;Shildrick, 2002;Williams, 2016)。它表明了吸毒在某些社会群体中已经常态化了,这也展现出人们对吸毒的看法的复杂性(Liu & Chui, 2020)。这些特定社会群体中的人使用毒品的可能性更大,因为毒品消费在这些社会群体中通常被认为是可接受的甚至是受到欢迎的行为(Green & Moore, 2013;Liu & Chui, 2020;Measham & Shiner, 2009)。

此外,本研究的结果还表明,同伴对中国女性吸毒有相当大的影响,这也与已有研究的结果一致,即拥有高风险的社交网络对于女性吸毒者来说是其开始接触毒品最为重要的原因(Liu et al., 2016)。更广泛地说,这种同伴影响还反映出,在中国文化背景下,个体倾向于信任自己所处的小圈子中的人(Feng et al., 2016),这显著降低了行为者对相关风险的认知(Siegrist et al., 2005)。

3. 启示

依据本研究发现和相关讨论可得出如下三点启示。首先,应改变以瘦为美的主流审美偏好。主流媒体和教育组织应培养个人对不同体型和身材的包容度。只有当苗条不是美丽的女性身体的必要条件时,女性才会放弃那些不健康的减肥行为。此外,即使一些女性出于健康原因而需要减轻体重,也应让她们更好地了解到使用毒品并不是体重管理的明智之选。

其次,在戒毒治疗过程中,还应将减肥等毒品的"功能性使用目的"纳入考虑。对体重和体型的关注可能是中国女性吸毒者长期戒毒失败的主要原因之一。戒毒治疗项目应更好地为吸毒者提供戒毒可能会导致某些后果(例如体重增加)的信息。这样做可使接受戒毒治疗的吸毒者在心理上做好准备,以更积极的方式应对可能的变化,从而减少复吸的可能。此外,还应鼓励强制隔离戒毒所将健康饮食和运动更充分地纳入戒毒项目之中。

最后,基于充分考虑同伴对吸毒行为的影响,应向在其社会网络中与吸毒者有接触的女性提供更多的社会工作干预服务。这些干预服务可包括以下两个方面:(1)令这些女性充分了解吸毒的危害和吸毒对健康的负面影响;(2)帮助她们学会用积极的眼光看待自己的身体,而不是追求不健康的极度消瘦。这些措施将可能有助于防止或减少女性使用毒品来控制体重的可能性。

4. 研究局限和未来研究方向

本研究具有一定的局限性,在此基础上可提出未来研究的五个可能方向。

首先,本研究只关注了女性,这主要是因为女性更容易受到身体形象观念的影响,而更加倾向于追求苗条的身材(Haworth-Hoeppner, 2000; Lemon et al., 2009)。然而,女性和男性在为了身体形象而从事冒险行为方面的差异还需要进一步研究。

其次,本研究仅基于参与者关于吸毒对减肥影响的个体化描述,侧重于呈现个人对毒品减肥作用的看法。未来的研究可以选择多种方法来测量和解释毒品使用与体重控制之间的关系。这些方法可包括问卷调查、心理量表测量和生理指标测量等(Substance & Mental Health Services, 2014)。尤其是,在未来的研究中可以收集更多的信息来展示不同毒品的不同作用。

第三,在考虑减肥和控制体重的做法时,本研究只关注了吸毒行为,而没有纳入其他危险或不健康行为。因此,今后的研究可以探讨与体重控制有关的其他行为,或者更广泛地说,可以探讨中国女性(以及男性)的体重管理状况。

第四,由于强制隔离戒毒所的性质,本研究参与者都是在戒毒所管理者的帮助下招募的。那些管理者较为熟悉的吸毒者更有可能被推荐参与本研究(Liu & Chui, 2020)。事实上,管理者推荐参与者的确切选择过程尚不清楚,因此这其中也可能会存在一定的偏差(Liu & Chai, 2020)。未来的研究应充分考虑该状况,并可以选择使用社区样本来避免这一问题。

最后,作为一项探索性的定性研究,本研究的样本仅包括29名女性吸毒者,规模相当小。因此,本研究结果不能推广到中国更多的女性吸毒者。今后的定性以及定量研究可以覆盖更多的参与者,以便为研究结果的推广奠定更坚实的基础。

5. 结论

这项探索性研究以正处于戒毒治疗中的中国女性吸毒者为样本,揭示了吸毒行为和体重控制期望之间的联系。尽管本研究存在一些局限性,但通过强调吸毒在女性吸毒者生活中的作用,本研究依然有着独特的贡献。女性吸毒引发了一系列健康问题。因此,了解中国女性减肥相关的毒品使用模式有助于制定必要的策略,以应对这一日益严重的健康与社会问题。

自卑与自我放逐:吸毒人群的标签化体验

一、研究背景与研究现状

当前全球毒品制造、贩运、滥用问题突出,毒品已然成为国际公害。虽然官方数据显示,近些年中国的吸毒者人数持续下降(国家禁毒委员会,2023),但毒品形势依然严峻,尤其是越来越多的青年甚至青少年群体加入吸毒者的行列。

毒品问题不是简单的医学或法律问题,而是一个复杂的社会问题,治理难度非常大。正因为毒品问题如此严重和复杂,吸毒群体如此庞大,国内外学者对其的研究也很多。其中,西方学者在这一领域的研究十分丰富,主要集中于:(1)关注于毒品所带来的生理与心理损害的心理学和医学研究(Harrell et al.,2012;Henry et al.,2009);(2)以数据反映吸毒问题现状和吸毒人群生活状态的量化研究(Brown,2011;Meshesha et al.,2013);(3)关注吸毒人群的生活以及他们对毒品和吸毒的认识的质性研究(Carbone-Lopez et al.，2012）；（4）各种关于毒品依赖治疗和干预性项目的研究（Copeland & Sorensen，2001；Cretzmeyer et al.，2003）。而反观中国学者在相关的研究则主要集中于两个方面：（1）宏观的、以思辨性讨论为主的对毒品问题的思考及对毒品犯罪的司法探讨（来海军，2013；欧阳涛、柯良栋，1993；周小琳、杨碧，2011）；（2）微观的、以医学或心理学视角为出发点的对吸毒者生理（如 HIV 感染）或心理（即各种心理问题）问题的研究（邓小娥等，2013；王垒等，2004；朱海燕等，2005）。近些年也出现了少量从社会科学视角出发的针对吸毒人群的实证调查（韩丹，2008a，2008b；蒋涛，2006；夏国美，2003），但是这些研究还没有形成气候，讨论的内容也相对单薄。我们很难从这些研究中勾勒出吸毒人群的生活状态及其各方面的状况。可见，相对于国际学者多样化的研究来看，中国学者对于毒品和吸毒者的研究没有那么细致和全面。大部分研究或是在非常宏观的层面上探讨毒品或吸毒人群的问题，或是在非常微观的层面上探讨吸毒人群某一方面的生理或心理健康问题，尤其缺乏基于实际调查的社会科学视角的经验性研究。

虽然吸毒者进入"毒品世界"的原因和情况千差万别（Liu et al.，2016），毒品使用对吸毒者造成的影响却具有某种共通性。这不仅体现在毒品对吸毒者的身体健康造成的影响上，也同时体现在吸毒者自使用毒品之后心理层面的变化上。无论在国内还是国外，关于吸毒人群心理状况的研究始终为毒品和吸毒者研究领域的一个重要组成部分。不过，这些研究基本均是从心理学视角出发的量化研究，多采用各种心理学量表（如 SAS、SDS、SCL-90 等）来测试吸毒者的心理健康水平；而研究的结果大多显示，吸毒人群普遍具有不同程度的心理障碍以及焦虑、抑郁等心理健康问题（赵梦雪等，2017）。也就是说，这些研究基本探讨的是毒品对吸毒者的客观心理状态的影响。相反，从吸毒者角度讨论因使用毒品而带来的主观心理体验的研究则较为罕见。鉴于此,本研究希望在这一方向上作出努力,引入社会学相关理论视角,重点探讨吸毒人群关于吸毒经历的主观心理体验。同时,本研究将运用质性研究方法,并以实际调查为基础,这不仅是对以往该领域以心理学量化研究占主导的一个突破,亦更加有利于展现吸毒人群真实的心理经历图景。

二、理论视角和研究方法

吸毒被我们的社会认作一项严重的越轨行为。在研究越轨行为的各种社会学理论中,标签理论(labeling theory)是最为重要的一个。该理论最初萌芽于20世纪30年代,并于70—80年代在越轨问题研究领域产生巨大的影响(黄勇,2009)。标签理论将研究重心放在越轨者与周围导致越轨的环境之间的互动过程,直接运用了符号互动论(symbolic interactionism)中的镜中我(looking-glass self)和自我实现预言(self-fulfilling prophecy)的概念和逻辑,强调越轨行为不是行为本身的特质,而是社会对该行为作出标定或反应的结果(江山河,2008;李明琪、杨磐,2012)。

在标签理论所阐述的越轨行为发生机制中,标签是最为重要的元素,而贴标签则意味着越轨行为的开始。这里的标签意指包括刑事司法系统在内的正式反应主体以及包括家庭、朋友、社会大众等在内的非正式反应主体对越轨行为的一种认识(江山河,2008),或者说是人们对于某一特定行为的标识或特定概括;而这种外在的标签在转化为主观的、内在的标签时便对当事人的心理和行为产生了实质性效用。贴标签是家庭、朋友、社会大众以及刑事司法机关等主体对于越轨行为者进行负面评价的过程;那些违反社会规范的个体便会被贴上反叛的标签。而被贴上标签的人则会经历社会歧视,被社会大众看作异类和非主流的存在。标签理论最关注的就是贴标签的过程以及其所产生的附属效应,包括社会对标签内容的选定、对被标定者的选择以及被标定者对标签的内化和接纳。

　　社会中的每个个体都有可能发生越轨行为,而这些行为绝大多数是暂时的和轻微的,这也被称为初级越轨(primary deviance)。这些行为虽然在一定程度上对社会规范发起了挑战,却未被他人发现或者未被社会标定,而行为人也未被另眼相待(徐玲,2000)。而当行为人的越轨行为被他人发现并给予相应的负面评价时,便完成了贴标签的过程。因此,人们的行为是否被视为越轨不仅仅取决于他们做的事情,也取决于其他人对此行为所做出的反应。而一旦某人被贴上越轨者的标签,就为次级越轨(secondary deviance)行为的产生创造了前提条件。次级越轨不仅是一种个体回应他人的反应而做出的越轨,亦表明行为人对越轨标签的主观接纳(波普诺,2007)。可见,标签理论即试图说明越轨行为当事人与社会环境的互动过程,而该过程大致可分为三个步骤:第一步是当事人的初级越轨行为被他人察觉;第二步是发现者将越轨行为人的表现公布于众,并贴上相应的越轨标签,与此同时,这个标签也成为越轨行为人最重要的身份标志,并且逐步取代其其余的社会角色;第三步则是越轨行为人在被标签化的过程中被迫接受镜中我的标签形象,借助自我应验的预言,复发越轨行为,并逐渐成为越轨群体中的成员(陈彧,2008)。而一旦经历了这一过程,当事人便无法放弃其越轨行为,由此开启越轨生涯,以及逐渐进入越轨亚文化。

　　将标签理论应用于吸毒人群的研究始于霍华德·贝克尔(Howard S. Becker)在其标签理论经典著作《局外人》一书中对大麻成瘾者的研究(贝克尔,2011)。之后,标签理论亦被诸多西方学者广泛应用于对毒品等药物滥用问题的研究,如探讨吸毒者或酗酒者以及社会排斥等问题时,该理论就十分"有市场"(Glass et al., 2013;Li & Moore, 2001)。然而,在中文学术领域中,运用标签理论研究毒品和吸毒者却并不常见,仅有的少量相关研究也主要集中在戒毒康复研究领域(陈彧,2008;黄敏,2012),而将其用于吸毒人群心理研究领域则尚属空白。正因为此种欠缺,本研究尝试以标签理论作为理论视角,探讨吸毒人群被标签化的经历以及这一标签化过程对其的影响。

正因为前期相关研究的欠缺,本研究可被视为一项从标签理论视角出发探讨吸毒者心理历程的探索式研究;基于研究发现,本研究也希望提出相关的促进吸毒群体戒毒及社会融入的政策性建议。而与这一研究目标相适合的便是质性研究方法。具体而言,本研究基于对 36 名在强制隔离戒毒所中接受戒毒治疗的吸毒人员的半结构式访谈,阐述了使用毒品对当事人的生活所造成的影响,并依此形成本研究的分析和讨论。这 36 名参与者均来自研究者于 2013 至 2016 年间进行的一项关于吸毒者及其毒品使用经历的较大型研究项目的多轮调查工作。

36 名参与者中 25 人为男性,11 人为女性。他们的年龄介乎 17 至 55 岁,平均为 36.6 岁,其中有 25 人在 40 岁以下。参与者大多为单身(包括离异、寡居等,24 人),且没有孩子(22 人),受教育水平相对较低(29 人为高中及以下文化程度,其中 3 人仅为小学文化)。6 位参与者在进入戒毒所之前处于无业状态,余下的 30 位则表示他们有工作,但工作基本集中于打零工(13 人)和个体户(10 人),还有少量为高利贷、夜总会等边缘行业从业者。在所有参与者中,24 位为冰毒使用者,另外 12 位则主要使用海洛因。他们中有 26 位吸毒超过 5 年。参与研究的所有人员均为自愿参加,研究者也根据保密准则对参与者的私人信息做了充分的匿名处理。

三、贴标签与标签化体验

吸毒是一种越轨行为，社会对吸毒者往往持排斥态度。换句话说，当社会大众发现某社会成员吸毒时，通常会给予负面评价，并为其贴上"吸毒者"的标签。这对于吸毒者而言是一个巨大的心理压力来源。为了避免被标签化，吸毒者在初尝毒品之时，往往选择隐瞒自己的吸毒行为，而当吸毒行为最终隐瞒不住而被周围的人发现时，便会因承受吸毒者的标签而产生巨大的自卑心理。

1. 隐瞒与被发现

参与者们普遍表示，在他们吸毒生涯的初始阶段，为了避免被他人"另眼相看"，往往选择尽量隐瞒吸毒的事实，尤其避免让家人和亲戚朋友知晓，正如下述这位参与者所述：

> 开始那都是偷偷去吸的，不可能让家里人知道的嘛，对不对？被发现了肯定不好。（HW02）

而另一位参与者则表示，自己从很小就开始吸毒，那时虽不完全清楚毒品的危害，却也知道"那东西是不能光明正大地吸的"，不能让"其他人"知道，尤其是要避着家人。甚至，一位参与者回忆道，在第一次被警察查处之时，其依然恳求警察"不要通知我父母"。

> 第一次（被抓）的时候（我的）年龄还很小，也就初三，十五六岁吧，（按规定）必须叫父母过来。我就不想让我父母过来，还和警察说能不能不要叫我父母。（MF33）

然而，即便是想方设法地隐瞒，吸毒的事实总有一天会被家人发现。其中一些就如上述这位参与者所描述的那样，是在被警察查处之后被家人知晓的；而另一些则是由于其使用毒品所引发的"反常表现"以及大量的资金投入而引发其家人的疑虑，以下这位参与者即属此种情况：

> 那时候我父母就感觉我不对劲。他们发现我一直不出门，除了每天下午出去（去买毒品），其他时间都躺在床上。晚上我一个人躲在房间吸（毒），他们可能隐隐约约听到声音；又看到我饭也不吃，老是喝饮料，人又瘦，就感觉不对了。（HF28）

还有一些参与者表示，他们在吸毒初期时还拥有正常稳定的工作；但由于吸毒之后出现的种种生理和精神异常，使其很难完成工作任务，并对正常的工作进展造成影响。正如一位曾在某公司做主管工作的参与者坦言：

> （吸毒以后）人变得特别慵懒，什么事都不想做。不想谈生意，也不想见客户，整天只想抱着这个壶（指吸冰毒）。有时候来客户了，我就想让他们赶紧走，把门关起来。（MW12）

另一位之前自己做生意的参与者也有类似的表述：

> （吸毒以后）就不想出去了，也不想跟人接触。做生意的话肯定要跟客户出来吃饭聊天，得陪客户啊。但吸了毒之后，聊不了两句就要走了，坐不住的。（MF26）

正因为吸毒者的种种"异样表现",他们很容易被职场中的领导、同事或合作伙伴发现其吸毒的事实。就像一位参与者所言:"时间长了,慢慢地肯定会被察觉。"(MF26)

2. 被贴上"吸毒者"的标签

在经历了毒品使用初期的尽力隐瞒之后,由于毒品使用的持续和对毒品依赖性的提升,吸毒者的吸毒行为会逐渐被他人知晓,并被贴上"吸毒者"的标签。这种标签化的过程会在吸毒者被公安机关发现并查处之后正式宣告完成,因其标志着"吸毒者"这一标签被正式认可并记录在案,与吸毒者的其他身份信息牢牢捆绑在一起。而在标签的作用机制上,则主要体现在两个部分:其一是身份证的标记,正如一位参与者所述,其"身份证都有记录"(HW15),而在其使用身份证件时便会被提醒为吸毒者,从而"招来警察"(HW15)。其二则是由于被公安机关抓捕而引发的其吸毒者身份的彻底暴露。例如,以下三位参与者就表示因为其被抓的事实而导致他们的亲友对其有了"不同的看法":

> 我第一次(被)拘留以后,周围朋友们对我印象就变了,明显变差了。能感觉得出来。(MW16)

> 自从知道我吸毒之后,我家人就都不愿意和我来往了。我感觉他们连看都不想看我。脸都丢干净了。(HF22)

> 几年前我因为吸毒被抓,我哥哥在派出所里打了我一耳光,说要跟我断绝关系。我到现在也不怎么和他联系了。(HF23)

可见,"吸毒者"的标签在大多数人眼中是负面的,且随之而来的反应便是冷漠与疏远。

3. 标签化体验:自卑与自我放逐

吸毒者在被标签化的过程中逐渐接受了社会给予的标签形象,并变成这些负面评价的演绎者。他们感受到社会的排斥和隔离,并慢慢萌生自卑心理,就像一位女性参与者所言,"一个女生吸毒,说出去毕竟还是不好听",因此便产生了很强的"自卑感"(MW16)。另一位参与者则表示:

> (我)总觉得别人(看我的)眼光都不一样了。应该就是自卑的感觉吧,就是感觉特别自卑。(MF34)

正因为吸毒被社会大众看作一件不光彩的事情,吸毒者也常常会因为自己的行为而感到"低人一等"。并且,因为社会大众对于毒品避之不及的广泛歧视态度,使得吸毒者在面对社会主流文化时,会有强烈的"不自信"之感:

> 我觉得吸毒是一件很丢人的事情,偷偷摸摸的,抬不起头来。跟正常人(指不吸毒的人)说话也觉得不自信,总觉得自己低人一等。虽然他们(指不吸毒的人)没有当面说我什么,但我还是感觉他们在嘲笑我。(MW10)

吸毒者感受到了强烈的社会排斥和敌意,他们被迫接受了这种负面的评价并产生自卑感,而与之相伴随的便是自我放逐的心态:"就是抱着一种自暴自弃的态度,觉得也不可能回头了。"(HW13)这种自我放逐的心态使得吸毒者距离社会主流越来越远，他们无法获得社会主流文化的认可，而只能自我抱团，形成吸毒者亚文化群体。而这一亚文化的核心便是持续使用毒品。也正因为此，吸毒者在其中不断重复着吸毒这一越轨行为，从此开启了毒品使用生涯，并最终完成从"初级越轨"到"次级越轨"的过渡。

四、认可与反抗：对标签的不同态度

在完成了被社会大众的标签化过程，吸毒者已接受了社会大众赋予其的"吸毒者"标签。而在面对这一标签时，不同的个体却呈现出两种截然相反的态度：认可与反抗。

1. 认可

有相当一部分吸毒者对于社会大众对吸毒这一行为的负面认知和标签化取向呈认可态度。他们承认了自己行为的负面性，以及认为他人对其的"异样眼光"和"特殊对待"都是可以理解的。正如一位参与者所言：

> 我很清楚地知道这（指毒品）不是什么好东西。我也知道，别人（知道我吸毒后）会用一种异样的眼神或者心态来看我。我也能理解。（MF27）

还有些参与者则采用了换位思考的思维方式，认为，如果他们自己不吸毒也"不愿意和吸毒的人来往"（HW06），所以也就能够理解其他人对吸毒者的歧视了。例如，以下两位参与者就表达了他们的看法：

> 假如你是老板，知道我吸毒也不会用了，对不对？同等条件的话，一个是吸过毒的，另一个没有，那肯定选那个没吸毒的嘛。（HW13）

"玩"了这个东西以后（指吸毒以后），周围都是吸毒的，以前生意上的朋友一个都不来往了。一方面自己也不想了，另一方面人家也不愿意了，肯定不愿意和我们吸毒的来往了。能理解。（MW10）

　　其次，在一些吸毒者看来，目前我国对其实施的强制性戒毒办法是正当的也是合理的；至少，在戒毒所中，他们的"身体养好了，也算是个好事情"（MW05）。一位参与者认真地说，如果不是因为进了戒毒所，自己"肯定身体一塌糊涂"，甚至有可能"早就死了"；而在戒毒所中他不仅"戒了毒"，"身体也变好了"，连"感冒发烧都很少了"（HW18）。正因为从健康甚至生命的角度来衡量，许多参与者坦诚，他们还是很认可这种强制隔离戒毒模式的。诚然，被标签化、被隔离、接受强制性戒毒治疗，这些都是社会对于吸毒者负面评价的一种表现，然而同健康与生命的代价相比，这些并不是那么难以接受。所以从这个角度来看，他们也比较能够"想得通"，从而也就认可了这一现实。

2. 反抗

　　当然，有认可的声音，也必然有反抗的声音。与上述参与者的"理解"不同，另一些吸毒者则认为吸毒不应受到如此的不公正对待。以下这位参与者便坦诚地说出了自己的想法：

　　　　出去旅游时就很不方便，到宾馆一登记派出所（指警察）就来了。有时遇上查酒驾的，一看我的驾驶证就要求尿检。这些都让人很不舒服。（MF32）

　　尽管大多数吸毒者都能够意识到毒品的危害，但仍有参与者强调吸毒是自己的选择，若自己没有做出危害社会的事情，则不应该一概被歧视和排斥。

>如果说吸毒的人有其他犯罪行为的话，那有收治的必要，因为他们给社会带来危害了。但如果一个人只是吸毒，没做什么别的坏事，也有工作、有正常的生活，那是不是可以考虑稍轻一点的惩罚呢？（MW08）

可见，不管是对由于吸毒经历所带来的他人歧视的反感，抑或是对公安机关处罚、管理和强制戒毒工作的质疑，均反映了这些吸毒者对吸毒标签的不满和反抗态度。

五、讨论与建议

总结吸毒者被标签化的过程可以发现，他们普遍经历了隐瞒、被发现、被贴上标签以及标签的内化。在这一历程中始终伴随着的是社会歧视与排斥，一些吸毒者最终选择接受了这一事实，而另一些则表示了不满与反抗。而不论是哪一种态度，其心理体验都是围绕着遭遇歧视的感受而展开的。因此，从心理体验的角度出发，吸毒者被标签化的经历也可总结为害怕歧视、感受歧视、遭遇歧视以及最后对歧视的或接受或反抗的心理过程。同时，由于遭受歧视，吸毒者大多表现出自卑或自信心较低的心理状态。他们大多感觉自己是"失败者"，或者常感觉自己"毫无用处"。很多前期研究也证实，与不吸毒的人相比，吸毒者在"觉得自己是有价值的人""对自己持肯定态度"以及"对自己总体满意"等方面的评分明显较低（何鸣等，1995）。此外，也有研究证实，吸毒时间越长，吸毒者的自我认知、自我评价和自我监控能力也就越差（李鹏程，2006）。

从社会角度而言,对吸毒者的歧视大多来自社会大众对于毒品和吸毒者的负面印象,对于中国大多数普通社会民众而言,毒品是陌生的,他们并不能够完整而清晰地了解各种毒品的异同及其给吸毒者所带来的生理和心理体验;同时,吸毒者也是陌生的,他们并没有太多的机会去接触、认识和了解这个群体。一项针对禁毒公益广告的研究发现,目前中国的禁毒公益广告主要表现为两种类型:其一是面向社会大众的,主要为两种形态:(1)通过图片或视频展现毒品的社会危害或吸毒者使用毒品后的可怕后果,(2)将毒品比喻为妖魔鬼怪、白骨骷髅等不祥形象;其二则是面向吸毒者的,主要采用真实的戒毒案例作为宣传内容,用以培养吸毒者的戒毒信心(谭洁,2016)。于是,在现实中遇到吸毒者时,大多数人的第一反应便是远离。也因为此,那些吸毒者一旦被发现便会迅速被贴上"吸毒者"的标签,并遭受其他社会成员的排斥和歧视,从而难以实现摆脱毒品以及回归正常社会生活的目标。

中国一直以来采取刑事司法视角(Coombs,1981)来指导禁毒和戒毒工作,与之相伴随的还有抓捕、标记吸毒者,并采用强制隔离的戒毒模式等,这一视角是吸毒者被标签化和受到社会歧视的原因之一。因此,如果想改善吸毒者被标签化和遭受社会排斥的境遇,则应从改变禁毒和戒毒工作的指导视角做起。例如,医学视角就是一个被国际社会广泛采用的看待吸毒者的视角,即将吸毒者看作病人,而把对毒品的依赖视为一种疾病。基于此,对待吸毒者的态度就从打击和排斥转变为治疗和救助,就如同我们医治其他病人那样。而以医学治疗和社会工作康复服务为主的禁毒戒毒处理模式则将可能会较少引发标签化和社会排斥的问题。

"以贩养吸":女性吸毒者的身份转化

一、研究背景

有吸毒经历的毒贩参与贩卖毒品通常是为了维持他们的毒品使用行为(Moyle & Coomber, 2015;Potter, 2009)。中国的吸毒人口在过去几十年中显著增长(Liu & Hsiao, 2018)。尽管中国大多数吸毒者是男性,但近年来,女性吸毒者人数和比例都在大幅增加(Liu & Chui, 2020)。同样,研究亦证实,在中国,女性参与毒品贩卖的情况变得更为常见(揭亚雄、佘杰新,2019;吴红湖,2017;杨舒涵,2015)。现有研究发现,中国许多参与毒品贩卖的女性进入毒品经济领域都是为了支持自己的吸毒行为(杨舒涵,2015)。此外,她们主要与男性同伴合作销售毒品,很少单独行动(张阳,2020)。

近年来,中国对毒品使用的研究,包括对吸毒者使用毒品经历的研究有所增加;然而,对毒贩以及贩毒经历的研究却仍然相当有限。尤其是,在中国,毒贩通常被认为是男性角色,事实上绝大多数的毒贩也确实为男性(张阳,2020);而女毒贩则相对少见。可以说,中国女性的贩毒行为并没有得到非常充分的研究,因此,她们在毒品经济中的作用也没有得到很好的理解。鉴于此,通过分析有吸毒经历的女毒贩的体验和观点将能够揭示在这个高度性别化的行业中,女毒贩这一弱势群体的生活和毒品贩卖经历。

二、文献综述

在已有的针对非中国社会的研究中发现,一些女性参与贩毒是为了支持她们自己的毒品消费或支付其生活开支(Fagan,1994;Kerr et al.,2008;Mieczkowski,1994)。这些研究表明,女性往往受到配偶或性伴侣的胁迫而非自愿地进入毒品经济之中(Holloway & Bennett,2007;Mieczkowski,1994)。但对另一些女性来说,贩毒则被认为是获得事业成功的机会,或者是与合法工作相比获得更好经济回报的机会(Denton & O'Malley,2001;Fitzgerald,2009;Mieczkowski,1994)。因此,在家庭成员或朋友的影响下,一些女性可能会选择自愿进入这一行业(Denton & O'Malley,1999;Johnson,2006)。尽管女性进入毒品经济的原因多种多样,但她们有一个共同特点:她们大多属于社会弱势群体(Semple et al.,2012)——贫穷、受教育程度低、缺乏就业机会以及长期吸毒成瘾(Fitzgerald,2009;Hutton,2005;Loxley & Adams,2009)。

如前所述,贩毒通常被视为男性角色主导的行为(Fleetwood,2014;Grundetjern & Sandberg,2012;Semple et al.,2012)。男性在毒品经济中充当控制毒品贩运和分销的守门员,而在这一行当中的女性通常不得不面对压倒性的结构限制和性别歧视(Fleetwood,2014;Grundetjern & Sandberg,2012;Steffensmeier,1983)。作为一个"性别化的劳动力市场"(Maher & Hudson,2007,p. 805),男性通常占据较高层次的毒品销售角色,包括进口商、批发商和供应商(Dunlap et al.,1994)。女毒贩也可在毒品经济中扮演不同的角色,如运输毒品的"骡子"、毒品销售业务的"侦察员"、毒贩及其客户的"中间人",以及与消费者直接接触的低端"街头分销商"(Semple et al.,2012)。不过,这些角色在毒品经济中的层次都较低,且总的来说,女性在这一行中仍然是最受限制、最边缘化和最弱势的参与者(Adler,1993;Grundetjern,2015;Jacobs & Miller,1998;Maher & Hudson,2007)。

最近的研究发现,女毒贩并不总是被动和脆弱的(Denton,2001;Grundetjern & Sandberg,2012)。与男性相比,女性较少成为贩卖毒品的执法目标(Adler,1993;Denton,2001;Jacobs & Miller,1998;Taylor,1993)。因此,女毒贩经常利用性别来掩盖她们的贩毒活动(Fleetwood,2014)。在毒品经济中,对"女性"属性的利用也可以被认为是一种"做性别"(doing gender)的实践(Grundetjern,2015;West & Zimmerman,1987)。一些女性通过毒品贩卖活动进入毒品经济的上层,成为能够赚取高额利润的批发商(Denton & O'Malley's,1999)。

基于以往文献中关于女性参与毒品经济的研究结果,本研究将关于有吸毒经历的中国女毒贩的研究定位于女性研究和药物滥用研究的交叉领域。性别研究和女性主义理论都为本研究的分析提供了理论框架。首先,本研究属于女性研究领域,因为它将女性的生活经历置于研究的中心(Hesse-Biber,2013;Shaw & Lee,2014)。采用生活史的方法,本研究展示了有吸毒经历的中国女毒贩的生活:她们是如何进入毒品经济的,以及她们的毒品使用生涯(Coombs,1981)和犯罪生涯(DeLisi & Piquero,2011)是如何交织在一起的。其次,本研究运用性别研究的视角,考察了女性在毒品贩卖中所扮演的性别角色。最后,女性主义理论被用来更好地理解毒品经济中性别不平等的本质(Riley,1999)。总体而言,本研究试图揭示(1)中国毒品贩卖实践中的权力结构和性别角色以及(2)通过分析女毒贩"做性别"的实践来展示她们的能动性。

三、研究方法

1. 生活史和故事情节

在社会学和人类学研究中,生活史方法(life history approach)可展现出参与者生活的全貌。生活史方法在社会学本体论中归属于定性部分(Jolly, 2013)。在哲学层面上,生活史研究依赖于现实主义和建构主义方法之间的张力:前者关注伟大的历史过程,如社会流动、世代交替以及社会阶层和职业的经历;与此同时,后者倾向于关注观念、身份和叙事结构的呈现。简单来说,采用生活史方法的目的是让参与者以故事的形式展示他们的生活;该方法曾经被用于研究越轨者或犯罪者(Liu et al., 2016;Sampson & Laub, 1993)。

故事情节法(storyline approach)是一种特殊的方法,通过解读一个人如何以及为什么会参与犯罪或越轨行为来理解背景和情境因素对人们生活的影响(Agnew, 2006)。这种方法关注的是导致犯罪或越轨事件的情境和条件,而不是导致犯罪或越轨行为的个人倾向和原因,或犯罪/越轨行为更可能发生的社会背景。故事情节法已被应用于一些药物滥用和犯罪学研究之中。例如,在美国的一项关于女性冰毒使用者的研究中(Carbone-Lopez et al., 2012),这一方法被用来展现女性冰毒使用者如何看待和解释她们开始使用冰毒的原因。

本研究采用生活史和故事情节的研究方法,通过考察中国女性的毒品贩卖故事,探讨有吸毒史的中国女毒贩的人生经历。这种方法允许研究者和参与者之间通过深入的面对面访谈进行较为广泛的交流(Gillham, 2000),

并帮助研究者了解参与者如何以更细微的差别和深度来看待自己的毒品贩卖行为。

2. 参与者

本研究的参与者为 12 名有毒品使用经历的女毒贩,她们来自两个不同的较大规模的研究项目。虽然这些参与者来自不同的矫正和治疗机构,但她们有一个共同的特点:她们既有贩卖毒品的经历,也有吸毒的经历。其中 6 名女性来自一项关于女性犯罪者的研究项目;另外 6 名则来自一项关于吸毒者及其毒品使用经历的研究项目。

这 12 名参与者的平均年龄为 38.8 岁(22~54 岁)。在受教育程度方面,只有 1 名参与者接受过大学教育,3 名参与者上过高中,7 名参与者接受过中学教育,1 名参与者在小学毕业后便停止接受教育。3 名女性单身(未婚),5 名离异,其余女性已婚(包括同居)。7 名参与者有一个孩子,1 名参与者有两个孩子,其余的则都没有小孩。在使用毒品经历方面,5 名参与者汇报她们主要使用海洛因,2 名主要使用冰毒,另外 5 名则使用过多种毒品。她们销售的毒品大多与她们所使用的毒品种类相同。9 名参与者曾因贩卖毒品有过入狱史,其余参与者既没有因贩卖毒品而被捕也没有被判刑。在被监禁或参加强制隔离戒毒之前,有 4 名参与者处于失业状态,6 名为个体经营者,其余 2 名则拥有兼职工作。

3. 数据收集与分析

本研究以半结构式访谈的形式收集数据。半结构式访谈既有预先依据研究目标确定的问题,也同时允许参与者有足够的空间陈述自己的经历以及表达自己的观点(陈向明,2000;Flick,2014)。在本研究中,这些预先确定的问题主要包括参与者的毒品使用和毒品贩卖经验,她们在毒品贩卖中所使用的策略,以及她们如何看待自己的毒品贩卖行为。在访谈中,参与者被鼓励根据但不限于上述访谈问题,分享贯穿其生命历程的毒品贩卖故事。这种方法可使研究者更深入地了解这些参与者的体验、思考和感受(Gillham, 2000)。所有访谈都是面对面进行的,时长约为 60～90 分钟,访谈地点均为无矫正和治疗机构工作人员在场的单独房间。其中 6 个在强制隔离戒毒所进行的访谈使用了录音设备,另外 6 个在监狱进行的访谈则没有。对于 6 个没有录音的访谈,研究者在访谈过程中使用纸笔进行速记,访谈后则在第一时间进行转录,以尽量减少记忆丧失而带来的信息缺失或信息错误(Liu et al., 2020a)。

数据收集完成后,研究者根据主题分析指导原则(Braun & Clarke, 2006)对访谈记录进行了分析。分析从熟悉数据开始(Braun & Clarke, 2006)。在这一过程中,访谈记录被逐行仔细地反复阅读,并根据研究目标生成若干个初始编码(Chui, 2016)。这些初始编码包括"生活压力""不是真正的毒贩""帮朋友的忙""使用男友的营销网络"以及"商业伙伴"等。初始编码后,数据便能够按照编码进行分类并开始探索和形成主题(Liu & Chui, 2020)。之后,就进入对所有候选主题进行讨论、审查和修订的阶段,以对访谈记录进行更为深入的解释,并最终形成完整的故事(Liu & Chui, 2020)。在这之后,研究者进一步定义并命名了所有主题,以清晰地表达参与者的经验和观点。最后,经过分析和整理,通过编码将 12 名参与者的贩毒故事整理成特定的主题,并以最好的架构描述中国毒品经济中女毒贩的经历。

此外,研究者还采取了一些必要的措施来确保参与者的身份信息不被泄露。首先,在访谈时,参与者即被告知,她们的身份和个人资料将始终处于保密状态,同时,访谈记录也不会被除了研究者之外的其他人员查看,且不会以任何形式发布给任何机构或公众。因此,本研究最后呈现的关于参与者的描述和访谈记录引用中所出现的参与者名字均为化名。访谈时,也只有访谈者和参与者在场,目的是创造一个令参与者感到舒适的环境,同时也减轻参与者可能对未来受到任何惩罚的担忧。

定性研究的信度主要通过详细的现场记录、团队收集数据以及收集参与者的反馈三种方式来实现(Schloss & Smith, 1999, p. 93)。虽然两个项目在收集数据时都严格遵循了第一和第二种方法,但由于监狱和强制隔离戒毒所的限制,第三种方法无法实现。作为弥补,研究者与监管机构的工作人员进行的非正式的探讨有助于研究者对所收集数据的可靠性做出初步判断。为了确保参与者的匿名性并保护其隐私,研究者在与机构工作人员进行讨论时基本只涉及女毒贩的一般性特征(如这些女性平均每月可从毒品贩卖中赚取多少钱,她们在毒品使用上一般会花费多少,她们的受教育水平和社会经济背景大致如何,等等),而不会提及她们的身份或具有明确指向性的个人经历。

确保本研究效度的一个关键点在于参与者表达其自身观点和感受的可信程度。为了避免可能出现的诚实问题(O'Reilly, 2005),两个项目在数据收集时都做了如下两项工作:(1)内部三角测量,即通过围绕某一话题提出不同问题的方法,以从同一个参与者那里获得相同或类似的回答;(2)外部三角测量,即比较不同参与者之间叙述的相似性(Liu, 2011; O'Reilly, 2005)。其实,在访谈中,研究者并不能通过任何策略保证参与者的陈述是绝对真实的。然而,本研究的目的主要在于揭示这些女性如何看待和理解她们在毒品经济中的角色。这种研究的主观性定位意味着,研究者无法也不需要对个人感受和解释的真假程度做出绝对的判断。如果参与者的描述没有明显的理由被认为是编造的,那么她的整个叙述就被认为是可相信的。

四、研究发现

本研究将会从三个方面呈现有吸毒经历的女毒贩的故事。首先,她们进入毒品经济开始参与毒品贩卖的经历将被完整地呈现,同时她们的毒品使用与贩毒行为之间的关系也将得到展现。其次,女毒贩在毒品经济中所扮演的性别角色及其对男性伙伴的看法将被重点关注并在毒品经济结构的框架下得以分析。最后,将对女毒贩的能动性予以特别探讨。基于此,本研究将更加细致地描绘毒品经济中的性别关系,从而得以了解在男性主导的毒品经济中,女毒贩如何利用其性别特点来实施贩毒活动。

1. 谋生与维持毒品使用

12 名参与者中有 11 人表示,她们的贩毒行为开始于她们对毒品的依赖逐渐增加之时。大多数参与者(12 人中有 8 人)承认,她们是在"以贩养吸",用贩毒赚来的钱支持自己的毒品消费开支。当然,并不是所有的参与者最开始吸毒时就经济困难,不过,吸毒成瘾却会极快速消耗她们的财富,从而令她们陷入贫困的境地。繁分享了她的贩毒故事:

> 我从 1990 年开始使用海洛因。我当年的收入足可以轻松地支付海洛因的费用,因为我成功经营着一家汽车零部件公司。我当时完全没有意识到我会如此沉迷于海洛因,以至于我无法继续经营我的生意。为了支持我的毒品开支,我开始贩毒。

贩毒不是劳动密集型或高技能的工作,因此与其他类型的工作相比其更容易成为吸毒女性在缺钱或没钱买毒品时的"首选"工作。琳在吸毒之前是一位成功的女商人。20 世纪 90 年代初,她经营着茶壶的生意并在很短时间内就赚取了大量的财富。当她的茶壶生意兴隆时,海洛因的价格对她来说"只是一笔很小的开销"。然而,随着对海洛因依赖的逐渐加深,她失去了经营企业的能力。同时,海洛因的花销又是巨大的,作为20世纪90年代末的一名海洛因成瘾者,她每天吸毒的花费几乎相当于当时中国普通公民三到四个月的收入。琳认为自己"既没有工作技能,也没有受过良好的教育",因此,在她看来,贩毒是她唯一能赚到"足够"的钱的办法。

除了琳之外,也有其他参与者强调,尽管贩毒充满危险性,但它是"一种简单而体面的赚钱方式"(佳)。梅自认为是一个"喜欢轻松""讨厌劳累工作"的人,她认为"贩毒是一个好选择",因为它"利润高""不需要技巧"且"很容易上手"。梅还提到,她在进行毒品交易时会以一种商业化的身份行事,就像她一直渴望成为的"白领"一样。同时,由于她的周围都是吸毒者,梅也认为贩毒是个"理想的选择",因为"从不缺少顾客"。

参与者因大量使用毒品而大多有类似的陷入经济困境的经历,并最终开始贩毒以维持自己的毒品消费。她们认为自己缺乏专业技能或学历,并将贩毒描述为一种简单的谋生方式:高利润、简单易操作、拥有源源不断的客户。用她们自己的话说,"除了贩毒,别无选择"(华)。进一步分析之后可以发现,参与者们基本都有糟糕的生活境遇以及破碎的家庭:1名参与者是孤儿,3名参与者来自父母离异的家庭,2名参与者的丈夫被监禁,1名参与者患有艾滋病,其余参与者基本上都出生于社会经济背景较差的家庭。因此,这些女毒贩的故事也在一定程度上揭示了她们进入毒品经济并开始贩毒的社会结构性原因,同时这些原因也可能在其维持毒品贩卖行为方面发挥了类似的作用。

2. 女性在毒品经济中的角色

12名参与者中有7人坚决否认自己是"毒贩"。相反,她们更喜欢用"帮朋友的忙"来形容自己的贩毒行为。例如，繁介绍了她的经验和观点：

  我不认为我是个真正的毒贩。你知道，一个真正的毒贩通常都能赚很多钱。我并不靠这个事情赚钱。我只是偶尔在有限的朋友圈里卖卖货（指毒品）。我的收入仅够我自己的吸毒开支。

在繁看来，"毒贩"指的是出售大量毒品并获得高额利润的那些"真正的毒贩"。而大多数本研究的参与者则只会在很小范围内向少数吸毒者出售少量毒品。因此，在描绘自己的角色时，繁认为，她"偶尔"贩卖毒品的行为是使其能够与毒友保持密切联系的一种方式。"我觉得我的朋友需要我，"她说，"因为我可以给她们想要的东西。"另有5位参与者也分享了类似的观点。在表达贩毒在其社交生活中的重要意义时，婷说：

  我有不少一块儿吸毒的朋友，我们经常聚在一起。我有时候会给她们带毒品，这就像是给她们帮了一个忙。我觉得我需要这么做，因为她们也会帮我的忙。所以我不认为这就是贩毒，我只是帮朋友，而且是为了我们自己使用，不是靠这个事情来赚钱。

在婷的描述中，她认为给朋友买一杯咖啡和给她们带一点冰毒并没有什么本质的区别，因为这两种行为都是"为朋友好"的一种方式，都能够让她感觉"轻松和舒适"。本研究的参与者们试图为朋友和自己的毒品使用找到"稳定且负担得起的货源"（媛），而这又和她们与朋友间的友谊深度捆绑，让她们觉得自己是融入群体之中的。因此，相比较赚取利润，社会性因素的考量可能是参与者实施贩毒行为的最主要动机。

最后，参与者拒绝被称为"毒贩"的另一个原因在于，在她们的刻板印象中，"贩毒"是仅属于男性的身份，而非女性。换言之，"毒贩"一词并不能够反映女性在毒品经济中的角色。畅对此表达了自己的看法，她认为"贩毒"的概念更多是与"盈利"或"大规模经营"相联系，而这等同于"男性支配的工作"。这样的叙述表明，毒品经济可能是高度性别化的：男性控制着大量的金钱和毒品供应，而女性通常只能在相对有限的范围内维持毒品销售以及发展客户。

3. 在男性主导的毒品经济中的"做性别"实践

中国的贩毒行业基本上是被男性支配的。本研究参与者的叙述证实，她们保持和男性同伴的亲密关系意味着能够参与毒品贩卖的活动。这些她们所依附的男性被认为是毒品的提供者、客户的来源以及参与者社交圈的中心。对一些参与者来说，依附于男性同伴是她们生存的唯一途径。

> 我和我男朋友从17岁起就在一起了。我们都吸海洛因。没有那么多的钱，我们只能去贩毒。毒品供应商和客户都是我男朋友圈子里的人。我们不信任任何圈外人。我自己又没有资源，只能和男朋友一起做。（佳）

另一位参与者婷则认为，自己甚至算不上是男友的商业伙伴，因为她的贩毒活动基本上完全是依附在男友的"社交网络"之上的；她并没有成为一个独立的卖家，能够赚取足够的利润并拥有自己的独立毒品供应来源。总共有一半的参与者（12人中的6人）强调说，她们需要依靠男性来实现自己的贩毒活动。在她们的故事中，这些男性被描述为男朋友或性伴侣。三名自称曾为男友的贩毒"事业"当过"骡子"的参与者表达了她们有被伴侣操纵或胁迫的感觉。

> 我非常信任他（指男朋友）。我认为（运送毒品）没有问题。我男朋友说他把一切都安排好了，我只需要把包裹带给他的朋友就行了。我没有意识到我会被警察抓住。我太愚蠢了。（念）

另一位参与者，雪，则回忆道，当她的男朋友要求她运送毒品时，她"没想太多"，这种表达在其他参与者的故事中也有所体现。正如群指出的那样，在运送毒品时，她们的女性身份使得她们同男性相比更不容易引发警察的注意，因而常被她们的男朋友当作运输毒品的"最佳人选"。

虽然有些女性被迫参与她们的男性伴侣的贩毒活动，但也有些女性是主动选择利用她们的身体作为资本在毒品经济中向"上"发展。例如，在梅决定进入毒品经济后，她意识到很难依靠自己的力量独立完成这项工作。

> 我意识到我需要大量的资金来进货，而这不像在超市买东西那么简单。我必须进入真正的毒贩圈子。在朋友的介绍下，我认识了豹，他在这一行中是个很有权势的人。一开始，我只是在贩毒的时候向他求助，但同时我也知道我不得不依靠他，因为只有这样才能把生意顺利做成。后来，我们越走越近，最后，他成了我的男朋友。

梅并不想当一头运输毒品的"骡子"，而是想在毒品经济中取得成功并"爬上一个更高的台阶"。由于认识到"毒品交易是很危险的"并且贩毒资源主要由男性控制，梅认为"依附于一个富有、成功且有权势的真正的毒贩"是开创自己贩毒事业的"明智"选择，而随后到来的亲密关系使这种联系更加牢固。

五、讨论和结论

本研究主要考察了同为吸毒者的中国女毒贩的毒品贩卖经历。本研究的大多数参与者在贩毒前已经是毒品使用者了;因此,她们从事贩毒活动主要是为了维持自身的毒品使用。利用自己的女性特点,这些女性往往建立和维持着与其他毒友的亲密伙伴关系,并基于此获得具有稳定客户的社会网络。在这个男性主导的行业中,女毒贩通常会选择与男性伙伴保持亲密关系。她们要么被动地扮演自己的角色,被男性胁迫来运送毒品;要么主动利用自己的女性特质来加强与男性毒贩的关系,从而谋求在毒品经济中的向"上"发展。一方面,她们需要依靠贩毒来维持自己的毒品使用;另一方面,由于自身社会经济背景不佳,贩毒又成为她们谋生的唯一途径。

在本研究中,女性参与贩毒活动以支持她们自己的吸毒行为。可见,这些女性的毒品使用生涯(Coombs, 1981)和犯罪生涯(DeLisi & Piquero, 2011)是交织在一起的。这一发现在许多方面与前人的研究相一致。已有研究证实,吸毒者和贩毒者之间有非常明显的重叠现象(Kerr et al., 2008; Semple et al., 2011)。例如,使用海洛因和快克可卡因的人被发现参与小规模的毒品销售,"目的是维持自己的毒品使用",这使得她们的贩毒行为区别于那些有商业动机的毒品销售商(Moyle & Coomber, 2015, p. 534)。

女性主义理论将贩毒视为一个男性主导的行业,中国的女毒贩在毒品经济中大多扮演从属角色,并依附于男性。她们在生意上所依赖的男性通常从事较大规模的毒品运输和销售。本研究的参与者更多扮演的是一个活跃于吸毒者圈子中的内部人的角色,而不仅仅是一个毒贩。这些女性处于毒品经济的"底层",在很小范围的吸毒者圈子内出售少量毒品,却是毒品消费者的实际维护者,且在销售毒品的过程中运用了其女性的性别特质,如交流技巧和亲属关系资源(Maher & Hudson, 2007)。通过赋予她们的毒品销售行为以社会意义(Bright & Sutherland, 2017),参与者重新将自己的角色定义为"帮助朋友者",并基于此解释了她们拒绝承认自己是"毒品贩子"的原因。来自美国(Taylor & Potter, 2013)和英国(Jacinto et al., 2008)的研究也有着类似的发现。本研究中的女性参与者强调,她们仅在有限规模的毒友圈中做少量毒品交易,而这一行为是"非商业性的"(Hough et al., 2003)。

本研究也展示了女毒贩的能动性。在某些情况下,女毒贩会被迫利用自己的女性特征和行为来掩盖其贩毒活动。她们最初选择"施以援手"可能是出于爱,也可能是为了维持与男性的亲密关系;同时,尤其是对于那些已经有着较强毒品依赖的女性来说,她们也需要维持这种与男性毒贩的连接以确保自己能够继续留在毒品经济之中,并支持自己的毒品使用。本研究也留意到,一些女性会利用自己的身体有意与从事毒品销售的男性建立浪漫关系,与他们的社交圈保持接触,获得稳定的毒品供应并受到他们的保护。这种行为在女毒贩中是很常见的,她们往往选择参与到男友的贩毒业务之中,成为他们的商业伙伴,并最终能够独立开展贩毒业务(Denton, 2001)。这种行为,无论是基于胁迫还是主观意图,都可被视为一种"做性别"的尝试(West & Zimmerman, 1987)。

当从更广泛的意义上审视这些参与者的行为时,进入毒品经济并在其中承担"低端"角色可以被看作一种"实践理性"(Bourdieu, 1990)而非一种有意识的行动(Grundetjern & Sandberg, 2012)。仔细审视参与者的社会经济背景就可以发现,她们都有着社会结构化的脆弱性特征:女性、家庭破裂、失业、缺乏大学学历或专业技能,以及生活在"吸毒者"的标签之下。首先,在中国劳动力市场上存在着性别不平等以及女性处于从属地位的现象。许多职业仍然被认为是限制女性进入或降低女性工资收入的"男性"工作(Qin et al.，2016)。其次,有毒品使用经历的女毒贩作为一个群体,面临着其他社会中观察到的"额外污名化"的状况:她们未能"实现传统的性别角色期待,成为所谓的'好'女人,特别是好母亲"(Grundetjern，2015，p. 253)。因此,这些女性在合法劳动力市场上的选择是十分有限的。同时,正如米勒(Miller，1986)所指出的,社会经济背景较低的女性即使在毒品销售领域也几乎没有选择,她们依附于男性并扮演着低端角色。因此,成为毒品"零售商"(Taylor & Potter，2013，p. 394)是参与者在因毒品成瘾而导致财富耗尽时生存下来的唯一选择。

　　本研究的不足主要表现在两个方面。首先,本研究的 12 名参与者来自两个研究项目,而这两个研究项目都不是以研究贩毒为宗旨的,其中一个是关于吸毒者的吸毒经历的,而另一个则主要关注女性犯罪者。这也就是说,数据收集时询问的关于毒品贩卖的问题可能并没有完全涵盖女性使用和贩卖毒品的所有重要主题。其次,在监狱中进行的 6 个访谈没有使用录音设备。与有录音设备辅助的访谈相比,手工记录不仅会降低收集信息的准确性,更重要的是,可能会影响研究者在参与者叙述时的即时反应。这些研究不足使研究者注意到对这一群体进行研究时的困难,在中国接触到这些女性确实并非易事。

　　尽管存在一些局限性,本研究基于一个小样本对相关领域进行了前沿性探索式研究,因此其依然有着显著的学术贡献。作为对中国社会背景下针对有毒品使用经历的女毒贩的开创性研究,本研究对这一女性群体的生活提供了不同寻常的见解,并为国内外其他物质滥用及犯罪领域的研究者提供了宝贵的实证数据。

第四编

戒瘾政策、措施与实践

　　本编重点议题为戒瘾政策、措施与实践。第一篇和第二篇文章均与戒瘾政策和措施相关,其中,第一篇文章基于"监管金字塔"的框架对戒毒监管实践展开研究,第二篇文章则主要探讨了针对吸毒犯罪者的矫治政策。第三篇与第四篇文章专注于社会工作戒瘾服务与实践,其中第三篇文章主要聚焦社区戒毒项目中的服务挑战,而第四篇文章有关帮助药物成瘾者实现自我转变的具体技术运用。

第一篇文章探讨了一个很少有研究者关注的话题——从受监管者（即吸毒者）的角度考察中国戒毒治疗的监管结构。基于对36名在强制隔离戒毒所接受戒毒治疗的吸毒者的访谈，该研究旨在了解他们对整个治疗制度的经历和体验。研究分析和探讨了他们对监管机构采取的多种手段和策略的看法，研究结果在西方背景下发展起来的"监管金字塔"的框架下呈现和讨论。监管金字塔提倡最大限度地利用恢复性司法，而最小限度地实施威慑。研究参与者的看法表明，中国目前以国家为中心的戒毒监管实践缺乏恢复性司法的基础和监管威慑，导致金字塔监管下的层层升级不可避免。基于此，本研究提供了与加强中国当前监管环境下受监管者的遵从性相关的理论和实践建议。

第二篇文章为针对吸毒犯罪者矫治政策的探讨。在中国，吸毒不仅被认为与犯罪行为相关，其本身也被视为一种越轨行为。根据所犯罪行的严重程度，吸毒的犯罪者既可能被判处刑事处罚，也可能被要求参加机构式强制戒毒治疗。机构式强制戒毒治疗在很多方面与监禁非常相似。然而，机构式强制戒毒治疗和监禁都无法防止吸毒者走上复吸的道路。中国目前已经实施美沙酮维持治疗和非医疗性质的社会工作干预，但是它们仍然处于起步阶段。因此，应在帮助吸毒的犯罪者康复和回归社会计划方面付出更大努力，从而可以让这一群体在完成强制戒毒治疗或刑满后继续保持远离毒品和犯罪的生活状态。

第三篇文章探讨了在中国社区强制戒毒项目中，咨询师（社会工作者）用以应对案主（吸毒者）阻抗行为的常用策略。基于对16位咨询师的半结构式访谈，研究发现，咨询师经历过多种形式的被动和主动的案主阻抗行为。为了应对这些阻抗行为，咨询师主要选择使用五种典型策略：尊重、关心和表达同理心；关注案主的需求；有效利用同伴影响；转变案主抗拒改变自身行为的状态；有策略的增强案主的自主性。鉴于这些策略也可被视为社会工作领域服务非自愿案主的一般原则，它们也可被广泛应用于其他社会工作领域，因此本研究的发现也具有了更广泛的影响。

　　第四篇文章重点介绍了动机式访谈法这一在社会工作领域常用的帮助药物成瘾者康复的技术。随着药物滥用问题的严重,药物滥用的治疗与康复越来越成为一个专业化领域。医务工作者们往往致力于对抗患者对药物的生理依赖性,而将解决心理依赖性的问题留给了社会工作者。在众多药物成瘾戒断社会工作项目中,动机式访谈法可说是较为基本且被认为行之有效的操作技巧。其秉承"个体具有改变自己的内部资源与动力"的理念,以治疗对象为中心,以自己独特的五项原则和五种技术为核心,达到帮助成瘾者树立自我改变的信心,并最终实现治疗的预期目标。鉴于动机式访谈法是一项操作性很强的社会工作实践技巧,故而对其的学习如能采用教学与实践相结合的方式,将达到较为良好的效果。

遵从与否？监管金字塔下的吸毒者

一、研究背景

随着经济繁荣,中国已逐渐从毒品过境国转变为毒品消费国之一(Liang et al.,2013;Liu & Hsiao,2018)。尽管官方数据显示,过去5年中国的吸毒者人数持续下降,但中国社会仍对此表示担忧(国家禁毒委员会,2022)。鉴于吸毒已经成为一个广泛的公共健康问题,应对这一问题便成为中国政府的首要任务之一。

在中国,吸毒被视为一种严重的违法行为,并可能因此受到包括拘留在内的行政制裁(Biddulph & Xie,2011;Trevaskes,2013)。对吸毒行为的监管涉及政策实施以及社会对吸毒者的监管。依据与毒品使用相关的法律框架,已有研究主要集中于吸毒者接受机构式戒毒治疗的经历(Cheng & Lap-to,2021;Liu & Hsiao,2018;Liu et al.,2016),仅有少量研究关注社区戒毒治疗中的正式或非正式控制(Dai & Gao,2014;Liu et al.,2020b;Yuan,

2019)。这些研究共同突显了戒毒治疗制度运行的复杂性。

现有研究极少从受监管者(即吸毒者)的角度来考察中国戒毒治疗制度的监管领域,包括社区戒毒治疗的实施和有效性,以及在当前监管框架内从社区戒毒到机构式戒毒的过渡。因此,本研究旨在弥补这一不足。具体而言,本研究借鉴了回应性监管理论,尤其是"监管金字塔"(Ayres & Braithwaite, 1992; Braithwaite, 2002),旨在探索(1)吸毒者在被抓获并送去强制戒毒治疗时如何看待他们的吸毒行为,以及(2)他们如何看待监管机构为实现控制毒品使用的目标而采取的多种手段和策略。

二、回应性监管理论再探

在各种被提出、验证或修改的监管理论中,回应性监管理论依旧被热议。其基本理念是监管应对被监管者、行业背景以及环境作出回应。最初这一理论是针对商业监管领域提出的,后来也适用于对"犯罪、和平构建以及广泛的其他私人和公共治理领域的应用"(Braithwaite, 2011, p. 476)。这一理论的核心是"监管金字塔"(Braithwaite, 2002),它提出的监管方法是:首先以对话为基础,当对话失效时,便可转向更具有惩罚性的方法。因此,恢复性司法实践作为基础应最大限度地发挥作用;只有当对话和说服失效时,才需要升级到惩罚性干预。

布莱斯维特(Braithwaite, 2002)提出了几个解释。首先,个人(以及布莱斯维特所指的大多数组织)可以通过将其行为导向守法并满足社会期望来规范自己的行为,也即自我规范。其次,惩罚始终作为一种威慑存在于背景之中。当惩罚移到前台时,它会引起个人的反抗,并可能随之引发不遵从行为的发生,以及恶性循环。然而,值得注意的是,当违法者不改变他们的行为时,强制性惩罚升级则必须表现出不可动摇性,因为对规范的不可动摇的信念是"回应性监管的根本来源"(p.34)。

布莱斯维特(Braithwaite,2018)在其关于最低限度威慑的建议中进一步阐述了强制性惩罚升级的问题。他断言,与达摩克利斯之剑不同,最低限度威慑表明,制裁的威慑会阻止人们违反规则,它并不实际"咬人",而是一种"咬人"的保证,用以诱导受监管行为者遵守规定。他认为,最严厉的制裁应该保留到较轻的应对和更强的社会支持被尝试且失败之后,从而基于此阐明了升级的理论基础和技术手段。

在这种监管金字塔的论述受到了质疑、测试或验证之时,研究者们提出了一些相关的问题。首先,由于监管金字塔大多是在公司或组织背景下进行测试的,认为其所倡导的策略对普通犯罪分子也一样有效可能过于简单化了(Daly,2003)。其次,"何时以及谁决定从说服升级到更严厉的惩罚"的"难题"仍然是一个谜(Braithwaite,2002;Daly,2003)。再次,实施问题仍未得到解决,例如"监管空间"问题以及可以操纵这种模式以支持既得利益的权力关系议题(Sanders,2003)。就像是在商业领域中,公司管理层坐下来与受害者进行对话是可取的,但这种"恢复性"的画面通常忽略了这样一个事实,即公司利益在规则制定过程中以及在违规后的监管对话中仍然占主导地位(Yeager,2004)。

然而,已有研究证实了人们对测试假设很感兴趣,如"应对性的监管执法应能引导被监管者在未来采取更合作和更顺从的态度"(Nielsen & Parker,2009,p.317)。对以牙还牙的回应性监管和恢复性司法的回应性监管是完全不同的。在前一种情况下,监管工作人员个人在每次互动中都会观察被监管者的行为和态度,并将其与合作或一定程度的形式主义和明确的胁迫威慑相匹配,然后再向金字塔顶端发展。然而,在恢复性司法的回应性监管中,监管工作人员个人必须首先采取积极行动,而不是明确以强制手段威胁被监管者,而被监管者则应认可法律制度具有一定的威慑性。

尽管回应性监管及其著名的监管金字塔模型已在商业监管中得到广泛检验(Nielsen & Parker,2009),一般违法行为或其他执法领域等背景与监管金字塔的相关性依然是未经证实的空谈。遗憾的是,作为一种重要的理论创新,它还没有获得足够的相关证据,无论是支持还是反对。

与最初提出和研究监管金字塔的西方背景不同,中国的社会政治制度为研究监管问题提供了独特的机会。中国在社会治理方面的卓越表现吸引了全球学者的关注。本研究在评估金字塔恢复性司法基础的适用范围的同时,还关注强制惩罚的升级,特别是被监管者在何种情况下会经历强制惩罚升级。此外,本研究还将监管理论对公司犯罪的关注扩展到毒品政策领域,具体而言,即毒品使用者所体验的戒毒治疗制度是否以及如何确保他们能够遵从规则。因此,本研究将有助于理解中国毒品政策领域的监管问题。

三、中国戒毒政策与实践

几十年来,中国在管制毒品成瘾及依赖方面一直采用社会管理模式,具体表现为地方警察对吸毒者进行登记,对毒品成瘾者进行行政拘留,以及定期开展打击毒品犯罪的运动(Bull & Zhou,2017)。2008 年《禁毒法》的颁布标志着对毒品使用的监管发生了变化,从将吸毒者与犯罪者相近对待向着扩大自愿和非监禁戒毒方案的使用范围转变(刘志民,2013;Yang et al.,2014)。这种转变无疑是接受了吸毒者是弱势群体这样一种理念,且认可了他们需要帮助以克服其对毒品的依赖。因此,尽管根据中国的《治安管理处罚法》,吸毒仍将受到处罚(即罚款和短期行政拘留),但中国 2008 年的《禁毒法》和随后 2011 年的国务院《戒毒条例》提供了一系列可用于解决吸毒和毒品依赖问题的措施。在这些措施中,社区戒毒和机构式戒毒被认为是促进吸毒者康复的非机构化和机构化戒毒选择。

社区戒毒治疗由吸毒者所在地社区负责管理,治疗计划则由一个专业团队执行,包括一个全面的计划和措施以帮助吸毒者实现戒毒的目标(Yuan,2019)。治疗方案通常包括涉及多个主题的教育活动(如与戒毒有关的知识、心理健康培训、人生观和价值观教育等);涉及职业技能培训和求职建议的职业培训;以及在求学、医疗和其他生活和社会方面的援助(Liu et al.,2020b)。

此外,在接受社区戒毒治疗时,吸毒者应遵守相关要求,包括按照当地警方的要求定期进行尿检,如果需要离开住所超过三天需提前向当地社区报告(2011年《戒毒条例》第19条)。如果三次逃避或拒绝尿检,或三次离开住所或离开住所超过30天而不报告,将被视为违反规定(2011年《戒毒条例》第20条)。对于违反规定的吸毒者,戒毒管理人员将对其进行批评,并对其进行专门的教育,以使其能够更加自律。对于拒绝接受治疗或在社区戒毒期间继续吸毒者,戒毒管理人员则需要向当地警方报告(2008年《禁毒法》第35条和2011年《戒毒条例》第21条)。这些行为通常会导致吸毒者被送往强制隔离戒毒所接受机构式戒毒治疗。

随着中国认识到吸毒是一个长期而复杂的问题和易复发的行为(Aklin et al.,2014;Liu et al.,2018),社区戒毒治疗作为机构式戒毒治疗的重要替代和补充方案已受到广泛支持(Xiao et al.,2015)。此外,吸毒者亟须在相当长的一段时间内进行适当和持续的治疗,以帮助个人实现戒毒目标并避免复吸(浙江省戒毒管理局课题组,2014;Liu & Hsiao,2018)。通过这种方式,社区戒毒治疗旨在最大限度地减少社会危害,增加吸毒者的福利,因为它可以为社区中的吸毒者提供持续的治疗和支持。

根据2008年《禁毒法》,机构式治疗适用于那些成瘾程度较高或在社区戒毒治疗中戒毒失败的人员。有别于非机构式的社区戒毒治疗，机构式治疗是在专门的戒毒治疗机构中进行的为期两年的机构式封闭治疗，这些治疗机构"旨在为所有类型的吸毒者提供服务，而不区别特定的毒品使用类型、年龄、性别或吸毒时间"(Liu & Xiao, 2018, p. 4223)。除了医疗治疗之外，吸毒者在戒毒机构中还会接受职业培训和参加教育活动。

对中国戒毒政策和实践的总结表明，它可能与监管金字塔模型相一致。吸毒者最初被警察抓获会被处以罚款或最多 15 天的行政拘留。在下一阶段，警方可以强制要求其参加社区戒毒治疗项目，这意味着吸毒者在 3 年社区戒毒治疗期间的表现将受到监督和监测。当这些尝试失败后，监管措施将升级到最高水平，也即在强制隔离戒毒所中进行机构式戒毒治疗。本研究将中国实践与监管金字塔模型相联系，希望在丰富对实践的理解的同时激发对理论的讨论。

四、研究方法

为了探索吸毒者对戒毒治疗的体验和态度，本研究采用了定性研究方法，因为它允许研究人员通过深入访谈收集详细数据，并有助于了解参与者的想法和感受(Padgett, 2016)。

1. 参与者与遴选程序

本研究的参与者是 2013 年至 2016 年期间从位于中国东部某省的几家强制隔离戒毒所中有目的地招募的正在经历机构式戒毒治疗的吸毒者，他们均来自一个关于吸毒者及其毒品使用经历的较大规模的研究项目的多轮调查工作。换言之，本研究的参与者都曾经历过社区戒毒治疗，但均未能实现成功戒毒。

参与者招募过程基于最大差异标准(Miles & Huberman, 1994)，在自愿的基础上,经由戒毒所的管理者推荐而来。被推荐的吸毒者在被告知访谈目的后,有权自由选择是否参与。最终,36名具有不同社会经济和人口背景的吸毒者(19名女性和17名男性)分享了他们在社区戒毒治疗和机构戒毒治疗中的经历和态度。这些人构成了本研究的样本,他们都签署了知情同意书。

36名吸毒者的平均年龄为31.3岁,年龄范围为17～50岁。半数参与者仅受过初中或初中以下教育,只有4人(2女2男)有大学教育经历。关于婚姻状况,大多数参与者(36人中的27人)表示他们是单身(包括丧偶或离婚)。有6名参与者有过多次被送入强制隔离戒毒所进行戒毒治疗的经历,2名参与者曾被判入狱。大约一半的参与者(36人中的17人)在进入强制隔离戒毒所之前有合法的工作,7人报告说他们为帮派工作或从事性产业,5人为自雇者或经营小生意,其余的人则没有工作。此外,25名参与者是冰毒使用者,9人自称是多种毒品使用者,其中大多数人使用冰毒、海洛因以及其他合成类药物,只有1名男性和1名女性报告说他们只使用海洛因。

2. 数据收集和分析

本研究通过半结构式的一对一访谈收集了吸毒者的吸毒经历和对戒毒治疗的看法(Flick,2014)。在反映研究目标的开放式问题的引导下,研究者鼓励参与者分享自己的故事,并在访谈中表达他们的个性化观点。访谈均使用普通话作为交流语言。所有访谈都进行了录音,持续时间为60～90分钟。

本研究采用了一种常用的定性分析方法——主题分析法(Braun & Clarke,2006),从36名吸毒者的访谈记录中确定主题。分析工作从逐行仔细阅读访谈记录开始,并通过这个过程确定了多个初始编码。这些初始编码包括"没有帮助戒毒的服务""只有尿检""不想接受治疗"以及"小心避免被警察逮捕"等。通过这些初始编码，研究者确定了不同的候选主题和亚主题。在审查和提炼候选主题和亚主题后，最终得到了四个主要主题（即"行政拘留的广泛使用""社区戒毒治疗无法实现成功戒毒""定期和不定期的尿检"以及"强制性机构式戒毒治疗"）。通过这一主题分析过程，吸毒者的戒毒治疗经历和态度最终被组织和整理成一个简洁而全面的故事。为了确保其保密性，本研究使用了化名代替参与者的真实姓名，参与者的私人信息在数据收集和分析过程中均没有被泄露。

五、研究发现

从主题分析中获得的结果很大程度上揭示了从社区戒毒到机构式戒毒的过渡背后的鲜为人知的故事。作为金字塔基础的社区戒毒治疗未能帮助吸毒者实现戒毒的目标，因此将监管的上一级——强制性机构式戒毒治疗置于了前台。然而，事实一再证明，金字塔顶端的更具惩罚性的措施并不能使吸毒者在很长一段时间内维持戒毒的状态。同时，尽管问题一直存在着，然而吸毒者在首次被警方抓获后遭遇行政拘留的情况也并不罕见。

1. 金字塔之下：行政拘留的广泛使用

如前所述，吸毒在中国社会被视为一种严重的越轨行为，因此可能会被警方行政拘留。一旦被警方抓获，吸毒者可能会被罚款并/或处以5～15天拘留。然而，当参与者被问及他们对行政拘留的看法时，他们大多回答"感觉无所谓，没什么特别的"（凯，男，48岁，6年冰毒使用史，被捕3次，第一次进强制隔离戒毒所），因为"一周或十天的拘留不是什么大事"（松，男，42岁，12年冰毒使用史，被捕2次，第一次进强制隔离戒毒所）。

> 我第一次（被警察抓住）是在几年前。我被处以拘留10天和罚款

2 000元人民币。在那 10 天里,我真的很后悔。但当我出来时,我觉得一切都过去了,我又可以回到我的(吸毒)生活中去了!(霞,女,21岁,1年冰毒使用史,被捕 3 次,第一次进强制隔离戒毒所)

拘留期满后,参与者通常会选择继续吸毒。以下便是一个典型案例:

我被拘留了 14 天。在我被释放的那天,我的朋友来接我,带我去参加一个"溜冰"(指使用冰毒)聚会。只是几天(拘留)而已,我没想过它会影响我的生活。(雪,女,17岁,1年冰毒使用史,被捕 2 次,第一次进强制隔离戒毒所)

本研究发现,警方的行政拘留很难对吸毒者的吸毒行为起到有效的威慑作用。在参与者的叙述中只有一件让他们担心的事情,那就是"害怕(被警察抓的)事情被父母知道"(惠,女,28 岁,8 年冰毒使用史,被捕 3 次,第二次进强制隔离戒毒所)。然而,即便有这样的担心,这些吸毒者还是选择了"千方百计隐瞒事实"(钟,男,28 岁,11 年冰毒使用史,被捕 2 次,第一次进强制隔离戒毒所),而不是寻求戒除毒瘾。

2. 金字塔塔基:社区戒毒治疗无法实现成功戒毒

本研究的参与者基本均无法通过社区戒毒治疗实现成功戒毒,因此他们不得不接受强制性机构式治疗。导致他们失败的因素有两个:(1)缺乏充分和专业的社区戒毒治疗服务;(2)戒毒治疗服务不足导致吸毒者缺乏戒毒意愿和戒毒准备。事实证明,社区戒毒治疗过程中使用的威慑方法是徒劳的。

(1) 缺乏充分和专业的社区戒毒治疗服务

几乎所有参与者在谈到参与社区戒毒治疗服务的经历时都提到了尿检。"在3年的社区戒毒治疗期间,我每个月都要去社区中心做尿检"(蓬,男,35岁,8年冰毒使用史,被捕3次,第一次进强制隔离戒毒所)。一些参与者甚至强调,"定期尿检是社区戒毒治疗的唯一内容"(钟,男,28岁,11年多种毒品使用史,被捕2次,第一次进强制隔离戒毒所)。

除了尿检外,一些参与者还提到"与社区警察的简单交谈"(丹,男,36岁,11年冰毒使用史,被捕3次,第一次进强制隔离戒毒所)作为社区戒毒治疗服务的一部分。例如,一位参与者说:

> 每次我去社区中心做尿检,那里的警官都会和我聊天。谈话有时与毒品知识有关,另外可能就是鼓励我改变吸毒的生活方式。(刚,男性,27岁,3年冰毒使用史,被捕2次,第一次进强制隔离戒毒所)

其他类型的社区戒毒治疗服务,包括医疗和非医疗服务,都相当有限。尤其是,很少有参与者提到美沙酮维持治疗,尽管它被认为是治疗海洛因成瘾最为有效的社区戒毒方法。其中一个原因是美沙酮维持治疗的可及性较低,因为并非每个社区都有美沙酮维持治疗诊所来帮助海洛因使用者康复。一位女性海洛因使用者分享说,如果她想接受美沙酮维持治疗,就"必须穿越整个城市"(勤,女,41岁,16年多种毒品使用史,被捕2次,第一次进强制隔离戒毒所)。

此外,几乎没有参与者了解帮助毒品成瘾者康复的专业社会工作服务。然而,当研究者介绍社会工作者可能提供的服务时,许多参与者都表现出了浓厚的兴趣,一位参与者说:

我想我非常需要你刚才提到的社会工作者的帮助。我从来没有想过会有这样的人存在。我相信如果有人能在我有困难或想找人倾诉的时候帮助我的话,我应该很快就能戒掉毒瘾。有时候我真的想从别人那里得到帮助,但我不知道该找谁。(苏,女,28 岁,4 年多种毒品使用史,被捕 2 次,第一次进强制隔离戒毒所)

与上述参与者的叙述类似,许多其他参与者的故事也强调了他们的生活中常常"需要一个可以倾诉的人"(洁,女,40 岁,20 年多种毒品使用史,被捕多次,3 次入狱,第一次进强制隔离戒毒所)。一位参与者解释了原因:

有时候我会遇到一些生活困难,我觉得靠我自己是无法解决的。在这种情况下,毒品就成了一种我用来缓解悲伤和暂时逃避问题的方法。我完全明白,吸毒对解决生活问题毫无用处。我也知道应该找人倾诉、找人指点迷津。这才是帮助我、让我远离毒品的最好办法。但是,哪里能有个这样的人呢?能够像朋友、老师、家人一样可以倾听我的故事并关注我的人,在哪里呢?(海,女,23 岁,4 年冰毒使用史,被捕 3 次,第二次进强制隔离戒毒所)

(2) 吸毒者缺乏戒毒意愿和戒毒准备

从调查中可以明显看出,吸毒者是需要接受社区戒毒治疗的;然而只有不到一半的吸毒者表现出通过戒毒治疗实现戒毒的意愿和准备。例如,一位参与者虽然承认"毒品把生活搞得一团糟"(伟,男,47 岁,25 年多种毒品使用史,被捕 8 次,第一次进强制隔离戒毒所),但他"从未想过要戒毒"。

同时,如上所述,本研究也发现有限的干预措施对激发吸毒者戒毒和保持不吸毒状态的意愿作用有限，也不能帮助吸毒者为改变吸毒的生活方式做好准备。因此，吸毒者普遍对戒毒治疗持消极态度。尽管社区戒毒治疗是强制的而非自愿的，但他们也并没有认真对待。一位男性参与者在回忆自己所参与的社区戒毒治疗经历时说："我从来没有接受过（社区戒毒）治疗，我从来不接电话，他们（即当地警察）几乎找不到我"（伟，男，47岁，25年多种毒品使用史，被捕8次，第一次进强制隔离戒毒所）。

由于没有戒毒的打算，这些吸毒者考虑的不是如何保持不吸毒的状态，而是如何在治疗期间继续使用毒品。为了达到这个目标，他们采取了一些策略来隐藏自己的吸毒行为，避免再次被抓。一名女性参与者分享了以下内容：

> 我知道社区的警官会打电话给我（让我去社区中心做尿检）。因此，我更换了电话号码，并搬到另一个城市去。然后他们（指警察）就找不到我了，他们只能联系我的父母，但我的父母也不知道我在哪里。我相信，只要我不回家，警察就不会把我怎么样。（萍，女，22岁，4年冰毒使用史，被捕2次，第一次进强制隔离戒毒所）

3. 威慑方法：定期和不定期的尿检

吸毒者在接受为期三年的社区戒毒治疗时，必须定期接受尿检，以确保他们在整个治疗过程中都保持不吸毒的状态。然而，如前所述，参与者们并没有试图维持不吸毒的状态，而是选择"在两次尿检之间使用毒品"（柏，男，38岁，15年冰毒使用史，被捕2次，第一次进强制隔离戒毒所），因为尿检通常以一个月为周期，而经过吸毒者的不断尝试，他们都知道"吸毒之后10~15天尿检就正常了"（蓬，男，35岁，8年冰毒使用史，被捕3次，第一次进强制隔离戒毒所)。

为了解决这个"掐着时间吸毒"的问题,一些地方社区会安排"额外的不定期尿检"以"抽查吸毒者是否在钻空子"(刚,男性,27岁,3年冰毒使用史,被捕2次,第一次进强制隔离戒毒所)。一位参与者分享了她的经历:

> 社区戒毒负责的警官非常精明。他们设置了许多随机检查,以抓住那些在定期尿检间隔期间吸毒的人,就像我这样的。有时他们会直接去吸毒者家里,这时候我们就很难躲藏。(芝,女,19岁,几年冰毒使用史,被捕3次,第一次进强制隔离戒毒所)

然而,即使有不定期的、频繁的抽查,参与者也还是抱有很强的"侥幸心理"(娜,女,48岁,17年多种毒品使用史,被捕2次,第一次进强制隔离戒毒所),相信即使他们在治疗过程中继续使用毒品,也不会被抓到。

> 我从未认真对待过社区戒毒(治疗)。事实上,我对继续使用毒品的负面后果一无所知。我没有料到自己会再次被抓,然后被送进戒毒所。我相信自己不会这么"倒霉"的,所以我还是继续吸毒。(舒,女,46岁,2年冰毒使用史,被捕2次,第一次进强制隔离戒毒所)

在这些吸毒者看来,因尿检不合格而被抓似乎是一个低概率事件。因此,在社区戒毒过程中定期和不定期的尿检无法有效遏制吸毒者的吸毒行为。

4. 惩罚性结局:强制性机构式戒毒治疗

当吸毒者无法通过社区戒毒治疗实现戒毒时,就会对其实施强制性机构式戒毒。从某种程度上说，它既是一种惩罚性更强的措施，也是一种支持性更强的措施，因为它要求吸毒者在监狱式的戒毒所里接受为期两年的包含多种戒毒治疗项目的强制隔离戒毒治疗。不过，从吸毒者的角度来看，他们仅仅看到了惩罚性的一面。因此，一些参与者表示，当他们意识到再次被抓将会被送进强制隔离戒毒所时，他们"十分害怕接受强制隔离戒毒（治疗）"（松，男，42岁，12年冰毒使用史，被捕2次，第一次进强制隔离戒毒所）。正如一位参与者所说：

> 当我被抓并被送去社区戒毒（治疗）时我还是非常害怕的。当然，这并不是因为社区戒毒本身（可怕），而是因为我知道，如果我再被抓到，就会被送到（强制隔离）戒毒所里（接受戒毒治疗）。我从朋友那里听说，那可不是什么令人愉快的经历！（强，男，27岁，8年冰毒使用史，被捕4次，第一次进强制隔离戒毒所）

对于那些正在接受或已经接受过强制隔离戒毒的人来说，"戒毒所里高度规范化的经历"也令他们"害怕再次被送进戒毒所"（钟，男，28岁，11年冰毒使用史，被捕2次，第一次进强制隔离戒毒所）。一位参与者说："这是我第一次进戒毒所（接受戒毒治疗），我希望这也是我的最后一次"（勤，女，41岁，16年多种毒品使用史，被捕2次，第一次进强制隔离戒毒所）。然而，同样，即使留下了这样的"阴影"，这些参与者仍然在思考如何"更谨慎地使用毒品"和"更加小心以避免再次被抓"（樟，男，27岁，4年冰毒使用史，被捕3次，第一次进强制隔离戒毒所），而不是想办法彻底戒除他们的毒瘾。

虽然强制性机构式戒毒治疗可以在两年的治疗过程中有效地帮助吸毒者实现戒毒的目标，但这并不意味着他们在戒毒治疗结束后能够长期保持不吸毒的状态。例如，一名参与者给出了他的看法：

> 如果你问我，当我重返社会生活时，会发生什么？我会告诉你，我可能会再走回老路（指再次吸毒）。我的朋友几乎都是吸毒者。我可以想象这样的场景：当我参加朋友聚会时，他们都在吸毒，我该如何控制自己呢？（华，男，34岁，10年冰毒使用史，被捕3次，第一次进强制隔离戒毒所）

根据参与者的叙述，即使在接受治疗期间，他们中的一些人仍然不会表现出强烈的戒除毒瘾的意愿，而另一些人则对重返社会过程中可能遇到的困难表示担忧，因为这些困难将可能促使他们重新回到吸毒的老路上。因此，复吸率仍然居高不下（Hser et al., 2013），许多吸毒者多次"进出"强制隔离戒毒所进行戒毒治疗（浙江省戒毒管理局课题组，2014）。

六、讨论、启示与结论

1. 讨论

对吸毒者而言，中国法律法规规定的监管框架似乎设定了一个前提，即社会应该从软性（即社区为基础的）方法开始，然后再尝试更严厉惩罚性更强的方法。本研究结果表明，社区戒毒治疗方案和机构式戒毒治疗方案不能完全确保达到监管目标。本研究也试图对这些挫折产生的原因做出一些解释。

监管者开展的社区戒毒治疗是针对非法使用毒品采取的强制性措施，并非以自律和合作为基础。此外，行政拘留是在社区戒毒治疗开始之前实施的。因此，尽管行政处罚和社区戒毒治疗是由同一个监管机构实施的，但两者之间的惩罚性和非惩罚性区别并不明显。如果将社区戒毒治疗近似看作处于金字塔底层,我们就会发现它缺乏应有的社区服务项目——社会支持和专业服务。参与者中很少有人听说过各种类型的专业戒毒服务,这些需要帮助的吸毒者也没有得到任何社会支持。这并不是说中国缺乏开展戒毒及康复的坚实的社区基础;相反,如果没有更多的社会支持,惩罚措施的升级就会变得难以承受(Braithwaite,2001,2018)。

著名的金字塔式升级在很大程度上依赖于威慑的作用和效果。正如布莱斯维特(Braithwaite,2018)所断言的那样,问题不在于威慑是否应该保持在最大或最小,而在于最低限度的威慑("咬人"的保证)是不是实现犯罪预防的可靠策略。尽管如此,参与者们大多表示,定期或不定期的尿检对他们根本没有任何影响。几乎所有参与者都清楚地知道,在参与社区戒毒治疗期间再次吸毒会导致他们被送往强制隔离戒毒所进行机构式戒毒治疗,这相当于一种长时间的自由剥夺。然而,这种预期中的严重后果并没有阻止他们吸毒,他们中的大多数人认为自己被抓到的可能性是极其有限的。在计算被抓到的风险与偶尔吸毒带来的快感时,他们"理性地"选择了冒险。这与人们普遍持有的看法背道而驰,即严厉的惩罚——强制性机构式治疗——将有效地阻止吸毒者,包括对那些被警察抓获并被安置在社区戒毒治疗项目中的吸毒者起到很好的威慑作用。然而,本研究的发现基本符合国际经验,即惩罚的确定性(逮捕概率)的威慑作用远远大于惩罚的严厉程度(Nagin,2018)。由于威慑作用的失效,从软性措施逐步升级到惩罚性措施更多的是一种理想,而非现实。

阶梯式监管的核心是升级的必要性(Braithwaite,2002),这同样取决于监管者与被监管者的互动。然而,在中国背景下,这种监管是由监管一方驱动的(Hang et al.,2016)。监管者在决定哪种应对措施是最好的方面占据主导地位,从而可以根据制度逻辑指导应对措施,这意味着当监管者感受到来自上级的压力时,执行过程可能会变得更加困难和形式化。

正如本研究结果所显示的那样,几乎毫无疑问,与监管者有过接触的被监管者最终都会进入最具惩罚性的措施之中。社区戒毒治疗是一种形式上的强制措施,而不是监管金字塔所希望优先考虑的说服和协商。在社区戒毒治疗项目中,尿检的威慑作用——在机构式戒毒治疗的背景下——并未能达到其预期目标。于是,升级不可避免地发生了。我们可以用"超速火车执法模式"来描绘本研究调查中所发现的监管方法;在这种模式下,一旦登上火车,就极少有人能选择下车。惩罚性的终点站就是下一站。

研究结果表明,尽管监管者在为毒品轻度依赖者安排社区戒毒治疗方面存在一定程度的回应性,但这种方法在操作和结果上与监管金字塔并不相同。监管金字塔的一个核心假设是在最底层进行合作和自我监管。布莱斯维特(Braithwaite,2001,2018)强烈主张在采取更严厉的更具惩罚性的措施之前使用恢复性司法。然而,正如本研究结果所示,形式主义的社区戒毒治疗缺乏为被监管者提供实质性支持以促使其遵守规定。在被监管者方面,他们也缺乏戒除毒瘾的强烈动机。本研究认为这是由于监管者与被监管者之间缺乏信任而造成的。监管者往往不相信其监管目标已经产生了任何真正的改变,更不用说费心费力地使用温和的方式来鼓励他们遵守规定了。被监管者一旦成为监管目标,就已经缺乏解决问题的实质性支持和强大动力;相反,他们本身成为"问题",直到他们最终被带走。

2. 启示

本研究采用了监管金字塔的概念作为探寻针对吸毒者的监管情况的工具。在分析过程中,最重要的是要弄清回应性监管或监管金字塔的目标是什么,以及哪种策略组合最有利于确保被监管者的遵从性。监管金字塔为实现目标提供了令人信服的理由和明确的步骤。不过，本研究也发现了一些不一致之处，这些不一致之处可能既突出了经验含义，也值得学者对此作出进一步研究。

作为一个在西方商业监管环境下发展起来的理论框架，监管金字塔本质上是一种共和主义理想。在本研究的整个分析过程中，监管的概念始终是以国家为中心的。然而，这与近期对监管的去中心化分析（Black，2002）或关于政府与社会互动性质的替代性观点（Grabosky，2013）背道而驰。在以国家为中心的语境下，人们可能会想知道监管与其他概念（如控制、社会控制或治理）有何不同。在某种程度上，监管可能只是监管者实施控制的一种工具，其思想基础是控制问题而不是解决问题。

此外，我们应该意识到，使用毒品是一种与其他行为截然不同的越轨行为，因为它与生理和心理依赖性有关。对预防其他类型的犯罪和越轨行为有效的方法，可能对减少毒品使用并无用处。本研究结果证实，吸毒者认为因吸毒而被警方抓获的可能性极低，因此无法起到足够的威慑作用；尤其是考虑到吸毒者对毒品的高度生理和心理依赖时，他们将更加不会把这种"低概率"的抓捕放在心上。正如本研究结果所呈现的那样，作为毒品使用者，参与者们在对收益和成本进行"理性计算"时，普遍低估他们被抓的可能性（即"成本"），而高估毒品带来的快感（即"收益"）(Cornish & Clarke, 1986)。造成这种结果的原因不仅在于惩罚的不确定性，还在于他们对毒品的依赖性。这也印证了毒品使用是一个需要持续治疗的慢性且有复发倾向的问题的观点(Liu & Hsiao, 2018)。

因此，对于中国的实践，研究者试图理性地给出一些建议。社区戒毒作为一种形式主义的强制措施，本质上具有强制性。尽管政府倾向于将其作为一种非惩罚性的措施优先使用，力求在不将被监管者（吸毒者）关进戒毒所的前提下取得良好的戒毒效果，但是其在支持和威慑被监管者方面却都没有成功。这一现实状况应促使监管者重新思考当前的做法。一方面，监管部门应让吸毒者意识到，如果他们继续吸毒就一定会被抓，"一厢情愿"地认为只要自己足够小心就不会被抓的想法是错误的。另一方面，应更加专业地帮助吸毒者形成明确的戒毒意向，处理戒断症状，以及应对戒毒后可能带来的生活改变。此外，引入对吸毒者的"社区关怀"可以改变被监管者对吸毒的态度，以及激发他们改变的动机。遵守规则并非易事。监管者也并不想对这一问题视而不见。因此需要改进社区戒毒治疗方案，以真正有效地帮助吸毒者戒毒，并对其继续吸毒起到威慑作用。

3. 研究局限与未来研究方向

本研究有两个主要局限。首先，本研究试图了解被监管者经历的从社区戒毒治疗到机构式戒毒治疗转变的全过程，因此研究样本均为社区戒毒失败且目前正在强制隔离戒毒所中接受戒毒治疗的吸毒者。然而，考虑到时间的因素，他们对自己过去经历的叙述可能无法准确反映他们在早期阶段的想法和表现。鉴于此，未来的研究可以包括那些正在接受社区戒毒治疗的吸毒者以及通过社区戒毒治疗成功康复的吸毒者。

其次，由于本研究计划通过吸毒者的经历和观点来了解监管金字塔，因此只分析了吸毒者提供的个人陈述。未来的研究可以选择多种方法来衡量和理解戒毒治疗的实施情况。特别是，可以进行观察来揭示真实的戒毒治疗过程，并且可以在未来对治疗提供者展开更多的研究。

4. 结论

本研究基于正在接受戒毒治疗的吸毒者的选择性样本展开研究，是在中国毒品政策背景下检验监管金字塔的先驱成果之一。研究结果表明，在监管金字塔和监管遵从性之间存在"执行差距"。在监管金字塔的底层或实际上在金字塔的任何一层,对吸毒者都几乎没有恢复性司法或审议性社区支持。在其他层次,专业支持也比较薄弱。其他国家有关戒毒治疗的证据表明,吸毒者通常在第一次戒毒时会失败,但如果他们能够获得各种类型的充分的社会支持,在多次尝试戒毒失败后,他们中的很大一部分人最终是可以成功戒毒以及保持毒品戒断状态的(Best,2017)。然而,这取决于对社会支持项目的投资,而这在本研究的数据中是缺乏的。因此,本研究不仅分析和理解了中国吸毒者对戒毒治疗的独特经历和观点,而且还指出,我们应在遏制毒品使用方面做出更多的考虑。

吸毒犯罪者的矫治政策：趋势、模式及实践建议

一、研究背景

近年来，毒品使用日益成为全球关注的社会及公共卫生议题（Qian et al.，2006；South，2015）。毒品使用可引发许多个人和社会问题，包括传染病传播、医疗支出过度、生产力损失以及家庭和社会混乱（Kulsudjarit，2004；Qian et al.，2006）。作为一种严重的公共卫生问题，吸毒也被认为与犯罪行为紧密相关（Liu et al.，2018；Bennett et al.，2008）。事实上，吸毒与犯罪之间的联系是学者和政策制定者们持续关注的话题，现有的大量文献也已经证明了两者之间相关性的存在（Gottfredson et al.，2008；Tonry & Wilson，1990）。已有研究表明，即便在不考虑毒品贩运的前提下，犯罪者的犯罪行为依然与吸毒行为密切相关（Liu et al.，2018；Baltieri，2014；Copeland et al.，2003；Dawkins，1997；Lennings et al.，2003）。例如，实证数据表明，使用冰毒可以增加使用者的越轨和犯罪行为，包括不安全驾驶、攻击、抢劫、绑架以及杀人（Cartier et al.，2006；Sommers & Baskin，2006）。吸毒者参与犯罪活动的高比例是十分令人担忧的。吸毒和艾滋病流行的增长加速了毒品政策和矫治项目的改变。因此，针对吸毒犯罪者的矫治政策对于整个矫治体系而言是至关重要的。

虽然近年来中国关于毒品使用的研究有所增长，但关于矫治政策和实践的研究仍然有限（Philbin & Zhang，2014；Zhou et al.，2014）。尽管在中国禁毒史的一般研究中能够找到一些关于毒品依赖矫治的描述（马模贞，1990；吴成军，2004），但缺乏专门针对与吸毒犯罪者有关的矫治政策的体系化研究。本研究展现了毒品使用的流行情况、目前针对吸毒犯罪者的矫治政策以及对未来政策的建议，这在一定程度上填补了现有文献的空白。

二、毒品使用、犯罪行为及矫治政策

1. 中国毒品使用的流行

中国现代化进程中的一个意想不到的结果便是毒品问题的重新出现（Huang et al.，2011）。鉴于中国社会和经济的迅速转型，以及与传统毒品产地接壤的地理位置，中国的毒品问题日益严峻（Qi et al.，2013）。

20世纪70年代末，阿片类药物（尤其是海洛因）开始通过逐渐开放的西南边境进入中国大陆（Huang et al.，2011；Tang & Hao，2007；Zoccatelli，2014）。西南边境是中国毒品猖獗的中心，因为它毗邻金三角这一传统的鸦片种植和生产区（郭翔，1998；Qian et al.，2006）。毒品自中国西南边境进入之后，可运输直至香港、上海等大型国际航运枢纽（Chin & Zhang，2007），而毒品贩运所涉地区的毒品使用也随之增加。在很短时间内，海洛因便从西南边境蔓延到大城市,直至全国各地,并迅速流行于年轻人之中(Zoccatelli,2014)。政府数据报告显示,自1988年至1998年间,中国的毒品消费量增长了1200%(Zoccatelli, 2014)。可见,经济的快速增长、社会的发展和全球化影响的逐步深入,是中国毒品使用增长的原因(Liu et al., 2016;Huang et al., 2011;Qi et al., 2013;Sun et al., 2014)。

自20世纪90年代以来,中国毒品生产和消费市场中出现了越来越多的非阿片类合成毒品,如冰毒、氯胺酮、摇头丸等(Qian et al., 2006;United Nations Office on Drugs and Crime, 2003),其使用者数量迅速上升并超过了海洛因等阿片类毒品的使用人数。国家禁毒委员会(2017)的统计数据显示,截至2016年年底,登记在册的吸毒者人数已达250万,其中38.1%使用海洛因,60.5%使用非阿片类合成毒品。然而,在2012年年底时,登记吸毒者人数为210万,其中60%以上为海洛因使用者(Zhang et al., 2016)。相比之下,2005年年底只有116万登记吸毒者,其中至少75%~85%的人使用海洛因(刘志民等,2002;Tang & Hao, 2007)。整体而言,在相当长的一段时间内,中国吸毒者数量是逐年增长的,且随着非阿片类合成毒品使用者比例的增加,海洛因使用者的比例迅速下降,冰毒已成为中国非阿片类合成毒品中使用最为广泛的药物(Liu et al., 2016;Sun et al., 2014;United Nations Office on Drugs and Crime, 2016)。尽管近些年登记吸毒者人数正在逐年下降(国家禁毒委员会,2023),然而中国的毒品形势依然严峻,尤其是合成毒品目前在中国的毒品市场依然占据主导地位。

2. 目前对吸毒犯罪者的矫治政策

在中国,吸毒犯罪者可能会被安排至两个矫治系统中的一个接受改造或治疗,这主要依据他们所犯罪行的严重程度。那些犯有严重罪行的人,如贩毒、严重侵财或暴力犯罪,将通过庭审程序被判处监禁,并和其他犯罪者一样接受改造。根据研究者正在进行的一项研究发现，在监狱服刑的吸毒犯罪者仅能获得非常有限的戒毒治疗，从而很难减轻他们对毒品的依赖。相反，由于监狱中没有毒品，这些犯罪者基本上都是采用没有或极其有限的医疗辅助下的冷火鸡式戒毒法戒除毒瘾。

犯有轻微罪行（如小偷小摸）的吸毒者将不会受到刑事处罚，因为他们的罪行尚未达到符合《中华人民共和国刑法》(1997)的处罚标准。在此种情况下，这些吸毒犯罪者将会接受强制戒毒治疗，以帮助他们戒除毒瘾。根据《中华人民共和国禁毒法》(2007)，吸毒被认为是一种严重的越轨行为，吸毒者会被警察逮捕以及接受强制戒毒治疗（Hser et al.，2013；Liu et al.，2016）。吸毒者在第一次被警方抓获后将会被记录在案并处以罚款（Liu et al.，2016）。当其第二次被捕后，将被强制性要求参加社区戒毒项目（Zhang et al.，2016）；不过社区戒毒项目基本上只包括针对海洛因使用者的美沙酮维持治疗，而针对非阿片类合成药物使用者的社区戒毒方案则非常有限。当吸毒者被警方逮捕三次或以上时，他们就将被送入强制隔离戒毒所进行为期两年的戒毒治疗。强制隔离戒毒所是与监狱类似的高度戒备机构，拥有完备的安全设施和警察的监管；其为所有类型的吸毒者提供戒毒治疗服务，而不针对某些特定类型毒品成瘾、年龄、性别或吸毒时间的吸毒者（Liu & Hsiao，2018）。强制隔离戒毒所主要实行两种类型的戒毒治疗：职业培训——用于改变吸毒者的行为模式并帮助他们学习新的生活技能；教育活动——包括毒品知识及毒品危害教育、独立生活技能教育和心理健康教育（《中华人民共和国禁毒法》，2007）。这两种治疗都旨在达到帮助吸毒者戒毒、预防复吸以及改变行为的目标（Liu et al.，2016；Liu & Hsiao，2018；Tang & Hao，2007）。截至2012年年底，全国678家强制隔离戒毒所共收治了30多万名吸毒者（Zhang et al.，2016）。

由于很长一段时间内持续对阿片类药物进行打击,中国对吸毒者的治疗基本上仅限于针对阿片类药物成瘾者。自十九世纪以来,中国的毒品市场一直被阿片类药物所占据。针对阿片类药物使用者的治疗以及针对普通公民的阿片类药物禁毒教育也逐步形成和完善。二十一世纪初,非阿片类合成药物开始出现并逐渐在中国毒品市场流行;尽管非阿片类合成药物的使用在近几十年大幅增加并逐渐超过阿片类药物的使用,但中国仍然缺乏有针对性的治疗方法和教育计划。因此,目前来看,合成药物使用者与海洛因使用者仍然受到接受同样的禁毒政策和治疗实践的约束。

三、讨论

1. 惩罚还是治疗

吸毒是一种复发率很高的行为,因而需要充分且适当的治疗、持续的干预以及社会支持(Laudet et al., 2004;Majer et al., 2016)。然而,中国监狱大多缺乏针对服刑者成瘾问题的具体戒毒或康复计划。一些犯罪者无法认识到持续吸毒对其健康的有害影响。他们也不相信犯罪行为与吸毒之间的密切关联(Liu et al., 2018)。吸毒成瘾的犯罪者在刑满出狱后经常会复吸。因此,如果不考虑毒品依赖问题的纯粹刑事处罚和犯罪者矫治方案将无法防止犯罪者的复吸行为,进而也增加了他们未来再次犯罪的可能性。

另一方面,一些吸毒犯罪者在犯下轻微罪行后,认为与监禁相比,将其送入强制隔离戒毒所戒毒是不公平的。强制隔离戒毒治疗为期两年,虽然这并不是监禁,但在这些犯罪者看来它和监禁非常类似,因为戒毒所的安全戒备设施和监狱十分相像。而那些犯下相对严重罪行的人可能会被判处更短的监禁,一些刑期可能短至几个月或一年。因此,一些在强制隔离戒毒所接受戒毒治疗的吸毒犯罪者可能会得出一个错误的结论:犯一个相对严重的罪行并被判处几个月的监禁要好过仅犯轻微罪而被送入强制隔离戒毒所。同时,在强制隔离戒毒所接受戒毒治疗的吸毒犯罪者通常不会参加与他们的刑事犯罪有关的惩罚和矫治计划。事实上,虽然他们的罪行相对较轻,但仍然值得对其进行教育和矫治。

总体而言,对于吸毒犯罪者,无论他们所犯罪行的严重性如何,针对性的矫治政策和实践都应充分考虑他们的犯罪行为和毒品依赖状况。只有同时考虑这两个议题,才能最终实现预防复吸和再犯罪的情况。

2. 机构式的劳动改造

中国监狱工作的核心特征是使用劳动作为主要的矫治方法,并在这一过程中强调思想改造(Liu & Chui, 2013;Du, 2004)。正如《中华人民共和国监狱法》(1994)第69条所规定的:"有劳动能力的罪犯必须参加劳动。"可见,劳动不仅被用作犯罪者对受害者及社会的犯罪补偿形式(Du, 2004),而且还有助于犯罪者获得劳动技能,为刑满释放后的独立生活做好准备。

中国的强制机构式戒毒治疗可被视为一种强制性照顾(Compulsory Commitment to Care);即吸毒者"没有合法的选择来避免和/或离开治疗"(Israelsson & Gerdner, 2010, p. 118)。强制性照顾有民事和刑事两个亚型(Israelsson & Gerdner, 2012)。虽然自愿治疗是民事强制性照顾的首选,但在更严重的情况下也可采取强制治疗。自二十一世纪初以来,民事强制性治疗有所减少,而刑事立法中的强制性治疗则有所增加(Israelsson & Gerdner, 2012)。与欧洲和北美所采取的、允许吸毒者通过毒品法庭或监狱接受治疗的强制性治疗方法相比,东南亚等存在严重毒品问题的国家越来越多地选择将吸毒者送入戒毒机构进行强制性治疗。东南亚各国,如越南、柬埔寨、老挝、缅甸、马来西亚和泰国等,有超过235 000名吸毒者在1 000多个强制戒毒中心中接受治疗(Amon et al., 2014)。中国和越南等一些地区有强制戒毒治疗的历史,而柬埔寨和老挝等地区则是最近才开始采用这种治疗方法的(Amon et al.,2014)。这些戒毒中心一般都要求吸毒者接受长达两到四年的强制戒毒治疗。在这些地区,戒毒治疗主要依靠这些封闭化的强制戒毒机构。强制运动和劳动是这些戒毒机构中很常见的安排,因为人们相信这将有助于毒品依赖的治疗或可以帮助吸毒者在回归社会后更好地康复(Amon et al.,2014)。在中国,在强制隔离戒毒所接受两年戒毒治疗的吸毒者也需要参加劳动及职业培训,以帮助他们更好地戒除毒瘾。

针对吸毒犯罪者的两个改造/治疗体系都涉及机构式的劳动矫治。虽然犯罪者在机构中参加劳动并学习劳动技能可以让他们为重归社会后的生活做好谋生的准备,但他们仍然在刑满释放/结束强制戒毒治疗回归社会时需要面对再犯罪和复吸的问题。对于那些新近从监狱等惩教机构释放的年轻人而言,他们的再犯罪率总是很高的(Snyder & Sickmund, 2006; Wartna et al., 2010);其重新进入社会总是有着很大的困难(James et al., 2013)。虽然惩教机构为犯罪者提供了康复计划,但通常并不足以防止未来再犯罪的发生(Altschuler et al., 1999)。在从监狱等惩教机构封闭环境中的高度规训的生活向非监禁生活的过渡期间,刑满释放人员通常会遇到许多困难(Travis et al., 2001),包括寻找住处和工作、获得医疗服务以及与家人和朋友重建关系(Altschuler & Brash, 2004; Hammett et al., 2001; Holzer et al., 2006; Travis, 2000)。因此,为刑满释放人员提供帮助其重返社会的服务项目是非常有必要的(Kurlychek et al., 2011)。尤其是,吸毒犯罪者的再犯罪风险较其他犯罪者更高(Van der Put et al., 2011, 2012),普通的重返社会服务对吸毒犯罪者的作用也相对较为有限(James et al., 2013)。吸毒犯罪者可能存在与毒品依赖相关的特定问题,如动机问题或需要特殊的治疗以维持不使用毒品的生活状态。这些问题通常都需要在他们重返社区生活后的针对性服务计划中加以处理。已有研究表明,那些缺少后续针对性重返社会服务的机构式矫治并没有显著减少吸毒犯罪者的再犯罪率和复吸率(Kurlychek et al., 2011;Simpson & Sells, 1983)。因此,针对吸毒犯罪者的矫治政策应充分考虑在其结束机构式矫治或治疗后的长期维持议题。

四、启示

鉴于中国目前对吸毒犯罪者的矫治政策尚有可改进的空间,本研究提出了相应的建议,以期在帮助这一群体康复的同时为现有矫治政策和实践的完善提供参考。

1. 引入针对性治疗方案和咨询服务

对于在监狱服刑的吸毒犯罪者,应为他们提供个人或小团体式的戒毒治疗。而在强制戒毒机构中,则应为那些吸毒犯罪者提供针对其刑事犯罪问题的矫治方案,以帮助他们正确认识其犯罪行为。例如,一些教育项目可以帮助那些犯有轻微罪行的吸毒者了解他们的犯罪行为对受害者及其家人以及社会产生的不利影响。

此外,由于犯罪者通常被迫进入矫治项目的,他们往往缺乏改变的动机。一些犯罪者并没有准备好改变自己的行为,就被关进监狱或强制隔离戒毒所并被要求参加矫治或戒毒治疗项目。在这种情况下,他们追求戒毒和行为改变的意愿往往很弱;但是,其意愿也是可以增强的。鉴于此,在矫治政策和实践中迫切需要采用动机式访谈(Miller & Rollnick,1991)等方法,这将有助于激发犯罪者改变的意愿。

监狱和强制戒毒所也应提供专业咨询服务。许多西方国家的惩教机构都会雇用专业社会工作者或治疗师提供相应的咨询服务,以满足犯罪者的精神、心灵以及心理社会需求,并帮助他们正确看待自己的犯罪行为(Chaiklin,2008;Correctional Service Canada,2010;Pollock,1998;Scottish Executive,2008)。吸毒者很容易受到心理健康问题的困扰,特别是那些使用非阿片类合成药物的吸毒者(Liu et al.,2018)。例如,长期使用冰毒可能会导致精神障碍,包括妄想症、抑郁症、精神失调和情绪问题等(Anglin et al.,2000;Sherman et al.,2008)。因此,咨询服务将有助于解决吸毒犯罪者的心理问题。

这些治疗方案和咨询服务急需专业人员来实施。然而,社会工作者、咨询师和治疗师对中国监狱和戒毒机构而言尚属新事物。近年来,这些机构已经意识到咨询服务在矫治及戒毒工作中的重要性。然而,由于人员配备的限制,目前大多数中国监狱和强制隔离戒毒所只能提供十分有限的咨询服务。服刑者或戒毒者偶尔也可能会通过大学教授等专业志愿者获得如正念训练等特定的心理治疗服务(Liu & Hsiao,2018)。但这些实践是十分稀少的,基本上还是停留在实验层面,且其有效性尚不能确定,还需要进一步研究。可见,现在已经到了在监狱和强制隔离戒毒所配备专业社会工作者、咨询师或治疗师的时候,这将显著提高吸毒犯罪者的矫治质量。

2. 改善社区戒毒和康复方案

机构式治疗对吸毒者的康复大有裨益(Greenfield et al.,2004;Harris et al.,2012;Witbrodt et al.,2007)。然而,中国吸毒者在结束机构式治疗后的复吸率还是比较高的(刘志民,2004;铁恩贵等,1999;Hser et al.,2013;Tang et al.,2006)。这表明,中国的为期两年的强制性机构式戒毒治疗——包括职业培训和教育活动——并不能确保吸毒者成功戒毒以及结束治疗后的长期保持(刘柳、段慧娟,2015;Liu & Hsiao,2018)。此外,戒毒者往往将强制性机构戒毒治疗视为两年"监禁",而这远远偏离了该治疗模式旨在帮助毒品使用者实现戒除毒瘾的最初目标。目前，中国仍然缺乏基于社区的辅助或后续康复方案来帮助吸毒者或戒毒者，而这也应成为中国戒毒治疗的未来努力方向。

2008年，中国通过了《禁毒法》，正式实施社区戒毒。西方国家大量的实证研究表明，吸毒者的康复与社区治疗的实施之间存在正相关关系(Siegal et al.，2002；Vaughan-Sarrazin et al.，2000)。这些社区治疗方案包括医疗方案和非医疗方案。以医疗为主的社区治疗主要为美沙酮维持治疗，旨在为海洛因使用者提供治疗并控制艾滋病的传播。注射吸毒是艾滋病毒传播的主要方式之一。与其他人群相比，吸毒者(特别是注射吸毒者)中的艾滋病流行率最高，通常超过50%(Ministry of Health of the People's Republic of China，Joint United Nations Programme on HIV/AIDS，& World Health Organization，2011)。中国政府早在2004年就开始采用美沙酮维持治疗方案以减少海洛因的使用，从而达到预防艾滋病传播的目的(Sullivan & Wu，2007)。2004年，中国建立了首批8个美沙酮维持治疗诊所；截至2011年9月，全国共建立了716个美沙酮维持治疗诊所，为吸毒者提供医疗服务。这些诊所累计为332 996名海洛因使用者提供服务。此外，还有132 879名患者接受了治疗(Ministry of Health of the People's Republic of China，Joint United Nations Programme on HIV/AIDS，& World Health Organization，2011)。然而，这一数字仅占所有登记吸毒者人数的10%左右，还不包括那些未登记的吸毒者。最近的评估研究表明，吸毒者在使用美沙酮维持治疗服务后三个月内的放弃率约为50%～70%(棒卫东等，2007；何华先等，2008)。基于社区的美沙酮维持治疗在可及性方面的障碍是其在中国使用率低、放弃率高的主要原因。与此同时，虽然冰毒和其他非阿片类合成药物在中国吸毒者中越来越受欢迎，但针对非阿片类合成药物使用者的社区医疗服务却十分稀少。

　　吸毒成瘾不仅是一个医学问题。例如,许多研究都提到了复吸与失业之间的关系(Machlan et al., 2005)。无论戒毒者的教育背景如何,职业培训或就业都是预防其复吸的关键要素(Machlan et al., 2005)。之前对在强制戒毒机构中接受治疗的中国吸毒者的研究表明,一些生活挑战与困难对吸毒者戒毒形成了阻碍,如家庭和社会支持不足、污名化、不利的社会经济地位、人际关系冲突以及犯罪记录造成的歧视(Yang et al., 2015)。在极其不利的情况下,如果没有专业的社区康复服务,吸毒者会不断与负面思想和情绪作斗争,人际关系问题也会增加,并遭遇各种压力事件,这些都会引发他们的复吸行为(Liu & Hsiao, 2018)。与此相反,在适当的支持下,吸毒者能够一直保持不使用毒品的生活方式。一项关于美国县域监狱物质滥用治疗计划的研究发现,通过社区行为矫正强化和基于家庭的干预模式,染有毒瘾的男犯在刑满释放后依然能够保持理想的行为模式和不吸毒的状态(Miller et al., 2016)。认识到毒品使用的心理和社会性因素的作用,中国还建立了非医疗(主要是社会工作)的社区服务,以协助吸毒者康复(范明林、徐迎春,2007)。这些服务同时针对参与社区戒毒治疗的吸毒者以及结束机构式戒毒治疗的康复者。然而,由于社会工作专业在中国仍处于起步阶段,大多数社区都难以拥有专业的戒毒社会工作服务。此外,可获得的社会工作服务的质量也并不总是十分可靠。中国正在尝试增加并最大限度提供社区戒毒服务以应对这一重大公共卫生议题,除了医疗服务外,还需要特定的治疗方案和服务来提供家庭和社会支持层面的社会和心理干预。在中国,以社区为基础的非医疗服务在治疗、帮助和支持吸毒者方面仍有很长的路要走。

五、结论

在中国社会中,吸毒既与犯罪行为相关,其本身也被认为是一种类似犯罪的行为。吸毒罪犯者根据所犯罪行的严重程度会被判处刑事处罚或强制戒毒。在遭遇警方逮捕之后被送入强制隔离戒毒所接受强制性机构式戒毒,这非常类似于监狱矫治。中国社会使用刑事司法模式应对吸毒问题,认为吸毒者是越轨行为者,需要接受机构式治疗(Coombs,1981)。

虽然中国政府认为带有强制劳动的监狱式戒毒机构对吸毒犯罪者的康复有益,但这种方法在预防复吸方面并不是十分有效。因此,我们需要重新考虑戒毒治疗的长期有效性,并需要推出更加有效的干预措施,如咨询服务和以社区为基础的干预项目。实施美沙酮维持治疗和非医疗社会工作干预措施是一个良好开端,尽管它们目前仍处于起步阶段。中国也已经开展了一些关于社区戒毒项目的研究,并证明了这些项目在促进吸毒者康复方面的有效性(Hser et al.,2013,2011;Wu et al.,2013)。同时,社区康复及重新融入社会的服务应予以实施并加强,以帮助刑满释放者和完成机构式戒毒治疗者维持较理想的生活状态,防止其复吸和再次犯罪。总体而言,根据戒毒治疗的降低危害理念,如果能够更加重视以社区为基础的服务方案,将可以为吸毒犯罪者的康复做出更大的贡献。

应对阻抗:在社区戒毒项目中服务非自愿案主

一、研究背景

毒品的使用是一个长期存在的问题,可能贯穿一个人的一生(Aklin et al.,2014)。毒品成瘾会对毒品使用者的身体、社会、心理和精神健康造成严重的负面影响(Grella & Lovinger,2012;Han et al.,2010)。对于那些处于"毒品使用生涯"(Coombs,1981)维持阶段的人,毒品使用行为绝大多数时候都被认为是一项重要和不可或缺的日常活动(刘柳、段慧娟,2015)。因此,在应对毒品使用和防止复吸方面,适当和持续的治疗或许是必不可少的(Liu & Hsiao,2018)。

吸毒者积极参与治疗是戒毒项目取得成效的重要因素之一(Manning et al.,2017)。然而,阻抗阻碍了吸毒者的有效治疗参与,并往往导致不良结果(Hara et al., 2015)。阻抗可被定义为拒绝与治疗师合作或与治疗师对立,包括不遵守治疗要求、对改变存在矛盾心理、对治疗师表达负面情绪以及在治疗过程中的微妙回避(Newman, 1994;Westra et al., 2012)。阻抗问题在中国特别受到关注,因为戒毒项目通常是以完全戒断为目标,且大多是非自愿的。在这种情况下,戒毒治疗的接受者的行为如果无法与戒断毒品使用的意图、信心或努力相一致,便可能被认为是阻抗行为。

不过,非自愿案主在整个治疗过程中并不一定都会表现出阻抗,特别是当他们意识到治疗的有效性时。已有研究证据表明,治疗提供者的努力可以使一些案主意识到他们可能从非自愿治疗中获得益处(Chui & Ho, 2006)。在对服务非自愿案主的挑战和策略进行广泛研究(Rooney, 2009;Trotter, 2006;Turney, 2012)之后,学界普遍推荐以案主为中心的服务方法(Courtney & Moulding, 2014)。在这种以案主为中心的服务方法中,治疗接受者得以被赋权,他们的问题得以解决,且他们的福祉也得到了有效改善(Burman, 2004)。已有的研究进一步发现,"动机式访谈"(Miller & Rollnick, 2013)是一种有效的工具,被广泛应用于增强案主改变行为的动机;其在针对药物滥用人群的服务中尤其有效(Jiang et al., 2017;Smedslund et al., 2011)。

二、中国的社区戒毒

根据中国法律,毒品包括鸦片、海洛因、甲基苯丙胺、吗啡、大麻、可卡因、多种麻醉药品和精神药品(《中华人民共和国刑法》,1997;《麻醉药品和精神药品管理条例》,2005)。在中国,毒品使用已经成为一个重要的健康和社会问题(Zhang & Chin, 2015;Zhang et al., 2011)。例如,截至2014年年底,毒品使用已累计造成全国49 000人死亡(国家禁毒委员会,2015)。此外,统计还显示,中国每年发生的毒品犯罪案件高达16万件(国家禁毒委员会,2016)。

危害最小化是指导全球戒毒治疗的主要政策考量(Bull et al.,2016)。然而,目前存在有两种截然不同的危害最小化的政策框架:侧重于减少毒品使用造成的社会危害,或减少对毒品依赖者的健康和福祉造成的危害。尽管第二种政策框架已在全球范围内获得广泛采用(Resiak et al.,2016),中国使用的却是第一种(Bull et al.,2016)。在中国,最大限度地减少社会危害,旨在完全戒除毒瘾的强制性戒毒项目,加上对毒品零容忍的态度,成为对待吸毒者的主要策略(Bull et al.,2016)。这种方法也符合一个事实,即毒品使用在中国被视为与其他越轨和犯罪行为紧密相连的严重越轨行为(Liu et al.,2018)。

中国的危害最小化政策主要通过为期两年的强制隔离戒毒治疗来实现,旨在预防进一步的毒品使用和毒品犯罪(Liu & Chui,2018)。然而,吸毒者在完成强制隔离戒毒治疗后,其复吸的发生率依然很高,这是因为他们在戒毒治疗结束后无法保证其戒毒成效的维持(Liu & Hsiao,2018)。先前的研究表明,吸毒者在结束强制隔离戒毒治疗之后一年内的复吸率可能高于80%(Hser et al.,2013)。为了解决机构式戒毒治疗的不足,社区戒毒治疗被作为一种替代性方法引入中国(Zhang & Chin,2015)。社区戒毒治疗也被认为是一种减少社会危害和提高吸毒者福利的方式(Bull et al.,2016)。

在中国,社区戒毒治疗也是强制性的,它的总体目标是综合医疗(如美沙酮维持治疗)和非医疗(如社会工作干预)方法,帮助吸毒者更好地实现戒除毒瘾的目标(Liu & Chui,2018)。由于吸毒而被警方逮捕一次或两次的个人会被要求参加社区戒毒治疗(Liu et al.,2016;Zhang et al.,2016)。完成机构式强制隔离戒毒治疗的吸毒者也需要参与社区康复项目,以维持其戒除毒瘾的状态(Liu & Chui,2018)。

社会工作干预可以在社区戒毒服务中发挥重要作用(Liu & Chui,2018;Xu et al.,2012),用以帮助吸毒者应对负面情绪、人际关系问题以及可能阻碍他们戒毒的不良生活事件(Liu & Hsiao,2018)。然而,并非所有社区的吸毒者都能获得专业的社会工作干预服务,因为社会工作作为一种职业在中国尚处于起步阶段(李振玉,2018;沈琦士,2019),而这反过来又影响到社会工作服务的可及性及质量。

在此需要澄清的是,无论是正规的社会工作教育还是社会工作师执照都不是在中国获得社会工作者职位的必要先决条件(杨铿、王群,2018)。因此,社会工作组织可以雇用有或没有社会工作学位或执照的社会工作者。这可能与诸如澳大利亚等其他国家对"社会工作者"的定义大不相同。为了避免对潜在读者造成进一步的混淆,本研究在提及中国社会工作从业者时采用了"咨询师"而不是"社会工作者"这一术语。

此外,有关中国为吸毒者提供社会工作服务的相关文献非常有限。因此,我们很难获得有关这些服务提供的信息,更不用说其有效性了。为了填补这一研究空白,本研究探讨了在中国社区强制戒毒项目中,咨询师在服务案主(吸毒者)时的常用策略。更具体地说,本研究旨在回答两个研究问题:(1)从事社区戒毒服务的咨询师们如何定义和理解案主的阻抗?(2)咨询师主要采用什么策略来应对案主的阻抗行为?

三、研究方法

本研究采用了定性研究方法。在理解参与者的经历方面,定性研究方法比定量研究方法更为合适(Padgett,2016)。

1. 参与者选择与过程

本研究招募的参与者为一个非政府组织下属的三个中心的咨询师;该组织为广东省存在严重毒品使用问题的吸毒者提供服务(国家禁毒委员会,2018)。广东在社区戒毒项目实施过程中非常重视社会工作服务的作用(陈宇、刘芬芬,2014;郝雪云、李敏兰,2018)。该项研究参与者所属的机构是中国最大的服务于吸毒人群的社会工作机构之一,在广东省不同城市有多个服务中心。

本研究采用了最大差异性的标准(Miles & Huberman, 1994)有目的地选择了具有不同教育和培训背景的参与者。参与者中既包括有社会工作专业学位或社会工作师执照的咨询师,也包括没有社会工作学位或执照的咨询师;他们的共同参与为本研究提供了一个独特的机会,以分析不同类型的咨询师在应对案主阻抗时的策略与经验。本研究选取了广东省两个城市的三个较大的咨询中心,并邀请了其中的18位咨询师参与研究。被邀请的咨询师可自由选择是否参与本研究,拒绝参与并不会使其承担任何负面后果。所有参与者都签署了知情同意书,研究资料的保密性和匿名性也在研究的过程中得以保证。

由于18名咨询师中有2名拒绝参与本项研究,因此本研究的最终参与者为16名咨询师,包括4名男性和12名女性。这些咨询师大多数为20多岁,平均年龄27岁。所有参与者均为大学或大专毕业生;但只有3名参与者(案例3、7和11)拥有社会工作专业学位,4名参与者(案例3、5、7和10)拥有专业社会工作师执照。其余的参与者都拥有不同的教育背景,如法律、心理学和教育;所有参与者都接受过多种类型的在职社会工作专业培训。参与者服务吸毒者的时间从6个月到4年5个月不等,平均为2年左右。参与者平均每人处理过35个个案。16名参与者中有3人是主管;所有的主管都拥有社会工作师执照，因为这是晋升到该机构主管职位的一项要求。

2. 数据收集与分析

本研究采用半结构式访谈作为数据收集的工具；参与者可以根据预先设定的与研究主题相关的话题自由叙述自己的经历和表达自己的观点(McIntosh & Morse, 2015)。研究者鼓励参与者谈论自己服务吸毒者的经验，尤其是如何处理他们的阻抗行为。由于预算的限制以及广东省与研究者所在地的距离，本研究采用了在线访谈的方法。具体而言，本研究使用在线交流软件(微信)进行一对一的深度访谈，每次访谈约在60到120分钟内完成。访谈均使用普通话作为交流媒介。此外，在数据收集过程中，本研究采用了两种方法以确保研究的可信度，即制作清晰的文档和当事人复查。首先，每个访谈都撰写了非常详细的访谈记录，记录了访谈过程中的所有细节；然后，参与者被邀请回顾访谈记录，查看他们的经历和观点是否都被准确地记录下来。

在线访谈被逐一转录并形成可进行后续分析的文本。在数据分析的第一个编码阶段，访谈记录被逐行阅读，并形成了多个开放式编码，如"表示不信任""关注案主的需求"以及"有效利用同伴影响"等。在第二个编码阶段，主轴编码被运用于将开放式编码合成为特定的类别和主题。经过编码过程，最终有两大主题浮现出来：(1)咨询师对吸毒者阻抗行为的定义和理解；(2)咨询师在应对案主阻抗时的策略。在这两个主题下，还有若干个不同的类别，它们都有助于本研究阐述和解读参与者作为戒毒服务咨询师的经验。

四、研究发现

1. 咨询师对吸毒者阻抗行为的定义和理解

由于吸毒者都是非自愿进入社区戒毒项目的，本研究中的绝大多数咨询师都承认,他们遇到过有阻抗行为的案主(吸毒者);这些案主不会积极参与治疗项目,尤其是在治疗的初始阶段。在咨询师看来,这些案主的阻抗行为可以是消极的,也可以是积极的。

(1)消极阻抗

消极阻抗被咨询师定义为这样一种行为:这种行为展现出了"不信任"(案例10)以及"拒绝交谈和/或参与治疗"(案例11),但并"不主动表达消极情绪或表现出其他消极行为"(案例1)。最常被提及的消极阻抗行为是案主在治疗开始时表现出的不信任。一位咨询师表示,她曾经服务过一位案主,"在第一次见面时就非常抵触",并"拒绝交谈",这"清楚地表明了他的不信任"(案例5)。另一位咨询师提到了一位案主"拒绝与任何人交谈"并"将自己整日整夜锁在房间里",以"避免社工(咨询师)来访"(案例15)。消极行为还表现为拒绝参与治疗项目。"一些案主很随和,也愿意与我们沟通,但他们不想参与我们的治疗项目,"一位参与者(案例8)说。案主通常认为"治疗是无用的"(案例1),并表示他们"不想浪费时间"(案例3)。

(2)积极阻抗

积极阻抗指的是一些案主不仅拒绝参与治疗,而且"积极表达自己的负面情绪"(案例7)或"选择采取额外的负面行为来显示自己的阻抗"(案例11)。表达愤怒是治疗过程中典型的积极阻抗行为之一。"他来的时候总是对我们骂骂咧咧的"(案例7),一位咨询师举例说。"我有好几个案主都对我们不友好",另一位咨询师补充道,"他们总是很生气,有时对我们大喊大叫"(案例1)。有时一些案主甚至会使用暴力的方式来表达他们的愤怒,例如在咨询师家访时对他们"挥舞拳头"以及"威胁"咨询师(案例15)。

咨询师们提到的另一种案主的积极阻抗行为是散布谣言。参与者们认为,这种行为是负面的,这意味着案主在故意制造麻烦,以及表现出抵制和缺乏合作。一位咨询师分享了她在这方面的经历：

> 我的一个案主喜欢故意找麻烦。我发现他总在背后跟其他案主说我们的坏话。他对其他案主说，我们社工(咨询师)对他不好。因为他的这种行为，其他一些案主也表现出很大的抵触情绪。(案例11)

除了描述案主的阻抗行为外，一些拥有社会工作学位或执照的咨询师还进一步分享了他们对客户阻抗行为可能的原因的理解："他们不熟悉我们，他们可能认为我们试图控制他们的生活"(案例10)；"他们没有做好充分的准备，也没有看到戒毒的好处，这就是为什么他们不愿意合作"(案例3)；"案主并没有意识到我们可以帮助他们，也有可能我们的治疗并不是他们想要的"(案例7)。

2. 咨询师在应对案主阻抗时的策略

(1) 尊重、关心和表达同理心

尊重和关怀以及表达同理心对于减少案主的消极阻抗(如表现出不信任和不愿交谈)尤其有效。这一策略有时也可以减少积极阻抗，例如表达愤怒。鉴于吸毒者"通常认为自己不如别人"，且经常"被家人、朋友和社区排斥"(案例4)，他们对专业社会工作服务的认识也极为有限，他们自然会认为社会工作戒毒治疗只是"聊天"(案例1)，从而怀疑参与治疗项目的有效性。在这种情况下，"表现出尊重和关怀"(案例8)是减少案主阻抗，并建立良好关系的好方法。具体来说，表示尊重和关心包括"像朋友一样对待他们"(案例14)、"表达对他们福祉的关心"(案例1)以及"对他们所说的话给予足够的关注"(案例12)。一位咨询师证实，这种努力确实可以提高案主的信任，并减少他们的愤怒情绪：

> 在第一次面谈时,我总是像朋友一样和我的新案主交谈,邀请他/她随意地表达自己的感受和需求。这样一来,案主就会明白我们不是坏人,我们会为他们做好事。作为回报,他们也会缓解愤怒,选择信任我们,然后逐渐接受治疗。(案例1)

一位持有社会工作师执照的咨询师总结说:"社会工作者(咨询师)所作的确保尊重和关怀的承诺是能够获得案主信任的关键"(案例5)。

此外,表达同理心是指"像自己亲身经历事件般表达情感"(案例8);大多数咨询师强调这是一种"减少非自愿案主的阻抗行为并鼓励他们交谈"(案例2)的方法。一位持有社会工作师执照的咨询师强调了社会工作伦理,以便进一步阐述这一观点:

> 表达同理心是我们工作中的重要组成部分,也是社会工作伦理的体现。重要的是,我们要让案主得到一个信号,即我们是相互理解的,他们可以毫不担心地与我们分享他们的故事。(案例5)

一位同时拥有社会工作专业学位和社会工作师执照的咨询师最后总结道:"表达同理心是处理案主阻抗和进一步建立信任的最简单但也是非常有效的策略。"(案例7)有了足够的信任和沟通,咨询师可以发展成功的治疗关系,以更好地完成治疗目标。

(2)关注案主的需求

本研究的参与者,尤其是拥有社会工作师执照的咨询师表示,关注案主的需求是缓解案主愤怒情绪和减少不信任的一种方法。当案主的不幸生活事件导致他们"情绪低落"时,他们"表达出愤怒和阻抗"的坏情绪是可以被理解的(案例7)。在这种情况下,咨询师需要首先了解案主的负面生活事件,从而减少他们的阻抗。

此外,虽然最初的信任可以通过表达尊重和关怀来获得,但"充分的信任需要通过社会工作者(咨询师)在了解案主的个人需求后,努力解决他们难题"(案例5)来获得。这位有执照的咨询师进一步强调了在与案主建立信任关系的过程中进行需求评估的重要性:

> 社会工作者(咨询师)应该回应案主的关切、问题和需求。在进行治疗之前,我们需要对案主的需求进行评估。只有解决了他们的个人问题,案主才会完全信任我们,才愿意做出改变。(案例5)

(3) 有效利用同伴影响

具有社会工作专业学位或社会工作师执照的咨询师也强调,有效利用同伴影响是另一种减少案主消极阻抗的方法,尤其是应对案主不愿交谈的状况;同时,它也对如散布谣言之类的积极阻抗有一定的抑制效果。当案主和咨询师不熟悉时,他们就有可能会拒绝回应咨询师。然而,他们通常"愿意与同伴交流"(案例10)。因此,当案主的阻抗行为表现为不愿意交谈时,同伴影响就发挥了作用。一位参与者使用了吸毒者的同伴群体和亚文化来说明这一观点:

> 案主都有相似的毒品使用经历,因此,他们通常能够很快建立起友谊和形成伙伴关系,这也可以被看作一种亚文化。如果我们已经与他们的同伴中的一位建立了良好的关系,我们就可以要求他/她说服其他人参与治疗。这是非常有用和有效的。这些内部人士通常都有能力影

响其他人。(案例3)

另一位咨询师(案例11)提及,有一次她的一位案主甚至主动向他的同伴分享他如何从社会工作戒毒治疗中获益的信息。同时,当咨询师在吸毒者同伴圈子里被贴上"友好且有帮助的"(案例11)标签时,同伴的影响也可以作为减少案主散布谣言可能性的一种方式。

(4) 改变案主抗拒改变自身行为的状态

咨询师需要处理案主抗拒改变自身行为及参与治疗计划的情况。案主对治疗产生抵触情绪的一个重要原因是,他们是被迫而不是主动要求参与到该项目中的;更不用说他们会愿意改变目前的不良行为了。本研究中的一些咨询师提及,他们的案主在很大程度上并不想停止使用毒品。一位参与者阐述道:

> 他们(案主)有自己的朋友和社交圈,在这些社交圈中,吸毒是"不可或缺的行为"。戒毒则意味着他们得放弃过去的生活模式,这是很困难的。因此,我认为我们需要努力改变他们抗拒改变自身行为的状态。(案例16)

处理案主抗拒改变时最常用的方法是动机式访谈。在本研究中,几乎所有的咨询师都提到了这一方法。一位持有社会工作师执照的咨询师在提及这一策略时解释了动机式访谈的作用机制:

> 通过动机式访谈,我们能够清楚地了解案主的问题,也能够帮助他们找到解决的办法。同时,这也是我们与案主建立信任的一个好方法。

基于此，案主更愿意与我们合作，并保持高度的参与动机，以最终实现戒毒的目标。（案例 5）

改变旧的行为模式可能是一个痛苦的经历，因为它涉及学习新的和不熟悉的行为方式，以及放弃旧的和熟悉的行为方式。在这种情况下，咨询师认为，"帮助案主找到有意义的日常活动"（案例 8）是一种很好的方式，这可以让他们在形成新的生活方式方面有其他选择，从而改变他们的吸毒行为。从这一角度而言，帮助案主找工作被认为是最有用的方法，因为它"不仅可以为他们提供经济支持，而且可以让他们避免无所事事整天乱想的状态"（案例 8）。

(5) 有策略的增强案主的自主性

本研究中的咨询师也普遍认为，在治疗过程中，为案主提供适当的自主空间是值得且有益的。在一定程度上，按照案主的节奏为其提供服务以及尊重案主的感受，可以减少案主的阻抗，并带来更好的治疗效果。例如，一位咨询师的意见如下：

> 社会工作者(咨询师)应充分尊重案主的自决权。我经常让我的案主在几个选择中确定我们的会谈时间。这能让他们感觉到他们是受尊重的，以及在他们的治疗过程中，他们是有选择权的。（案例 2）

为了加强案主自决，咨询师"可在进行某些干预措施或治疗活动安排时与案主分享可以指导他们做出选择的理由和理论前提"，更重要的是，"让他们决定是否参与"（案例 9）。一位有社会工作师执照的咨询师进一步解释说，通过从内部建立并由吸毒者发起的自决权，咨询师可以"促使案主成长,并合理使用资源",这也是"增强他们的能力和控制感"的一种方式(案例10)。

五、讨论与结论

与已有的研究相一致,本研究发现社区戒毒项目的案主普遍展现出消极和积极的阻抗行为(Ho & Chui, 2001; Pipes & Davenport, 1990)。他们认为,在很大程度上,与咨询师的治疗关系涉及权力不平等,并倾向于认为咨询师代表的是当地警方或社区的利益,而不是案主的利益(Chui & Ho, 2006; Strier & Bershtling, 2016)。为了应对案主的阻抗情绪,本研究中的咨询师给出了多种策略,这些策略在许多方面与以往的研究相一致。其中包括表示尊重、关心和表达同理心(Courtney & Moulding, 2014),以避免给案主贴标签和歧视案主(Chui & Ho, 2006);运用动机式访谈的方法改变案主抗拒改变自身行为的意愿(Jiang et al., 2017; Smedslund et al., 2011),同时激发他们的戒毒动机;利用职业培训和基于就业的干预措施,以有意义的社会活动取代毒品的使用(Aklin et al., 2014; Chui & Ho, 2006; West, 2008);以及为案主提供自主决断的空间,以增强他们在治疗过程中的参与感(Brophy & McDermott, 2013; Courtney & Moulding, 2014)。在本研究中,咨询师还进一步强调了关注案主的需求和解决他们的个人问题也是获得案主信任的有效途径。最后,战略性地利用同伴影响也被认为是增强案主改变动机的另一种有效方法,因为吸毒者通常倾向于与他们的同伴交往,并拥有自己的社交圈子。

在不同的教育及训练背景下,咨询师对案主的阻抗有不同的理解方式。一般来说,持有社会工作专业学位或社会工作师执照的咨询师更有可能根据案主的情况灵活使用不同的应对策略,将他们的策略与社会工作伦理和理论联系起来,并能够清楚地解释为什么这些策略是有用的。相对而言,那些没有社会工作专业学位或社会工作师执照的咨询师则通常表示,他们是依据从在职培训项目中学到的知识选择特定的策略以应对案主的阻抗的,他们通常无法清楚地解释为什么要选择这些策略。

此外,具有社会工作专业学位或社会工作师执照的咨询师更有可能使用社会工作专业知识来解释案主的阻抗行为。特别是,他们能够指出,案主的阻抗有时只意味着案主对咨询师不熟悉,没有准备好改变,或者不认为治疗对他们是合适的或有用的。这种反思作为他们专业技能的一部分尤其值得一提。中国将社会危害最小化作为戒毒实践的政策框架(Bull et al.,2016),因此,以戒断毒瘾为目标的强制治疗无疑会将大量未准备好完全戒除毒品使用的非自愿案主纳入戒毒项目之中。他们可能缺乏戒毒的意愿和信心;以及有些人可能表现出"阻抗行为"。因此,具有社会工作专业学位或社会工作师执照的咨询师会特别强调评估和关注案主需求的重要性。本研究的发现促使社区戒毒社会工作从业者接受更加专业的社会工作训练,以提供更加有效的戒毒服务和实现更好的戒毒效果(杨铿、王群,2018)。

本研究的一个局限性在于抽样过程。所有参与者都来自同一个非营利组织,因此,本研究的结果不一定能推广到中国的其他戒毒社会工作机构。此外,本研究主要以咨询师的个人陈述为基础,来探讨其处理案主阻抗的策略。未来的研究可以利用其他的数据收集方法,从不同的角度来对这一话题展开研究。例如,了解咨询师如何与案主互动可以通过观察法来实现,观察数据也可以扩展我们对自然环境中案主阻抗行为的理解。

综上所述,本研究揭示了中国社区戒毒项目中与社会工作实践直接相关的几种策略。鉴于中国社区戒毒社会工作的发展尚处于起步阶段,咨询师在戒毒服务过程中应对吸毒者阻抗的策略和经验是值得重视和思考的。同时,这些策略也可被视为社会工作领域服务非自愿案主的一般原则,它们可被广泛应用于其他社会工作领域,因此本研究的发现也具有了更广泛的影响。

动机式访谈：帮助毒品成瘾者实现自我转变

一、研究背景

在世界范围内，药物滥用（最常见的即为我们常说的"吸毒"）已经越来越成为一个严重的社会问题。药物滥用者人数呈现逐年增加的态势，尤其是越来越多的年轻人成为毒品成瘾者。相应地，对药物滥用的治疗及康复（即"戒除毒瘾"）的需求也越来越多，这个新兴的专业领域在全世界范围内得以蓬勃发展（Powell，2004）。从医学角度而言，越来越多的医务工作者开始致力于从事对药物滥用者的照管和治疗，例如发明和使用各种医学干预措施使这些有着成瘾性问题的患者能够得以康复和重新回归正常的社会生活。较为著名的有美沙酮维持治疗、丁丙诺啡疗法（buprenorphine maintenance treatment）等。不过，对于毒品成瘾者来说，仅仅依靠医学手段干预并不能达到完全戒除毒瘾的目的;这是因为成瘾性问题不仅仅表现为对毒品的身体依赖,还表现为对其的心理依赖。在这种情况下,如果有外在诱惑或再次接触到毒品,依然会引发再次吸毒的问题。这也是为何在目前的戒毒治疗中,复吸率一直居高不下的原因。故而,在使用医学治疗手段戒除身体对毒品依赖的同时,在社会工作领域也发展出一些针对毒品成瘾者的帮扶项目,以帮助其戒除"心瘾",更好地实现康复和回归社会的目标。

二、针对成瘾者的社会工作项目

西方国家针对毒品成瘾或更广泛意义上的药物滥用戒断的社会工作项目呈现出非常明显的多元化、注重实效、操作性强等特点。其中,大部分治疗项目主要使用实证治疗模式,即以经验和观察为操作依据,把治疗精力集中于治疗方法中具有成功纪录的关键部分。此类项目包括动机式访谈、认知行为疗法、十二步法、行为连接管理、简短的策略性家庭治疗、多维家庭治疗以及心理动力学治疗等(厄里怀恩,2012)。除此之外,社会工作者还发展出很多强调人和环境关系的戒毒治疗方案。其中比较有代表性的有三种:第一种为整合理论模型(transtheoretical model)(Prochaska & DiClemente, 1988)。该模型预测毒品成瘾者在解决问题过程中会经历不同阶段的往复,相对于治疗而言,它更加注重对各阶段变化的描述。第二种为七阶段治疗模型(Kanfer, 1988)。这一模型在治疗方面比整合理论模型更加有效,它强调了自我调整和自我管理,并考虑了治疗对象学习技巧的条件。第三种是在以上两种模型的基础上进行改编而成的循环式阶段安排(Barber, 2008)。它巧妙地添加了干预维度的层次,使之更加实用。除此之外,社会工作实务操作领域还会采用其他戒瘾疗法,包括家庭治疗、技术辅助干预、替代医学(例如冥想疗法)、创伤集中疗法,以及共病集中疗法等(Straussner, 2012)。

这些社会工作项目在具体操作时又可分为个案工作模式和团体工作模式两大类。个案工作是比较基础的方法，通常社会工作者会为每一位治疗对象建立档案以及形成针对性的治疗方案。团体工作模式则可包括小组治疗、治疗社区以及互助团体等形式。其中治疗社区有较大的影响力，它是以建立一个成瘾者的集体居住地为前提，在居住的过程中实现自助互助，从而形成一个集居住、生活、工作、社会交往和毒品成瘾戒断治疗为一体的居住性治疗环境。而在互助团体工作过程中，12步法（12-step program）则占据了比较主流的位置。总的来说，不管是在个案工作还是在团体工作的实践中，社会工作者都倾向于强调认知行为疗法的取向，以及基于积极关注、共情和真诚的动机式访谈技巧（Miller & Rollnick，1991）。如此可见，在众多专注于毒品成瘾戒断的社会工作项目中，动机式访谈法可说是较为基本且行之有效的操作技巧。

三、动机式访谈法的界定、理念、实施原则和技术

动机式访谈，又可称为动机增加（motivational enhancement，ME），它是由美国心理学及精神医学教授威廉·米勒（William Miller）和英国心理学家史蒂芬·罗尼克（Stephen Rollnick）开发的，将治疗对象存在的问题和需要达成的行为改变的目标之间的矛盾视为治疗的突破点，运用一系列认知—行为疗法激发治疗对象要求改变的动机的一种访谈技术（Miller & Rollnick，1991）。该技术以人本主义理论为基础，整合了动机心理学、社会心理学、心理治疗等理论与方法，采取独有的面谈原则和谈话技巧，协助治疗对象认识到现有的或潜在的问题，从而提升其改变的动机以达至治疗的目的。它既是一种发现问题的方法，又是一种促进与治疗对象沟通的模式，还是一项能够进行干预治疗的临床技术。动机式访谈的概念发展自卡尔·

罗杰斯(Carl Rogers)的来访者中心疗法,最初始于威廉·米勒在20世纪80年代治疗酒精依赖者的经验,但后来经过不断的发展和完善已被应用于更广泛的治疗场景,尤其常见于针对成瘾者的社会工作治疗项目之中。

与传统的以治疗者为主导的社会工作治疗方法不同,动机式访谈法最鲜明的特征便是它强调以治疗对象为中心,而治疗者在治疗过程中只起到引导和协助的作用。实践显示,很多时候治疗者善意的直接劝说并不能带来良好的效果,尽管直接劝说会使治疗对象了解改变所带来的好处,但是它也往往会引发其戒备和阻抗的心理,反而降低其转变的可能(Miller & Rollnick,2007)。动机式访谈法的核心理念就是——个体具有改变自己的内部资源与动力。社会工作者使用该方法背后的逻辑即为,如果个体能够主动意识到改变所带来的益处以及不改变所带来的害处,那么个体就有改变的动机,而在此基础上,个体将会积极参与到改变的过程中,并有充足的动力将其维持下去。它之所以被称为"动机式访谈法",最关键的即在于它强调对"动机"的激发,认为动机是可以改变的,且动机的改变会导致行为的改变。

从实践角度来看,动机式访谈法秉承一套独有的原则和技术,简称DEARS AROSE。其中,五项基本原则如下(即 DEARS)(Miller & Rollnick,1991):(1)找出差距(develop discrepancy):治疗者愿意花费时间让治疗对象找出自己期望的目标或行为与目前处境之间的差距,因为如果他不能找出差距的话,就不可能有治疗的动机,也就无法完成治疗。(2)将心比心、表达同理(express empathy):动机式访谈法永远以治疗对象为中心,从治疗对象的角度出发,充分理解他的想法、观点和态度。治疗者应做到不指挥和操纵治疗对象,而是采取接纳的态度,对治疗对象表示充分的尊重与理解,相信其有能力解决自己的问题。(3)避免争论(avoid argumentation)：当治疗对象处于犹豫不决状态时，治疗者要尽量避免与之争论，应该换一种治疗对象易于接受的方式与其交谈。因为当其陷入争论时，防御机制就会上升，从而降低改变的可能。(4)处理阻抗(roll with resistance)：治疗者想要做到既不与治疗对象争论，又要帮助其改变确实是一件困难的事情。在具体实践中，治疗者可以利用交谈的映射技术(reflection)帮助治疗对象厘清自己的问题，让其成为改变自己之路的决策者。(5)支持自我效能(support self-efficacy)：所谓自我效能是指个体有这样一种信念——相信自己有能力去完成所要求的行为。因此，在治疗过程中治疗者应该帮助治疗对象提高自信心，使其相信有能力改变自己。

而实施技术则包括下述五种(即 AROSE)(Miller & Rollnick，1991)：(1)肯定(affirmations)：即指那些鼓励、强化和承认治疗对象做出的适当尝试的表述。尽管这个策略最为简单，但其往往最容易遭到忽略。如下简单语句便可起到肯定的效果："很高兴你今天来了""做得好""你做得很棒"等等。(2)反馈式倾听(reflective listening)：即对治疗对象所讲述的内容表现出兴趣，并尊重其内在智慧。反馈式倾听表述的类型包括简单反馈(重述、释义)、反映感受以及双面反馈。反馈式倾听表述经常以"所以你觉得……""听起来你……""你认为……""一方面……另一方面……"等作为开头。(3)开放型问题(openended questions)：即保持一种安静而好奇的提问风格。开放型问题通常是不能用简单的"是"或"不是"或其他类型的简要答复来回答的。这种问题旨在鼓励治疗对象作为谈话的主导。问题主要以"什么""怎么样""告诉我……"等词句开头，但要避免一直询问治疗对象"为什么"，以免让其产生防御感。(4)总结(summarization)：这是反馈式倾听的特殊应用，它将前面讨论的内容都联系起来，并展现出治疗者正在仔细倾听，以及同时使治疗对象做好准备以便继续下面的访谈。总结通常包括三个部分——回顾好的方面、回顾不好的方面以及邀请继续访谈。常用的总结式话语包括:"看看我目前为止是否正确理解你的话了"或者"好了,这就是我目前为止听到的内容,仔细听并告诉我是否遗漏了什么重要的东西"。(5)引发改变性交谈(eliciting change talk):这个技巧致力于指导治疗对象讨论他们关于改变某个特别行为的矛盾心理。这又涉及多种具体的策略,如激发式提问、探索利和弊、要求细化、想象极端情况、展望以及回顾等。上述五种技术都是动机式访谈的具体实施方法。对于这些技术的熟练使用将会非常有利于治疗者实现其治疗的预期目标。

四、动机式访谈法在帮助成瘾者康复中的应用

毒品成瘾者康复和回归社会最大的障碍主要缘于以下三个原因:首先,长时间毒品使用使得成瘾者的身心健康都受到很大的损伤;其次,不健康的生活方式使其丧失了工作、人际关系、亲情、价值、自尊和自信;最后,由于毒品成瘾的难戒断性,成瘾者往往经历反复的戒毒实践但仍然希望破灭,从而成为家庭和社会的负担。也正是因为这三个原因,使成瘾者极易丧失希望与治疗动机。针对这一状况,治疗者往往和成瘾者及其家属一样,常会体验到挫败感,以及看不见希望。

以往研究证实,是否拥有"希望"与毒品成瘾的戒断有很密切的联系(Yahne & Miller, 1999)。作为治疗者的社会工作者,通过一定的策略让治疗对象充满改变现状的希望将对其戒除毒瘾有很重要的正向影响。而动机式访谈法便是个很好的可激发治疗对象"希望"的方法。以往研究也证实,动机式访谈对于成瘾者的治疗是有效的(Woody, 2003)。对于一个社会个体而言,希望是个体的特质(如有希望)和状态(希望感),或者说是一种正向的期待、渴望、信心和自信等。而希望的基本要素就包括:渴望,即积极要求

向上和追求更好的生活，以及期待改变自己；自信，即相信自己有能力向着所期望的方向做出改变；想象，即想象自己能摆脱自己的困境，开辟新的未来。这些都可以通过动机式访谈法达到。

而在希望和行为之间，则还包含有动机和态度两个过程：即希望激发动机，动机决定态度，态度指向行为。我们都希望通过治疗看到治疗对象行为的改变。而行为改变不是一蹴而就的，依据詹姆斯·普鲁查斯卡（James Prochaska）和卡洛·迪克莱门特（Carlo DiClemente）在20世纪80年代提出的行为转变阶段模式（Prochaska & DiClemente，1983，1984，1985，1988），它可分为六个阶段，即无意识期、意识期、准备期、行动期、维持期和完成期（复发期）。治疗对象在彻底改变之前往往会在这六个阶段中往返徘徊。当治疗对象还处于无意识期与意识期时，治疗者不能强迫治疗对象行动起来，而是应该让其看清自己的问题，激活其内在希望。此外，当治疗对象在不同阶段来回摆动时，治疗者的主要作用便是通过使用各种技术，启动和强化其改变的动机，加速治疗对象的改变行动。在这两种情况下，动机式访谈法的运用都将起到良好的激发、促进和强化动机的效果。

具体到针对药物成瘾者的康复治疗，动机式访谈首先将矛盾的心理视为人的一种正常心理状态，并且会影响到个人生活的方方面面。比方说，一位海洛因成瘾者想要彻底戒除毒瘾，但是却同时担心丧失自己原本的社交圈子，这就是一种矛盾心理。而这种矛盾心理就会使治疗对象陷入"戒还是不戒"这种进退两难的心理漩涡之中，从而对其戒毒动机的产生和坚固产生不利影响。而动机式访谈则通过一系列的访谈技巧，促使成瘾者用自己的话将这一矛盾心理表达出来，并正确地对待它（Miller & Rollnick，2007）。阐明和解决自己的矛盾心理是治疗对象自己需要完成的任务，这也是他们走向改变的第一步（Bernstein et al.，2005），而并非治疗者可以代而为之的。

其次，在治疗开始时，我们可以将成瘾者细化为四种不同的类型：（1）"耍太极"型：即尚未意识到吸毒所带来的影响，对劝诫其戒毒的人士不予理会，采取"推三阻四""能躲则躲"的态度；（2）反抗/逃避型：即不愿承担吸毒所造成的后果和责任，对戒毒呈不合作和反抗态度；（3）专家型：即认为吸毒行为并未对其生活造成巨大的影响，对自己有足够的信心，认为自己能够控制毒品的使用分量，而未意识到会有失控的危机；（4）放弃型：即因为有着较长时间的吸毒史，已充分意识到毒品对自己带来的负面影响，也曾尝试过戒毒（甚至尝试过很多次），然而并没有成功，从而对自己戒除毒瘾丧失了信心。对于上述四种不同类型的成瘾者，我们需要有针对性地使用不同策略加以应对；换句话说，就是在使用动机式访谈激发其改变的动机时需要有一定的针对性。

最后，在治疗过程中，我们还需要明确治疗对象处于行为改变的哪一个阶段，并针对性地明确治疗的目标。具体而言，处于无意识期的治疗对象，常表现为尚未意识到吸毒所带来的负面影响，且并未有改变的意愿，此时治疗者就需要帮助其增加对吸毒行为的危害意识，引起其对吸毒问题的关注。处于意识期的治疗对象开始意识到吸毒的负面效应，并正在思考是否要做出改变，对于这一时期的治疗对象，治疗者需要帮助其发掘转变的原因，以及探索不转变的危机。处于准备期的治疗对象则已经充分意识到自己需要做出改变，改变的动机也不断增强，作为治疗者此时就需要协助其订立戒毒的可行目标，并增强其改变能力。进入到行动期的治疗对象通常会开始积极地制订改变计划，并且将其付诸行动，在这种情况下，治疗者就需要协助其按照戒毒的目标和计划行进，并且提供必要支持。在维持期中的治疗对象已经能够在较长时间内维持已经做出的改变，并且逐步适应了新生活，在此情形之下，治疗者需要增强其维持能力，并协助其维持已取得的成果，防止复吸。完成期标志着行为改变已经完成，戒毒彻底成功了，当然也有可能前一阶段的改变失败而进入到复发期，此时治疗对象在维持已做出的改变中遭遇挫折，从而重新开始吸毒，在此时，治疗者需要协助治疗对象反省和评估改变的过程，为其注入希望，并重新帮助其订立改变的目标和计划。

五、动机式访谈的教学与实践

动机式访谈虽然在一些西方国家的社会工作教学与实践中应用甚广，甚至俨然成为一种社会工作专业学生"必学"、专业社会工作者"必掌握"的临床治疗技术，然而在我国的社会工作领域却还尚处于萌芽和起步阶段。鉴于这一技术在针对毒品成瘾者的治疗和康复过程中具有非常显著的积极意义，将其引入社会工作的教学和实践中将是非常有价值的。尤其是对于那些有志于服务毒品成瘾者的社会工作者们来说，学习和掌握动机式访谈法将会对其工作有极大的改善。

动机式访谈法是一项操作性很强的社会工作实践技巧，故而对其的学习如能采用教学与实践相结合的方式，将达到较为良好的效果。教学的重点主要在于让学生能够很好地掌握动机式访谈的一系列基本原则和技术，这可以通过课堂练习而达到较好的教学效果。以训练学生的"反馈式倾听"技巧为例，可以使用圆桌循环的形式进行练习。即教师将事先准备好的语句列表发给同学，同学们围成一圈每个人依次向旁边的人读出其中的一条语句，旁边的人则给予简单反馈、反映感受或双面反馈。或者亦可以使用结对分组的办法进行练习。两位同学一组交替扮演治疗对象和治疗者，轮流说出自身曾产生过的矛盾情绪和心理，扮演治疗者的同学在倾听时只做反馈，而避免给予任何建议或者以任何方式达到解决问题的方案。教学实践证明，这种训练对学生来说是一个挑战，需要一定的练习才能掌握。类似的其他技巧的训练也都可以使用结对或圆桌循环的形式来进行。而为了训练学生掌握动机式访谈的基本原则,则可以采用角色扮演(role play)的方式加以训练。比方说三个人组成一个小组,一人扮演治疗者,一人为治疗对象,另一人则在治疗者遇到问题时提供帮助。可能的话可鼓励学生角色扮演生活当中真实的情景,在这种情景中,应当包含矛盾的心理或感受。而治疗者则应该在这一过程里尽量实践 DEARS 五项原则。在角色扮演结束之后,学生们可以进行过程分享,诸如扮演治疗者时的感受如何,而治疗对象在见到治疗者时是否感到其可以帮助自己,等等。

鉴于目前社会工作专业中的实践教学多倾向于采用"证据为本的实践"(evidence-based practice)模式,对于动机式访谈的教学还需辅助以实践训练才能达到较好的教学效果。而这就牵涉对学生实习的安排。结合目前我国对于成瘾者的社会工作治疗尚未普及这一现实状况,实习安排可建议放在强制隔离戒毒所中进行。依据研究者曾指导学生在强制隔离戒毒所中实习的经验,虽然在戒毒所中接受戒毒治疗的吸毒者已经远离常态化的社会生活,但依然可以使用动机式访谈法激发其彻底戒除毒瘾的信心和动机。且相对而言,戒毒所中的吸毒者可控性较强,对于社会工作专业学生来说,是个很好的实习场所。当然,如果能有机会接触到生活在社区中的吸毒成瘾者,并对其展开治疗的话,将更有利于对这一技巧的掌握。

总的说来,动机式访谈作为社会工作专业技能的一种,在实践中具有很重要的地位,尤其对毒品成瘾者的治疗与康复具有很重要的作用。如果能将其很好地运用到社会工作的教学与实践之中,将提升针对成瘾者的治疗效果,更好地帮助其戒除毒瘾和回归正常的社会生活。

后 记

本书可算是近十年我关于毒品成瘾及戒瘾议题的定性研究代表性成果的汇集。成瘾不仅是一种个人体验，同时也受到许多社会性因素的影响，这是我将本书的副标题设定为"在社会结构与个体能动性之间"的初衷。当然，同时它也准确地反映了本书所涉及的所有相关议题的研究立场及研究发现。

与毒品成瘾与戒瘾议题的重要性不相匹配的是，中国社会科学界专注于该问题的研究者寥寥无几。于我来说，进入该研究领域源于一次偶然的机会：2013年，我带领学生到某女子戒毒所进行社会工作专业实习，期间我感受到每个吸毒者背后都有着丰富的社会经历和鲜活的生命体验，这极大地吸引了我踏入这个被主流社会科学研究者所忽视的"犄角旮旯"。幸运的是，我分别在2014年和2019年获得了两项与毒品议题相关的国家社会科学基金项目，这既是对我的研究兴趣的肯定，也促使我近十年来一直专注于毒品及吸毒者的研究。我最早发表相关成果开始于2015年，到今年发表最新的一篇论文刚好十年时间。这十年间，我以独立作者、第一作者以及通讯作者身份在国内外主流学术期刊发表多篇与毒品成瘾、成瘾者以及戒除毒瘾相关的研究论文；尽管这些论文发表的时间跨度很大，但其中的大部分使用了定性研究方法，且其数据均来源于我于2013至2016年间所做的关于毒品使用者群体及其毒品使用经历的调查。

在英文世界中，毒品成瘾与戒瘾是各类学术期刊高度关注的话题，各类专业期刊、期刊专栏、组稿层出不穷；相比之下，国内出版界和学术期刊对这一议题相对持一种"敬而远之"的态度，这就导致十年间我的相关学术论文主要发表于各类英文期刊。考虑到英文文献获得和阅读的不便利性，我的研究发现反而更不易为国内研究者和大众所知。鉴于此，我非常希望能有机会将这些研究成果通过某种形式以中文整体呈现出来，从而在某种意义上表达我对毒品成瘾与戒瘾议题的完整理解与思考，也能够让更多读者感受到这个领域中多元化的社会形态。

几经筛选与斟酌，这本书终于呈现出现在的状态。虽然除了研究方法之外的绝大部分内容都曾经发表过，但在本书成书的过程中，我又对每一部分内容做了进一步的修订，使其能够在"成瘾与戒瘾"的主题背景之下，以更加条理化的形式排列起来，从而给学术界的研究者、禁毒戒毒领域的实践者以及对此议题感兴趣的广大读者们提供一本既可以轻松阅读又能够展现一定学术价值的专业读物。其中多篇学术论文中有诸多合作者的参与与贡献，在此我一并致谢，并同时真挚感谢当时发表这些论文的中英文学术期刊。

本书付梓之际，我要感谢南京大学，在其中学习、工作的二十余年时光令我感觉温暖而自由，她浓郁且包容的学术氛围一直是我持续不断思考和努力的动力。感谢我的父母，他们的支持使我能够更加专注于学术工作。也感谢为本书部分文章的翻译稿承担校对工作的王冠宇、霍欢、倪婧和李思雨同学。当然，就像人类的成瘾和戒瘾始终在往复一样，本书的出版既是我过往研究的一个总结，同时也将会是我新的研究的起点。

刘柳

2024年10月1日

参考文献

James G. Barber,2008,《戒瘾社会工作》,范志海、李建英、杨旭译,上海:华东理工大学出版社。

陈沙麦、朱萍,2008,《社会转型期福建省女性吸毒的调查报告》,《福州大学学报(哲学社会科学版)》第4期,41-49页。

陈向明,1996,《社会科学中的定性研究方法》,《中国社会科学》第6期,10页。

陈向明,2000,《质的研究方法与社会科学研究》,北京:教育科学出版社。

陈宇、刘芬芬,2014,《社会工作视角下政府购买社区戒毒服务模式的运用浅析——以广州市Q机构"C服务计划"为例》,《社会工作》第6期,36-41+56页。

陈彧,2008,《问题与启示:标签理论视野下的戒毒工作》,《中国药物滥用防治杂志》第3期,185-187页。

David J. Powell,2004,《酒与药物滥用咨询辅导要素》,敖蕾译,郭松审校,《中国药物依赖性杂志》第13(3)期,第173-177页。

戴维·波普诺,2007,《社会学》,北京:中国人民大学出版社。

邓小娥、刘伟、于丽、李荣健,2013,《348例海洛因依赖者健康状况调查分析》,《应用预防医学》第5期,298-299页。

董海军,2009,《社会调查与统计》,武汉:武汉大学出版社。

段慧娟,2014,《认知、态度及社会支持对女性毒品滥用行为的影响》,南京:南京大学。

Mitch Earleywine, Stephen A. Maisto, Gerard J. Connors 等,2012,《成瘾障碍的心理治疗》,张珂娃、包燕、池培莲译,北京:中国轻工业出版社。

范明林、徐迎春,2007,《中国社会政策和社会工作研究 本土化和专业化》,《社会》第 2 期,119-134 页。

范志海、李建英,2012,《青少年吸食合成毒品问题与对策研究——基于上海市 100 个吸毒青少年个案的调查》,《青少年犯罪问题》第 4 期,58-62 页。

风笑天,2001,《社会学研究方法》,北京:中国人民大学出版社。

风笑天,2009,《社会学研究方法(第三版)》,北京:中国人民大学出版社。

风笑天,2015,《社会调查原理与方法(第三版)》,北京:首都经济贸易大学出版社。

俸卫东、韦启后、韦莉、白玉、单桂苏,2007,《柳州市 566 例吸毒者美沙酮维持治疗效果分析》,《公共卫生与预防医学》第 4 期,31-33 页。

顾东辉、童红梅、朱燕敏、孔繁雪,2004,《远离毒品:青少年禁毒的社会工作干预》,《社会》第 12 期,42-45 页。

郭翔,1998,《中国毒品问题资料》,《辽宁警专学报》第 1 期,14-16 页。

国家禁毒委员会,2015,《2014 年中国毒品形势报告》。

国家禁毒委员会,2016,《2015 年中国毒品形势报告》。

国家禁毒委员会,2017,《2016 年中国毒品形势报告》。

国家禁毒委员会,2018,《2017 年中国毒品形势报告》。

国家禁毒委员会,2019,《2018 年中国毒品形势报告》。

国家禁毒委员会,2022,《2021 年中国毒品形势报告》。

国家禁毒委员会,2023,《2022年中国毒品形势报告》。

韩丹,2008a,《城市吸毒人群吸毒行为成因的个案研究——以南京市为例》,《中国青年研究》第12期,68-72+79页。

韩丹,2008b,《新型毒品问题现状与社会成因分析——以南京市为例》,《公安学刊(浙江警察学院学报)》第2期,57-62页。

郝雪云、李敏兰,2018,《广东本土社会工作督导成长路径探析》,《中国社会工作》第31期,31-33页。

何华先、鲍宇刚、陈连峰、李水雄、向超群、谢晓、张大迁,2008,《美沙酮维持治疗对预防吸毒者中HIV传播的效果评价》,《中国艾滋病性病》第2期,124-126页。

何鸣、张慧、唐江平、唐志军、杨德森、陈向一、郝伟,1995,《海洛因依赖者的自尊与孤独感研究》,《中华行为医学与脑科学杂志》第4期,170-173页。

何志雄、罗伟导、丘志文、邱鸿钟,2004,《对吸毒原因的调查与分析》,《中国药物滥用防治杂志》第1期,20-23页。

黄敏,2012,《标签理论视角下的戒毒康复研究》,《云南警官学院学报》第2期,26-28页。

黄勇,2009,《标签理论与青少年犯罪团伙的形成》,《理论界》第10期,167-168页。

霍华德·贝克尔,2011,《局外人:越轨的社会学研究》,张默雪译,南京:南京大学出版社。

江山河,2008,《犯罪学理论》,上海:格致出版社。

江雪莲,2002,《西方越轨社会学研究的伦理启示》,《华南师范大学学报(社会科学版)》第4期,7-12页。

姜微微、李治民、张卫,2007,《自愿戒毒患者MMPI个性调查及其因子分析结果》,《中国药物依赖性》第 2 期,118-123 页。

蒋涛,2006,《吸毒人群社会支持网研究:对重庆市南岸区戒毒所的调查》,《社会》第 4 期,160-172+209 页。

揭亚雄、佘杰新,2019,《女性毒品犯罪之基本状况及治理路径——基于 1000 个案例之实证研究》,《中国人民公安大学学报(自然科学版)》第 4 期,84-89 页。

杰克·D. 道格拉斯、弗兰西斯·C. 瓦克斯勒,1987,《越轨社会学概论》,张宁,朱欣民译,石家庄:河北人民出版社。

来海军,2013,《循证矫正视野下强制隔离戒毒工作思考》,《中国司法》第 12 期,88-91 页。

李骏,2009,《吸毒人员的群体特征:海洛因和新型毒品的比较分析》,《青年研究》第 1 期,19-31 页。

李明琪、杨磐,2012,《犯罪学标签理论的应然走向》,《中国人民公安大学学报(社会科学版)》第 3 期,133-139 页。

李鹏程,2006,《吸毒者自尊水平、应对方式与吸毒行为的相关研究》,《中国社会医学杂志》第 4 期,234-237 页。

李振玉,2018,《司法行政戒毒机关指导支持社区戒毒、社区康复工作思考》,《犯罪与改造研究》第 11 期,66-70 页。

梁鑫、郑永红,2015,《当前我国青少年禁毒宣传教育问题及对策研究》,《卫生职业教育》第 8 期,21-23 页。

廖龙辉,2001,《当前青少年吸毒行为现状及其成因的社会学分析》,《青年探索》第 4 期,48-52 页。

林森,2015,《缅甸概况与毒品问题研究》,《卷宗》第 5 期,576-576 页。

林洋,2016,《论青少年吸毒原因及预防措施》,《青少年犯罪问题》第 2 期,53-

61页。

刘晖、刘霞,2011,《女性吸毒特质诱因的社会学述评——以新型毒品为解释视角》,《学术界》第6期,166-173+288页。

刘柳,2015,《女性服刑者的环境适应与再社会化研究》,北京:中国社会科学出版社。

刘柳、段慧娟,2015,《关于中国女性吸毒者维持毒品使用行为的研究》,《人口与发展》第4期,74-81页。

刘柳、段慧娟,2017,《中国女性吸毒者的群体异同研究》,《江苏社会科学》第4期,57-65页。

刘柳、段慧娟,2018,《毒友圈与圈子亚文化:青年女性之吸毒生涯扩张期探析》,《中国青年研究》第1期,11-17页。

刘柳、王盛,2019,《吸毒人群心理体验的质性分析——基于标签理论的视角》,《河南警察学院学报》第5期,5-11页。

刘明、关纯兴,2006,《当前我国苯丙胺类毒品的滥用特点与相关问题探讨》,《中国药物依赖性杂志》第15期,326-328页。

刘能、宋庆宇,2015,《吸毒人群增量的社会结构因素研究》,《华中科技大学学报》第4期,96-102页。

刘延磊,2015,《金三角毒品问题对我国安全的影响及对策》,《云南警官学院学报》第1期,20-23页。

刘玉梅,2009,《家庭教养方式对海南省青少年吸毒行为的影响》,《海南医学院学报》第11期,1468-1471页。

刘志民,2004,《对劳动康复戒毒的几点建议》,《中国药物依赖性杂志》第3期,233-234页。

刘志民,2013,《社区戒毒社区康复的实践与创新——学习考查贵州省"阳光工程"建设的几点体会》,《中国药物滥用防治杂志》第 1 期,7-9+19 页。

刘志民、吕宪祥、穆悦、连智、周伟华、曹家琪,2002,《我国药物滥用的基本情况调查》,《中国药物滥用防治杂志》第 5 期,27-30 页。

罗剑春、赵远伦、凡云章、倪菡、赵志松、薪永英、周小娟、罗嫘、毛訷之、王朝勇,2005,《美、加、澳、丹、瑞五国禁毒政策概述(译文)》,《云南警官学院学报》第 2 期,48-50 页。

罗旭、刘雄文,2013,《吸食新型毒品戒毒人员心理行为特征分析与矫治对策研究》,《社会心理科学》第 7 期,28-34 页。

马模贞,1990,《中国禁毒历史的回顾》,《中国药物依赖性通报》第 2 期,1-12 页。

《麻醉药品和精神药品管理条例》,2005。

孟登迎,2008,《"亚文化"概念形成史浅析》,《外国文学》第 6 期,93-102 页。

孟向京、王丹瑕,2000,《吸毒、贩毒对人口发展的影响》,《人口研究》第 24 卷第 3 期,63-68 页。

欧阳涛、柯良栋,1993,《吸毒、贩毒现状分析》,《社会学研究》第 3 期,62-68 页。

沈康荣,2007,《新型毒品使用者的群体特征》,《社会观察》第 6 期,11-12 页。

沈琦士,2019,《我国社区戒毒面临的困境分析及改革路径——以上海市 S 街道为例》,《法治与社会》第 3 期,153-155+157 页。

盛楠,2011,《新型毒品犯罪形势及对策研究——以某市涉毒案件为视角》,吉林大学。

宋晓明,2006,《吸食新型毒品的特点及其防控对策》,《西南政法大学学报》第 12 期,92-99 页。

索斯,2012,《毒品、酒精与犯罪》,刘君译,载于《牛津犯罪学指南》,北京:中国人民公安大学出版社。

谭洁,2016,《公益广告中存在的问题——以禁毒广告为例》,《新媒体研究》第 18 期,74-75。

铁恩贵、曾恒、金俊、徐本树、孙志伟、王艳芬、陈君、张玉香,1999,《阿片类依赖者脱毒后复吸情况及复吸原因的流行病学调查》,《中国药物依赖性杂志》第 4 期,66-70 页。

伍威·弗里克,2011,《质性研究导引》,孙进译,重庆:重庆大学出版社。

王丹,2010,《中外社区戒毒模式比较研究》,《云南警官学院学报》第 5 期,43-46 页。

王昊鹏、杨静静、邓小昭、许可、王洁、张云,2010,《中国大陆吸毒人群 HIV、HBV、HCV 感染状况及其相关因素的 Meta 分析》,《中华疾病控制杂志》第 4 期,300-304 页。

王嘉顺、林少真,2014,《社会排斥与另类的生活空间:青年吸毒行为的影响机制分析》,《东南学术》第 4 期,165-174 页。

王垒、罗黎辉、赵建新、童佳瑾,2004,《吸毒者心理社会生活质量分析》,《心理科学》第 2 期,284-286 页。

王祎,2008,《浙江省女性吸毒人员调查分析》,《中国人民公安大学学报(社会科学版)》第 6 期,149-156 页。

王玉香,2011,《青少年吸毒现象及社会工作介入策略》,《中国青年研究》第 12 期,24-27 页。

文军,2013,《西方社会工作理论》,北京:高等教育出版社。

文军、蒋逸民,2010,《质性研究概论》,北京:北京大学出版社。

沃野,2005,《关于社会科学定量、定性研究的三个相关问题》,《学术研究》第 4 期,41-47 页。

吴成军,2004,《民国时期戒毒政策研究》,《民国档案》第 2 期,73-79 页。

吴红湖,2017,《新时期我国毒品犯罪状况与治理对策研究》,《法治与社会》第 6 期,170-172 页。

吴宗宪,1989,《犯罪亚文化理论概述》,《比较法研究》第 3 期,80-85 页。

夏国美,2003,《社会学视野下的禁毒研究——青少年吸毒问题调查》,《社会科学》第 10 期,65-74 页。

夏国美、杨秀石、李骏、缪佳,2009,《新型毒品滥用的成因与后果》,《社会科学》第 3 期,73-81+189 页。

辛国恩,2006,《毛泽东改造罪犯理论研究》,北京:人民出版社。

徐玲,2000,《标签理论及其对教育"问题青少年"的启示》,《社会》第 10 期,46-47。

徐小良,2012,《强制隔离戒毒人员吸食新型毒品相关情况调查分析与对策》,《中国药物依赖性杂志》第 1 期,54-57 页。

亚历克斯·梯尔,2011,《越轨社会学》,王海霞、范文明、马翠兰、嵇雷译,北京:中国人民大学出版社。

杨黎华,2012,《当前禁毒宣传教育工作存在的问题及对策》,《湖北警官学院学报》第 1 期,180-181 页。

杨舒涵,2015,《不同犯罪动机女性毒品犯人格特征与矫正对策》,《云南警官学院学报》第 2 期,18-22 页。

杨锃、王群,2018,《社会工作专业化从何而来?——基于 2014 上海大都市社区调查(SUNS)》,《社会建设》第 2 期,54-69 页。

姚建龙,2001,《对女性吸毒问题的探讨》,《青少年犯罪问题》第 6 期,47-51+35 页。

袁楠,2012,《从健康传播角度看我国电视媒介吸毒报道的议题建构——以中央电视台为例》，陕西师范大学。

张晴、张义平、王建伟、张涛、于萍、倪玉霞，2014，《中外戒毒资源配置比较》，《云南警官学院学报》第 2 期，25-30 页。

张胜康，2002，《论亚文化群体对青少年毒品使用行为的影响》，《青年探索》第 2 期，50-53 页。

张阳，2020，《贩卖毒品犯罪人的基本样态与综合治理——基于我国西南某市 300 份一审判决书》，《广西警察学院学报》第 3 期，23-29 页。

张勇安，2006，《美国与墨西哥禁毒合作中的不对称性——以"百草枯喷洒项目"为中心(1971-1981)》，《南京大学学报》第 4 期，57-67 页。

赵梦雪、杨国愉、张盈、张晶轩、王菲菲、杨春丽、王皖曦、徐文佳，2017，《重庆地区 1031 名强制隔离戒毒人员心理健康状况》，《中华疾病控制杂志》第 4 期，399-403 页。

浙江省戒毒管理局课题组，2014，《关于强制隔离戒毒人员回归社会后戒断操守情况的调查报告》，《中国司法》第 10 期，69-74 页。

《中华人民共和国禁毒法》，2007。

《中华人民共和国刑法》，1997。

《中华人民共和国监狱法》，1994。

翟学伟，2004，《人情、面子与权力的再生产——情理社会中的社会交换方式》，《社会学研究》第 5 期，48-57 页。

周小琳、杨碧，2011，《导致吸毒的因素探析》，《法制与社会》第 17 期，171-172 页。

朱海燕、沈模卫、殷素梅，2005，《不同康复时相戒除者对海洛因相关线索的注意偏向》，《应用心理学》第 4 期，297-301 页。

Adler, P. (1993). *Wheeling and Dealing: An Ethnography of an Upper-Level Drug Dealing and Smuggling Community*. New York, NY: Columbia University Press.

Agnew, R. (2006). "Storylines as a neglected cause of crime." *Journal of Research in Crime & Delinquency*, 43(2), 119-147.

Ahamad, K., DeBeck, K., Feng, C., Sakakibara, T., Kerr, T. & Wood, E. (2014). "Gender influences on initiation of injecting drug use." *The American Journal of Drug and Alcohol Abuse*, 40(2), 151-156.

Akers, R. L. (1991). "Addiction: The troublesome concept." *The Journal of Drug Issues*, 21, 777-793.

Aklin, W. M., Wong, C. J., Hampton, J., Svikis, D. S., Stitzer, M. L., Bigelow, G. E., & Silverman, K. (2014). "A therapeutic workplace for the long-term treatment of drug addiction and unemployment: Eight-year outcomes of a social business intervention." *Journal of Substance Abuse Treatment*, 47, 329-338.

Alexander, B. K., & Schwerghofer, A. R. F. (1988). "Defining 'addiction'." *Canadian Psychology*, 29(2), 151-162.

Altschuler, D. M., & Brash, R. (2004). "Adolescent and teenage offenders confronting the challenges and opportunities of reentry." *Youth Violence and Juvenile Justice*, 2, 72-87.

Altschuler, D. M., Armstrong, T. L., & MacKenzie, D. L. (1999). "Reintegration, supervised release, and intensive aftercare." *Juvenile Justice Bulletin*. Washington, D. C.: U. S. Department of Justice, Office of Juvenile Justice and Delinquency Prevention.

Amon, J. J. , Pearshouse, R. , Cohen, J. E. , & Schleifer, R. (2014). "Compulsory drug detention in East and Southeast Asia: Evolving government, UN and donor responses." *International Journal of Drug Policy*, 25, 13-20.

Anderson, B. , Nilsson, K. , & Tunving, K. (1983). "Drug careers in perspective." *Acta Psychiatrica Scandinavica*, 67(4), 249-257.

Anglin, M. D. , Burke, C. , Perrochet, B. , Stamper, E. & Dawud-Noursi, S. (2000). "History of the methamphetamine problem." *Journal of Psychoactive Drugs*, 32, 137-141.

Askew, R. (2016). "Functional fun: Legitimising adult recreational drug use." *International Journal of Drug Policy*, 36, 112-119.

Assari, S. , & Lankarani, M. M. (2015). "Mediating Effect of Perceived Overweight on the Association between Actual Obesity and Intention for Weight Control: Role of Race, Ethnicity, and Gender." *International Journal of Preventive Medicine*, 6, 102-102.

Ayres, I. , & Braithwaite, J. (1992). *Responsive Regulation: Transcending the Deregulation Debate*. Oxford: Oxford University Press.

Baek, R. N. , Tanenbaum, M. L. & Gonzalez, J. S. (2014). "Diabetes burden and diabetes distress: The buffering effect of social support." *Annals of Behavioral Medicine*, 48, 145-155.

Bairan, A. , Boeri, M. & Morian, J. (2014). "Methamphetamine use among suburban women: Implications for nurse practitioners." *Journal of the American Association of Nurse Practitioners*, 26, 620-628.

Baltieri, D. A. (2014). "Predictors of drug use in prison among women convicted of violent crimes." *Criminal Behaviour and Mental Health*, 24, 113-128.

Baracz, S. J. & Cornish, J. L. (2016). "The neurocircuitry involved in oxytocin modulation of methamphetamine addiction." *Frontiers in Neuroendocrinology*, 43, 1-18.

Barr, A. M., Panenka, W. J., MacEwan, G. W., Thornton, A. E., Lang, D. J., Honer, W. G. & Lecomte, T. (2006). "The need for speed: An update on methamphetamine addiction." *Journal of Psychiatry & Neuroscience*, 31, 301-313.

Becker, A. E., Fay, K., Gilman, S. E., & Striegel-Moore, R. (2007). "Facets of acculturation and their diverse relations to body shape concern in Fiji." *International Journal of Eating Disorders*, 40(1), 42-50.

Becker, H. S. (1963). *Outsiders: Studies in the Sociology of Deviance*. New York, NY: The Free Press.

Becker, H. S., & A. L. Strauss. (1956). "Careers, personality, & adult socialization." *American Journal of Sociology*, 62(3), 253-263.

Beenstock, M., & G. Rahav. (2004). "Immunity & susceptibility in illicit drug initiation in Israel." *Journal of Quantitative Criminology*, 20(2), 117-142.

Bennett, T., Holloway, K., & Farrington, D. (2008). "The statistical association betweendrug misuse and crime: A meta-analysis." *Aggression and Violent Behavior*, 13, 107-118.

Berg, B. L. (2007). *Qualitative Research Methods for the Social Sciences* (6th ed.). Boston, MA: Pearson / Allyn & Bacon.

Bernard, H. R. (2000). *Social Research Methods: Qualitative and Quantitative Approaches*. Thousand Oaks, CA: Sage.

Bernstein, J., Bernstein, E., Tassiopoulos, K., Heeren, T., Levenson, S. & Hingson, R. (2005). "Brief motivational intervention at a clinic visit reduces cocaine and heroin use." *Drug and Alcohol Dependence*, 77, 49-59.

Best, D. (2017). "Developing strength-based recovery systems through community corrections." *Addiction*, 112(5), 759-761.

Biddulph, S., & Xie, C. (2011). "Regulating drug dependency in China: The 2008 PRC Drug Prohibition Law." *British Journal of Criminology*, 51(6), 978-996.

Black, J. (2002). "Critical reflections on regulation." *Australasian Journal of Legal Philosophy*, 27(2002), 1-46.

Black, P., and L. J. Joseph. (2014). "Still dazed and confused: Midlife marijuana use by the Baby Boom Generation." *Deviant Behavior*, 35(10), 822-841.

Blokland, A. J., & Nieuwbeerta, P. (2005). "The effects of life circumstances on longitudinal trajectories of offending." *Criminology*, 43, 1203-1233.

Boeri, M. (2013). *Women on Ice: Methamphetamine Use Among Suburban Women*. New Brunswick, NJ: Rutgers University Press.

Boeri, M. W., Harbry, L. & Gibson, D. (2009). "A qualitative exploration of trajectories among suburban users of methamphetamine." *Journal of Ethnographic & Qualitative Research*, 3, 139-151.

Bolding, G., Hart, G., Sherr, L., & Elford, J. (2006). "Use of crystal meth among gay men in London." *Addiction*, 101(11), 1622-1630.

Bourdieu, P. (1990). *The Logic of Practice*. Stanford, CA: Stanford University Press.

Braithwaite, J. (2001). "Restorative justice and a new criminal law of substance abuse." *Youth & Society*, 33(2), 227-248.

Braithwaite, J. (2002). *Restorative Justice and Responsive Regulation*. Oxford: Oxford University Press.

Braithwaite, J. (2011). "The essence of responsive regulation." *University of British Columbia Law Review*, 44, 475.

Braithwaite, J. (2018). "Minimally sufficient deterrence." *Crime and Justice*, 47(1), 69-118.

Braun, V. & Clarke, V. (2006). "Using thematic analysis in psychology." *Qualitative Research in Psychology*, 3, 77-101.

Brecht, M. L., O'Brien, A., von Mayrhauser, C. & Anglin, M. D. (2004). "Methamphetamine use behaviors and gender differences." *Addictive Behaviors*, 29, 89-106.

Brecht, M.-L., Greenwell, L., & Anglin, M. D. (2007). "Substance use pathways to methamphetamine use among treated users." *Addictive Behaviors*, 32, 24-38.

Brecht, M.-L., O'Brien, A., von Mayrhauser, C., & Anglin, M. D. (2004). "Methamphetamine use behaviors and gender differences."

Addictive behaviors, 29(1), 89-106.

Bright, D. A., & Sutherland, R. (2017). "'Just doing a favor for a friend'; The social supply of ecstasy through friendship networks." *Journal of Drug Issues*, 47(3), 492-504.

Broadhead, R. S., Heckathorn, D. D., Weakliem, D. L., Anthony, D. L., Madray, H., Mills, R. J. & Hughes, J. (1998). "Harnessing peer networks as an instrument for AIDS prevention: Results from a peer-driven intervention." *Public Health Reports*, 113 (Suppl. 1), 42-57.

Brophy, L., & McDermott, F. (2013). "Using social work theory and values to investigate the implementation of community treatment orders." *Australian Social Work*, 66(1), 72-85.

Brown, S. A. (2011). "Standardized measures for substance use stigma." *Drug and Alcohol Dependence*, 116(1-3), 137-141.

Bruening, A. B., Perez, M., & Ohrt, T. K. (2018). "Exploring weight control as motivation for illicit stimulant use." *Eating Behaviors*, 30, 72-75.

Bry, B. H. (1983). "Predicting drug abuse: Review & reformulation." *International Journal of the Addictions*, 18(2), 223-232.

Bryant, C. G. A. (1985). *Positivism in Social Theory and Research*. London: Macmillan.

Bryman, A. (1999). "The debate about quantitative and qualitative research." In Bryman, A. & Burgess, R. G. (Eds.), *Qualitative Research* (Vol. I). London: Sage.

Buckley, P. J., Clegg, J., & Tan, H. (2006). "Cultural awareness in knowledge transfer to China—The role of guanxi and mianzi." *Journal of World Business*, 41(3), 275-288.

Bull, M., & Zhou, Z. (2017). "Harm reduction and vice: A comparative analysis of regulation in the PRC and Australia." *Journal of Comparative Law*, 11(2), 30-50.

Bull, M., Denham, G., Trevaskes, S., & Coomber, R. (2016). "From punishment to pragmatism: Sharing the burden of reducing drug-related harm." *The Chinese Journal of Comparative Law*, 4, 300-316.

Bulmer, M. (ed.). (1982). *Social Research Ethics: An Examination of the Merits of Covert Participant Observation*. New York, NY: Macmillan.

Burman, S. (2004). "Revisiting the agent of social control role: Implications for substance abuse treatment." *Journal of Social Work Practice*, 18(2), 197-209.

Bushway, S. D., Thornberry, T. P., & Krohn, M. D. (2003). "Desistance as a developmental process: A comparison of static and dynamic approaches." *Journal of Quantitative Criminology*, 19, 129-153.

Byrnes, J. P., Miller, D. C., & Schafer, W. D. (1999). "Gender differences in risk taking: A meta-analysis." *Psychological Bulletin*, 125(3), 367-383.

Carbone-Lopez, K., J. G. Owens, & J. Miller. (2012). "Women's 'storylines' of methamphetamine initiation in the Midwest." *Journal of Drug Issues*, 42(3), 226-246.

Cartier, J., Farabee, D., & Prendergast, M. L. (2006). "Methamphetamine use, self-reported violent crime, and recidivism among offenders in California who abuse substances." *Journal of Interpersonal Violence*, 21, 435-445.

Catalano, R. F., Morrison, D. M., Wells, E. A., Gillmore, M. R., Iritani, B., & Hawkins, J. D. (1992). "Ethnic differences in family factors related to early drug initiation." *Journal of Studies on Alcohol*, 53(3), 208-217.

Chaiklin, H. (2008). "Correctional social work." In A. R. Roberts (ed.), *Correctional Counseling and Treatment: Evidence-based Perspectives*. Upper Saddle River, NJ: Pearson Prentice Hall.

Charmaz, K. (1996). "The search for meanings: Grounded theory." In Smith, J. A., Harre, R., & Van Langenhove, L. (Eds.), *Rethinking Methods in Psychology*. London: Sage.

Cheng, V. S., & Lapto, F. K. (2021). "The social meaning of snitching in Chinese drug detention centers." *Punishment & Society*, 23(3), 355-375.

Chin, K.-L., & Zhang, S. X. (2007). *The Chinese Connection: Cross-border Drug Trafficking Between Myanmar and China*. Final report to the United States Department of Justice (unpublished), National Criminal Justice Reference Service.

Chui, W. H. (2016). "Incarceration and family stress as understood through the family process theory: Evidence from Hong Kong." *Frontiers in Psychology*, 7, 881.

Chui, W. H., & Ho, K. M. (2006). "Working with involuntary clients:

Perceptions and experiences of outreach social workers in Hong Kong." *Journal of Social Work Practice: Psychotherapeutic Approaches in Health, Welfare and the Community*, 20(2), 205-222.

Coombs, R. H. (1981). "Drug abuse as career." *Journal of Drug Issues*, 11(4), 369-387.

Copeland, A. L., & Sorensen, J. L. (2001). "Differences between methamphetamine users and cocaine users in treatment." *Drug and Alcohol Dependence*, 62(1), 91-95.

Copeland, J., Howard, J., Keogh, T., & Seidler, K. (2003). "Patterns and correlates of alcohol and other drug use among juvenile detainees in New South Wales 1989—1999." *Drug and Alcohol Review*, 22, 15-20.

Cornish, D. B., & Clarke, R. V. (1986). *The Reasoning Criminal*. New York, NY: Springer-Verlag.

Correctional Service Canada. (2010). Social worker. Retrieved from http://www.csc-scc.gc.ca/text/carinf/social-eng.shtml (accessed Dec 24, 2017).

Couch, D., Thomas, S. L., Lewis, S., Blood, R. W., Holland, K., & Komesaroff, P. (2016). "Obese people's perceptions of the thin ideal." *Social Science & Medicine*, 148, 60-70.

Courtney, M., & Moulding, N. T. (2014). "Beyond balancing competing needs: Embedding involuntary treatment within a recovery approach to mental health social work." *Australian Social Work*, 67

(2), 214-226.

Cretzmeyer, M., Sarrazin, M. V., Huber, D. L., Block, R. I. & Hall, J. A. (2003). "Treatment of methamphetamine abuse: research findings and clinical directions." *Journal of Substance Abuse Treatment*, 24(3), 267-277.

Criminal Law of the People's Republic of China. (1997). Database of laws and regulations-criminal law. Retrieved from http://www.npc.gov.cn/englishnpc/Law/2007-12/13/content_1384075.htm (accessed Dec 24, 2017).

Dai, M., & Gao, H. (2014). "Drug users' satisfaction with drug control by the police in China." *Asian Journal of Criminology*, 9(3), 205-219.

Daly, K. (2003). "Book review: Restorative justice and responsive regulation." *Australian and New Zealand Journal of Criminology*, 36(1), 109-113.

Darke, S., Kaye, S., McKetin, R., & Duflou, J. (2008). "Major physical and psychological harms of methamphetamine use." *Drug and Alcohol Review*, 27(3), 253-262.

Davis, K. (2015). *Dancing Tango: Passionate Encounters in a Globalizing World*. New York, NY: New York University Press.

Dawkins, M. P. (1997). "Drug use and violent crime among adolescents." *Adolescence*, 32, 395-405.

Decorte, T. (2001). "Drug users' perceptions of 'controlled' and 'uncontrolled' use." *International Journal of Drug Policy*, 12, 297-320.

Degenhardt, L., Sara, G., McKetin, R., Roxburgh, A., Dobbins, T.,

Farrell, M., ... Hall, W. D. (2017). "Crystalline methamphetamine use and methamphetamine-related harms in Australia." *Drug and Alcohol Review*, 36, 160-170.

DeLisi, M., & Piquero, A. R. (2011). "New frontiers in criminal careers research, 2000—2011: A state-of-the-art review." *Journal of Criminal Justice*, 39, 289-301.

Demarest, J., & Allen, R. (2000). "Body image: Gender, ethnic, and age differences." *Journal of Social Psychology*, 140(4), 465-472.

Dennis, F. & Farrugia, A. (2017). "Materialising drugged pleasures: Practice, politics, care." *International Journal of Drug Policy*, 49, 86-91.

Dennis, M., & Scott, C. K. (2007). "Managing addiction as a chronic condition." *Addiction Science & Clinical Practice*, 4, 45-55.

Denton, B. (2001). *Dealing: Women in the Drug Economy*. Sydney: UNSW Press.

Denton, B., & O'Malley, P. (1999). "Gender, trust, and business: Women drug dealers in the illicit economy." *The British Journal of Criminology*, 39(4), 513-530.

Denton, B., & O'Malley, P. (2001). "Property crime and women drug dealers in Australia." *Journal of Drug Issues*, 31(2), 465-486.

Denzin, N. K. (2001). *Interpretive Interactionism* (2nd ed.). Thousand Oaks, CA: Sage.

Denzin, N. K., & Lincoln, Y. S. (2005). "Introduction: The discipline and practice of qualitative research." In Denzin, N. K., & Lincoln,

Y. S. (Eds.), *The SAGE Handbook of Qualitative Research* (3rd ed.). Thousand Oaks, CA: Sage,1-32.

Ding, Y., N. He, & R. Detels. (2013). "Circumstances of initiation into new-type drug use among adults in Shanghai: Are there differences by types of first new-type drug used?" *Drug & Alcohol Dependence*, 131(3), 278-283.

Ding, Y., N. He, & R. Detels. (2015). "Adolescent sexual debut & initiation into new-type drug use among a sample of young adults." *Journal of Psychoactive Drugs*, 47(3), 182-186.

Dissiz, M. 2018. "The effect of heroin use disorder on the sexual functions of women." *Journal of Psychiatry & Neurological Sciences*, 31(3), 238-245.

Dluzen, D. E. & Liu, B. (2008). "Gender differences in methamphetamine use and responses: A review." *Gender Medicine*, 5, 24-35.

Dobkin, P. L., De, C. M., Paraherakis, A., & Gill, K. (2002). "The role of functional social support in treatment retention and outcomes among outpatient adult substance abusers." *Addiction*, 97, 347-356.

Donmoyer, R. (2012). "Attributing causality in qualitative research." *Qualitative Inquiry*, 18(8), 651-654.

Donovan, J. E., & R. Jessor. (1985). "Structure of problem behavior in adolescence & young adulthood." *Journal of Consulting & Clinical Psychology*, 53(6), 890-904.

Du, J. J. (2004). *Punishment and Reform: An Introduction to the*

Reform-through-labour System in the People's Republic of China. Hong Kong: Lo Tat Cultural Publishing Co.

Ducharme, L. J., Mello, H. L., Roman, P. M., Knudsen, H. K., & Johnson, J. A. (2007). "Service delivery in substance abuse treatment: Reexamining 'comprehensive' care." *Journal of Behavioral Health Services & Research*, 34, 121-136.

Dunlap, E., Johnson, B. D., & Manwar, A. (1994). "A successful female crack dealer: Case study of a deviant career." *Deviant Behavior*, 15(1), 1-25.

Duterte, M., K. Hemphill, T. Murphy, & S. Murphy. (2003). "Tragic beauties: Heroin images & heroin users." *Contemporary Drug Problems*, 30(3): 595-617.

Elkashef, A., Vocci, F., Hanson, G., White, J., Wickes, W. & Tiihonen, J. (2008). "Pharmacotherapy of methamphetamine addiction: An update." *Substance Abuse*, 29, 31-49.

Ettorre, B. (1989). "Women and substance use/abuse: Towards a feminist perspective or how to make dust fly." *Women's Studies International Forum*, 12, 593-602.

Executive, S. (2008). "Social work services in prison." In A. Buchanan (ed.), *Social work* (Vol. IV). London: Routledge, 250-259.

Fagan, J. (1994). "Women and drugs revisited: Female participation in the cocaine economy." *Journal of Drug Issues*, 24, 179-225.

Faller, H., Weis, J., Koch, U., Brähler, E., Härter, M., Keller, M. ... Mehnert, A. (2016). "Perceived need for psychosocial support depending on emotional distress and mental comorbidity in men and women with cancer." *Journal of Psychosomatic Research*, 81, 24-30.

Farrell, A. D., & Danish, S. J. (1993). "Peer drug associations and emotional restraint: Causes or consequences of adolescents' drug use?" *Journal of Consulting and Clinical Psychology*, 61(2), 327-334.

Farrell, M., Marsden, J., Ali, R., & Ling, W. (2002). "Methamphetamine: Drug use and psychoses becomes a major public health issue in the Asia Pacific region." *Addiction*, 97(7), 771-772.

Farrington, D. (2007). "Advancing knowledge about desistance." *Journal of Contemporary Criminal Justice*, 1, 125-134.

Federal Drug Control Programs. (2002). *The Budget for Fiscal Year 2003*. Washington, DC: Executive Office of the President.

Felson, M., & Clarke, R. V. (1998). "Opportunity makes the thief: Practical theory for crime prevention." *Police Research Series*, *Paper 98*. London: Home Office, Policing and Reducing Crime Unit. Retrieves from https://pdfs.semanticscholar.org/09db/dbce90b22357d58671c41a50c8c2f5dc1cf0.pdf.

Feng, Z., Vlachantoni, A., Liu, X., & Jones, K. (2016). "Social trust, interpersonal trust and self-rated health in China: a multi-level study." *International Journal for Equity in Health*, 15, 180.

Fine M., Weis L., Weseen S., & Wong L. M. (2000). "For whom? Qualitative research, representations, and social responsibilities." In Denzin, N. K., & Lincoln, Y. S. (Eds.), *The Handbook of*

Qualitative Research. Thousand Oaks, CA: Sage Publications.

Firestone, W. A. (1993). "Alternativearguments for generalizing from data as applied to qualitative research." *Educational Researcher*, 22(4), 16-23.

Fischer, B., Roberts, J. V., & Kirst, M. (2002). "Compulsory drug treatment in Canada: Historical origins and recent developments." *European Addiction Research*, 8, 61-68.

Fitzgerald, J. L. (2009). "Mapping the experience of drug dealing risk environments: An ethnographic case study." *International Journal of Drug Policy*, 20(3), 261-269.

Fleetwood, J. (2014). "Keeping out of trouble: Female crack cocaine dealers in England." *European Journal of Criminology*, 11(1), 91-109.

Flick, U. (2014). *An Introduction to Qualitative Research* (5th ed.). London: Sage Publication.

Fong, V. L. (2007). "Parent-child communication problems & the perceived inadequacies of Chinese only children." *Ethos*, 35(1), 85-127.

Fontana, A., & Frey, J. H. (1994). "Interviewing: The art of science." In Denzin, N. K., & Lincoln, Y. S. (Eds.), *Handbook of Qualitative Research*. Thousand Oaks, CA: Sage, 361-376.

Frykholm, B. (1979). "Termination of the drug career: An interview study of 58 ex-addicts." *Acta Psychiatrica Scandinavica*, 59(4), 370-380.

Furnham, A., & Alibhai, N. (1983). "Cross-cultural differences in the perception of female body shapes." *Psychological Medicine*, 13(4), 829-837.

Furnham, A., & Baguma, P. (1994). "Cross-cultural differences in the evaluation of male and female body shapes." *International Journal of Eating Disorders*, 15(1), 81-89.

Galai, N., Safaeian, M., Vlahov, D., Bolotin, A., & Celentano, D. D. (2003). "Longitudinal patterns of drug injection behavior in the ALIVE Study cohort, 1988—2000: Description and determinants." *American Journal of Epidemiology*, 158, 695-704.

Ganson, K. T., Rodgers, R. F., Murray, S. B., & Nagata, J. M. (2021). "Prevalence and demographic, substance use, and mental health correlates of fasting among US college students." *Journal of Eating Disorders*, 9(1), 88.

Garrick, T. M., Sheedy, D., Abernethy, J., Hodda, A. E., & Harper, C. G. (2010). "Heroin-related deaths in Sydney, Australia: How common are they?" *American Journal on Addictions* 9(2), 172-178.

Gassman, R. A., & Weisner, C. (2005). "Community providers' views of alcohol problems and drug problems." *Journal of Social Work Practice in the Addiction*, 5(4), 101-115.

Giesbrecht, G. F., Poole, J. C., Letourneau, N., Campbell, T., Kaplan, B. J., & APrON Study Team. (2013). "The buffering effect of social support on hypotha-lamic-pituitary-adrenal axis function during pregnancy." *Psychosomatic Medicine*, 75, 856-862.

Gillham, B. (2000). *Case Study Research Methods*. London: Continuum.

Giordano, C., Cernkovich, A., & Rudolph, L. (2002). "Gender, crime, and desistance: Toward a theory of cognitive transformation."

American Journal of Sociology, 107, 990-1064.

Glaser, B. G., & Strauss, A. L. (1967). *The Discovery of Grounded Theory: Strategies for Qualitative Research*. Hawthorne, NY: Aldine.

Glass, J. E., Mowbray O. P., Link, B. G., Kristjansson, S. D., & Bucholz, K. K. (2013). "Alcohol stigma and persistence of alcohol and other psychiatric disorders: A modified labeling theory approach." *Drug and Alcohol Dependence*, 133, 685-692.

Gliksman, L., La Prairie, C., Erickson, P., Wall, R., Her, M., Luedtke, L., & Tombs, S. (2000). *The Toronto Drug Treatment Court: A one-year summary, December 1, 1998 to December 31, 1999*. Toronto, Centre for Addiction and Mental Health.

Goffman, E. (1961). *Asylums: Essays on the Social Situation of Mental Patients & Other Inmates*. Garden City, NY: Doubleday.

Gottfredson, D. C., Kearley, B. W., & Bushway, S. D. (2008). "Substance use, drug treatment, and crime: An examination of intra-individual variation in a drug court population." *Journal of Drug Issues*, 38(2), 601-630.

Grabosky, P. (2013). "Beyond responsive regulation: The expanding role of non-state actors in the regulatory process." *Regulation & Governance*, 7, 114-123.

Green, R., & Moore, D. (2013). "'Meth Circles' and 'Pipe Pirates': Crystal methamphetamine smoking and identity management among a social network of young adults." *Substance Use & Misuse*, 48(9),

691-701.

Greenfield, L., Burgdorf, K., Chen, X., Porowski, A., Roberts, T., & Herrell, J. (2004). "Effectiveness of long-term residential substance abuse treatment for women: Findings from three national studies." *American Journal of Drug and Alcohol Abuse*, 30, 537-550.

Grella, C. E., & Lovinger, K. (2012). "Gender differences in physical and mental health outcomes among an aging cohort of individuals with a history of heroin dependence." *Addictive Behaviors*, 37, 306-312.

Grundetjern, H. (2015). "Women's gender performances and cultural heterogeneity in the illegal drug economy." *Criminology*, 53(2), 253-279.

Grundetjern, H., & Sandberg, S. (2012). "Dealing with a gendered economy: Female drug dealers and street capital." *European Journal of Criminology*, 9(6), 621-635.

Hallstone, M. (2006). "An exploratory investigation of marijuana and other drug careers." *Journal of Psychoactive Drugs*, 38(1), 65.

Hammett, T. M., Roberts, C., & Kennedy, S. (2001). "Health-related issues in prisoner reentry." *Crime & Delinquency*, 47, 390-409.

Han, B., Gfroerer, J. C., & Colliver, J. D. (2010). "Associations between duration of illicit drug use and health conditions: Results from the 2005 to 2007 National Surveys on Drug Use and Health." *Annals of Epidemiology*, 20, 289-297.

Hang, Y. W., Yan, T. S., & Hung, C. L. W. (2016). "Regulatory compliance when the rule of law is weak: Evidence from China's environmental reform." *Journal of Public Administration Research and Theory*, 26(1), 95-112.

Hara, K. M., Westra, H. A., Aviram, A., Button, M. L., Constantino, J. M., & Antony, M. M. (2015). "Therapist awareness of client resistance in cognitive behavioral therapy for generalized anxiety disorder." *Cognitive Behaviour Therapy*, 44(2), 162-174.

Harrell, P. T., Mancha, B. E., Petras, H., Trenz, R. C., & Latimer, W. W. (2012). "Latent classes of heroin and cocaine users predict unique HIV/HCV risk factors." *Drug and alcohol dependence*, 122(3), 220-227.

Harring, H. A., Montgomery, K., & Hardin, J. (2010). "Perceptions of body weight, weight management strategies, and depressive symptoms among US college students." *Journal of American College Health*, 59(1), 43-50.

Harris, A. H. S., Kivlahan, D., Barnett, P. G., & Finney, J. W. (2012). "Longer length of stay is not associated with better outcomes in VHA's substance abuse residential rehabilitation treatment programs." *Journal of Behavioral Health Services & Research*, 39, 68-79.

Hathaway, A., Comeau, N. C. & Erickson, P. G. (2011). "Cannabis normalization and stigma: Contemporary practices of moral regulation." *Criminology and Criminal Justice*, 11, 451-469.

Haworth-Hoeppner, S. (2000). "The critical shapes of body image: The role of culture and family in the production of eating disorders."

Journal of Marriage and Family, 62(1), 212-227.

He, J., Xie, Y., Tao, J., Su, H., Wu, W., Zou, S., ... Zhang, X. Y. (2013). "Gender differences in socio-demographic and clinical characteristics of methamphetamine inpatients in a Chinese population." *Drug and Alcohol Dependence*, 130, 94-100.

Henn, M., Weinstein, M., & Foard, N. (2009). *A Critical Introduction to Social Research* (2nd ed.). London: Sage.

Henry, J. D., Mazur, M. & Rendell, P. G. (2009). "Social-cognitive difficulties in former users of methamphetamine." *The British Psychological Society*, 48(3), 323-327.

Hernandez, A. G. (2016). "Gender differences in initiation into methamphetamine use in a Mexico-US border city." The University of Texas at El Paso.

Hesse-Biber, S. N. (2013). *Feminist Research Practice: A primer* (2nd Edition). Thousand Oaks, CA: SAGE Publications.

Ho, K. M., & Chui, W. H. (2001). "Client resistance in outreaching social work in Hong Kong." *Asia Pacific Journal of Social Work*, 11(1), 114-130.

Hobkirk, A. L., Watt, M. H., Myers, B., Skinner, D. & Meade, C. S. (2016). "A qualitative study of methamphetamine initiation in Cape Town, South Africa." *International Journal of Drug Policy*, 30, 99-106.

Holloway, K., & Bennett, T. (2007). "Gender differences in drug misuse and related problem behaviors among arrestees in the UK."

Substance Use & Misuse, 42(6), 899-921.

Holzer, H. J., Raphael, S., & Stoll, M. A. (2006). "Perceived criminality, criminal background checks and the racial hiring practices of employers." *Journal of Law & Economics*, 49, 451-480.

Hosztafi, S. 2011. "Heroin addiction." *Acta Pharmaceutica Hungarica*, 81(4): 173-183.

Hough, J., Warburton, H., Few, B., May, T., Man, L.-H., Witton, J., & Turnball, P. (2003). *A Growing Market: The Domestic Cultivation of Cannabis*. York: Joseph Rowntree Foundation.

Hser, Y., Evans, E. & Huang, Y. (2005). "Treatment outcomes among women and men methamphetamine abusers in California." *Journal of Substance Abuse Treatment*, 28, 77-85.

Hser, Y., Fu, L. M., Wu, F., Du, J., & Zhao, M. (2013). "Pilot trial of a recovery management intervention for heroin addicts released from compulsory rehabilitation in China." *Journal of Substance Abuse Treatment*, 44(1), 78-83.

Hser, Y., Li, J., Jiang, H., Zhang, R., Du, J., Zhang, C., ... Zhao, M. (2011). "Effects of a randomized contingency management intervention on opiate abstinence and retention in methadone maintenance treatment in China." *Addiction*, 106(10), 1801-1809.

Hser, Y.-I. (2007). "Predicting long-term stable recovery from heroin addiction: Findings from a 33-year follow-up study." *Journal of Addictive Diseases*, 26(1), 51-60.

Hser, Y.-I., Fu, L., Wu, F., Du, J., & Zhao, M. (2013). "Pilot trial of a recovery management intervention for heroin addicts released from compulsory rehabilitation in China." *Journal of Substance Abuse Treatment*, 44, 78-83.

Hser, Y.-I., M. D. Anglin, & W. McGlothlin. (1987). "Sex differences in addict careers. 1. Initiation of use." *The American Journal of Drug & Alcohol Abuse*, 13(1-2), 33-57.

Huang, K., Zhang, L., & Liu, J. (2011). "Drug problems in contemporary China: A profile of Chinese drug users in a metropolitan area." *The International Journal of Drug Policy*, 22, 128-132.

Hutton, F. (2005). "Risky business: Gender, drug dealing, and risk." *Addiction Research & Theory*, 13(6), 545-554.

Hwang, K. K. (1987). "Face and favor: The Chinese power game." *American Journal of Sociology*, 92(4), 944-974.

Israel, M., & Hay, I. (2006). *Research Ethics for Social Scientists*. London: Sage.

Israelsson, M., & Gerdner, A. (2010). "Compulsory commitment to care of substance misusers: A worldwide comparative analysis of the legislation." *Open Addiction Journal*, 3, 117-130.

Israelsson, M., & Gerdner, A. (2012). "Compulsory commitment to care of substance misusers: International trends during 25 years." *European Addiction Research*, 18, 302-321.

Jacinto, C., Duterte, M., Sales, P., & Murphy, S. (2008). "'I'm not a real dealer': The identity processof ecstasy sellers." *Journal of Drug Issues*, 38, 419-444.

Jacobs, B. A. , & Miller, J. (1998). "Crack dealing, gender and arrest avoidance." *Social Problems*, 45(4), 550-569.

James, C. , Stams, G. J. J. M. , Asscher, J. J. , De Roo, A. K. , & van der Laan, P. H. (2013). "Aftercare programs for reducing recidivism among juvenile and young adult offenders: A meta-analytic review." *Clinical Psychology Review*, 33, 263-274.

Janesick, V. J. (2004). *"Stretching" Exercises for Qualitative Researchers* (2nd ed.). Thousand Oaks, CA: Sage.

Jason, L. A. , Davis, M. I. , & Ferrari, J. R. (2007). "The need for substance abuse aftercare: Longitudinal analysis of Oxford house." *Addictive Behaviors*, 32, 803-818.

Jia, Z. , Liu, Z. , Chu, P. , McGoogan, J. M. , Cong, M. , Shi, J. & Lu, L. (2015). "Tracking the evolution of drug abuse in China, 2003—2010: A retrospective, self-controlled study." *Addiction*, 110 (*Suppl.* 1), 4-10.

Jian, L. (2009, July 7). "Report on medication-assisted treatment in China." Paper presented at OMI-Salzburg Medical Seminars International Conference, Salzburg, Austria.

Jiang, S. , Wu, L. , & Gao, X. (2017). "Beyond face-to-face individual counseling: A systematic review on alternative modes of motivational interviewing in substance abuse treatment and prevention." *Addictive Behaviors*, 73, 216-235.

Johnson, B. (1999). "Three perspectives on addiction." *Journal of the American Psychoanalytic Association*, 47, 791-815.

Johnson, B. D. , Golub,A. , & Fagan, J. (1995). "Careers in crack, drug use, drug distribution, & nondrug criminality." *Crime & Delinquency*, 41(3), 275-295.

Johnson, H. (2006). "Concurrent drug and alcohol dependency and mental health problems among incarcerated women." *Australian & New Zealand Journal of Criminology*, 39(2), 190-217.

Jolly, M. (2013). *Encyclopedia of Life Writing: Autobiographical and Biographical Forms*. London: Fitzroy Dearborn Publishers.

Jung, J. (2018). "Youngwomen's perceptions of traditional and contemporary female beauty ideals in China." *Family and Consumer Sciences Research Journal*, 47, 56-72.

Kandel, D. (1975). "Stages in adolescent involvement in drug use." *Science*, 190(4217), 912-914.

Kahn, R. L. , & Cannell, C. F. (1957). *The Dynamics of Interviewing: Theory, Technique, and Cases*. New York, NY: John Wiley.

Kanfer, F. H. (1988). "Implications of a self-regulation model of therapy for treatment of addictive behaviors." In Miller, W. R. , & Heather, N. H. (Eds.), *Treating Addictive Behaviors*. New York, NY: Plenum Press,128-145.

Kaufman, R. , Isralowitz, R. , & Reznik, A. (2005). "Food insecurity among drug addicts in Israel: Implications for social work practice." *Journal of Social Work Practice in the Addictions*, 5(3), 21-32.

Kelly, P. J. , Leung, J. , Deane, F. P. , & Lyons, G. C. B. (2016). "Predicting client attendance at further treatment following drug and alcohol detoxification: Theory of planned behavior and implementation intentions." *Drug and Alcohol Review*, 35, 678-685.

Kerley, K. R., Leban, L., Copes, H., Taylor, L., & Agnone, C. (2014). "Methamphetamine using careers of white and black women." *Deviant Behavior*, 35, 477-495.

Kerr, T., Small, W., Johnston, C., Li, K., Montaner, J. S. G., & Wood, E. (2008). "Characteristics of injection drug users who participate in drug dealing: Implications for drug policy." *Journal of Psychoactive Drugs*, 40, 147-152.

Khantzian, E. J. (2003). "Understanding addictive vulnerability: An evolving psychodynamic perspective." *Neuro-Psychoanalysis*, 5, 5-21.

Killeen, T., Brewerton, T. D., Campbell, A., Cohen, L. R., & Hien, D. A. (2015). "Exploring the relationship between eating disorder symptoms and substance use severity in women with comorbid PTSD and substance use disorders." *The American Journal of Drug and Alcohol Abuse*, 41(6), 547-552.

Knapp, W. P., Soares, B., Farrell, M., & Silva de Lima, M. (2007). "Psychosocial interventions for cocaine and psychostimulant amphetamines related disorders." *Cochrane Database of Systematic Reviews*, 3, CD003023.

Kreek, M. J., Nielsen, D. A., Butelman, E. R., & LaForge, K. S. (2005). "Genetic influences on impulsivity, risk taking, stress responsivity and vulnerability to drug abuse and addiction." *Nature Neuroscience*, 8(11), 1450-1457.

Kulsudjarit, K. (2004). "Drug problem in southeast and southwest Asia." *Annals of the New York Academy of Sciences*, 1025, 446-457.

Kurlychek, M. C., Wheeler, A. P., Tinik, L. A., & Kempinen, C. A. (2011). "How long after? A natural experiment assessing the impact of the length of aftercare service delivery on recidivism." *Crime & Delinquency*, 57(5), 778-800.

Kuzel, A. J. (1992). "Sampling in qualitative inquiry." In Crabtree, B. F., & Miller, W. L. (Eds.), *Doing Qualitative Research*. Newbury Park, CA: Sage.

Laidler, K. A. J. (2005). "The rise of club drugs in a heroin society: The case of Hong Kong." *Substance Use & Misuse*, 40(9-10), 1257-1278.

Lake, A. J., Staiger, P. K., & Glowinski, H. (2000). "Effect of western culture on women's attitudes to eating and perceptions of body shape." *International Journal of Eating Disorders*, 27(1), 83-89.

Latkin, C. A., Sherman, S. G. & Knowlton, A. (2003). "HIV prevention among drug users: Outcome of a network-oriented peer outreach intervention." *Health Psychology*, 22, 332-339.

Laudet, A. B., Cleland, C. M., Magura, S., Vogel, H. S., & Knight, E. L. (2004). "Social support mediates the effects of dual-focus mutual aid groups on abstinence from substance use." *American Journal of Community Psychology*, 34(3/4), 175-185.

Lee, R. M., & Fielding, N. G. (1991). "Computing for qualitative research: Options, problems and potential." In Fielding, N. G., &

Lee, R. M. (Eds.), *Using Computers in Qualitative Research*. London: Sage.

Lemert, E. M. (1951). *Social Pathology: A Systematic Approach to the Theory of Sociopathic Behavior*. New York, NY: McGraw-Hill.

Lemon, S. C., Rosal, M. C., Zapka, J., Borg, A., & Andersen, V. (2009). "Contributions of weight perceptions to weight loss attempts: Differences by body mass index and gender." *Body Image*, 6(2), 90-96.

Lende, D., Leonard, T., Sterk, C. & Elifson, K. (2007). "Functional methamphetamine use: The insider's perspective." *Addiction Research and Theory*, 15, 465-477.

Lennings, C. J., Copeland, J., & Howard, J. (2003). "Substance use patterns of young offenders and violent crime." *Aggressive Behavior*, 29, 414-422.

Leung, F., Lam, S., & Sze, S. (2001). "Cultural expectations of thinness in Chinese women." *Eating Disorders*, 9(4), 339-350.

Levitt, H. M., Bamberg, M., Creswell, J. W., Frost, D. M., Josselson, R. & Suárez-Orozco, C. (2018). "Journal article reporting standards for qualitative primary, qualitative meta-analytic, and mixed methods research in psychology: The APA Publications and Communications Board task force report." *American Psychologist*, 73(1), 26-46.

Levran, O., Peles, E., Randesi, M., Li, Y., Rotrosen, J., Ott, J., Adelson, M., & Kreek, M. J. (2014). "Stress-related genes and heroin addiction: A role for a functional FKBP5 haplotype."

Psychoneuroendocrinology, 45, 67-76.

Levy, C. S. (1981). "Labeling: The social worker's responsibility." *Social Casework*, 62(6), 332-342.

Li, L., & Moore, D. (2001). "Disability and illicit drug use: An application of labeling theory." *Deviant Behavior*, 22(1): 1-21.

Li, L., Zhu, S., Tse, N., Tse, S., & Wong, P. (2016). "Effectiveness of motivational interviewing to reduce illicit drug use in adolescents: A systematic review and meta-analysis." *Addiction*, 111(5), 795-805.

Li, X., Zhou, Y., & Stanton, B. (2002). "Illicit drug initiation among institutionalized drug users in China." *Addiction*, 97(5), 575-582.

Liang, B., Lu, H., & Miethe, M. T. D. (2013). *China's Drug Practices and Policies: Regulating Controlled Substances in a Global Context*. London: Ashgate Publishing, Ltd.

Liang, X. & Zheng, Y. (2015). "Problems and solutions on drug prevention education in China." *Health Vocational Education*, 33, 21-23.

Lim, S. H., Akbar, M., Wickersham, J. A., Kamarulzaman, A. & Altice, F. L. (2018). "The management of methamphetamine use in sexual settings among men who have sex with men in Malaysia." *International Journal of Drug Policy*, 55, 256-262.

Lin, C., Wu, Z., & Detels, R. (2011). "Opiate users' perceived barriers against attending methadone maintenance therapy: A qualitative study in China." *Substance Use & Misuse*, 46(9), 1190-1198.

Lin, N. (2001). *Social Capital: A Theory of Structure and Action.*

Cambridge: Cambridge University Press.

Lindlof, T. R. (1995). *Qualitative Communication Research Methods*. Thousands Oaks, CA: Sage.

Liu, D., Wang, Z., Chu, T., & Chen, S. (2013). "Gender difference in the characteristics of and high-risk behaviours among non-injecting heterosexual methamphetamine users in Qingdao, Shandong Province, China." *BMC Public Health*, 13(1), 30.

Liu, H. & Liu, X. (2011). "Sociological review on influencing factors on Chinese female drug using." *Academics*, 6, 166-173.

Liu, L. (2011). "A qualitative analysis of Chinese female offenders' adjustment to prison life." The University of Hong Kong.

Liu, L. (2017). Re-education through Labor. In Kent R. Kerley (ed.). *The Encyclopedia of Corrections*, New York, NY: John Wiley & Sons Limited.

Liu, L., & Chai, X. (2020). "Pleasure and risk: A qualitative study of sexual behaviors among Chinese methamphetamine users." *The Journal of Sex Research*, 57, 119-128.

Liu, L., & Chui, W. H. (2013). "The Chinese prison system for female offenders: A case study." In Fuhrmann, J., & Baier, S. (Eds.). *Prisons and Prison Systems: Practices, Types and Challenges*, New York, NY: Nova Science Publishers, Inc, 25-42.

Liu, L., & Chui, W. H. (2014). "Social support and Chinese female offenders' prison adjustment." *The Prison Journal*, 94, 30-51.

Liu, L., & Chui, W. H. (2018). "Rehabilitation policy for drug addicted offenders in China: Current trends, patterns, and practice implications." *Asia Pacific Journal of Social Work and Development*, 28, 192-204.

Liu, L., & Chui, W. H. (2020). "'I'm not an addict': A thematic analysis of addiction experiences among Chinese female methamphetamine users." *Adicciones*, 1453.

Liu, L., & Hsiao, S. C. (2018). "Chinese female drug users' experiences and attitudes with institutional drug treatment." *International Journal of Offender Therapy and Comparative Criminology*, 62(13), 4221-4235.

Liu, L., Chui, W. H. & Chai, X. (2018). "A qualitative study of methamphetamine initiation among Chinese male users: Patterns and policy implications." *International Journal of Drug Policy*, 62, 37-42.

Liu, L., Chui, W. H., & Chen, Y. (2018). "Violent and non-violent criminal behavior among Chinese drug users: A mixed methods study." *International Journal of Environmental Research and Public Health*, 15(3), e15030432.

Liu, L., Chui, W. H., & Hu, Y. (2020a). "Making sense of self in prison work: Stigma, agency, and temporality in a Chinese women's prison." *Asian Journal of Criminology*, 15(2), 123-139.

Liu, L., Chui, W. H., Deng, Y., & Li, H. (2020b). "Dealing with resistance: Working with involuntary clients in community-based drug treatment programs in China." *Australian Social Work*, 73(3), 309-320.

Liu, L., Hsiao, S. C. & Kaplan, C. (2016). "Drug initiation of female detainees in a compulsory drug treatment institution in China."

Journal of Psychoactive Drugs, 48, 393-401.

Liu, L., Wang, H., Chui, W. H., & Cao, L. (2018). "Chinese drug users' abstinence intentions: The role of perceived social support." *Journal of Drug Issues* 48(4), 519-535.

Liu, Y., Li, L., Zhang, Y., Zhang, L., Shen, W., Xü, H., Wang, G., Lü, W., & Zhou, W. (2013). "Assessment of attitudes towards methadone maintenance treatment between heroin users at a compulsory detoxification centre and methadone maintenance clinic in Ningbo, China." *Substance Abuse Treatment, Prevention, and Policy*, 8, 29.

Liu, Y., Liang, J., Zhao, C., & Zhou, W. (2010). "Looking for a solution for drug addiction in China: Exploring the challenges and opportunities in the way of China's new Drug Control Law." *International Journal of Drug Policy*, 21, 149-154.

Liu, Z., Zhou, W., Lian, Z., Mu, Y., Cai, Z., & Cao, J. (2001). "The use of psychoactive substances among adolescent students in an area in the south-west of China." *Addiction*, 96(2), 247-250.

Longinaker, N., & Terplan, M. (2014). "Effect of criminal justice mandate on drug treatment completion in women." *American Journal of Drug and Alcohol Abuse*, 40, 192-199.

Lopez-Zetina, J., Sanchez-Huesca, R., Rios-Ellis, B., Frits, R., Torres-Vigil, I., & Rogala, B. (2010). "Initiation to methamphetamine use in a binational sample of women at the U.S.-Mexico border." *Journal of Ethnicity in Substance Abuse*, 9(1),

28-39.

Loxley, W., & Adams, K. (2009). "Women, drug use and crime: Findings from the Drug Use Monitoring in Australia program." Australian Institute of Criminology https://apo.org.au/sites/default/files/resource-files/2009-05/apo-nid14356.pdf.

Loza, O., Ramos, R., Ferreira-Pinto, J., Hernandez, M. T. & Villalobos, S. A. (2016). "A qualitative exploration of perceived gender differences in methamphetamine use among women who use methamphetamine on the Mexico-U.S. border." *Journal of Ethnicity in Substance Abuse*, 15, 405-424.

Lu, L., Fang, Y., & Wang, X. (2008). Drug abuse in China: Past, present and future." *Cellular and Molecular Neurobiology*, 28(4), 479-490.

Lu, X. (1998). "An interface between individualistic and collectivistic orientations in Chinese cultural values and social relations." *Howard Journal of Communications*, 9(2), 91-107.

Ma, J. Z., Johnson, B. A., Yu, E., Weiss, D., McSherry, F., Saadvandi, J., ... Li, M. D. (2013). "Fine-grain analysis of the treatment effect of topiramate on methamphetamine addiction with latent variable analysis." *Drug and Alcohol Dependence*, 130, 45-51.

Machlan, B, Brostrand, H. L, & Benshoff, J. J. (2005). "Vocational rehabilitation in substance abuse treatment programs." *Journal of Teaching in The Addictions*, 3(1), 71-80

Maddux, J. F., & D. P. Desmond. 1981. *Careers of Opioid Users*. New

York, NY: Praeger.

Maher, L., & Hudson, S. L. (2007). "Women in the drug economy: A metasynthesis of the qualitative literature." *Journal of Drug Issues*, 37, 805-826.

Majer, J. M., Plaza, C., & Jason, L. A. (2016). "Abstinence social support among ex-prisoners with substance use disorders." *The Prison Journal*, 96(6), 814-827.

Malinauskas, B. M., Raedeke, T. D., Aeby, V. G., Smith, J. L., & Dallas, M. B. (2006). "Dieting practices, weight perceptions, and body composition: A comparison of normal weight, overweight, and obese college females." *Nutrition Journal*, 5(1), 11.

Manning, V., Garfield, J. B. B., Best, D., Berends, L., Room, R., Mugavin, J …. Lubman, D. I. (2017). "Substance use outcomes following treatment: Findings from the Australian Patient Pathways Study." *Australian and New Zealand Journal of Psychiatry*, 51(2), 177-189.

Marlowe, D. B., Kirby, K. C., Bonieskie, L. M., Glass, D. J., Dodds, L. D., Husband, S. D., et al. (1996). "Assessment of coercive and noncoercive pressures to enter drug abuse treatment." *Drug and Alcohol Dependence*, 42(2), 77-84.

Marshall, B. D. L. & Werb, D. (2010). "Health outcomes associated with methamphetamine use among young people: A systematic review." *Addiction*, 105, 991-1002.

Marshall, C., & Rossman, G. B. (2006). *Designing Qualitative*

Research (4th ed.). Thousand Oaks, CA: Sage.

Maruna, S. (1997). "Going straight: Desistance from crime and self-narratives of reform." *Narrative Study of Lives*, 5, 59-93.

Mason, J. (2002). *Qualitative Researching* (2nd ed.). London: Sage.

Maxwell, J. A. (1996). *Qualitative Research Design: An Interactive Approach*. Thousand Oaks, CA: Sage.

McDonnell, A., & Van Hout, M. C. (2010). "Maze and minefield: A grounded theory of opiate self-detoxification in rural Ireland." *Drugs and Alcohol Today*, 10(2), 24-31.

McIntosh, J., & McKeganey, N. (2000). "The recovery from dependent drug use: Addicts' strategies for reducing the risk of relapse." *Drugs: Education, Prevention and Policy*, 7(2), 179-192.

McIntosh, M. J., & Morse, J. M. (2015). "Situating and constructing diversity in semi-structured interviews." *Global Qualitative Nursing Research*, 2.

McKay, J. R., Van Horn, D., Rennert, L., Drapkin, M., Ivey, M., & Koppenhaver, J. (2013). "Factors in sustained recovery from cocaine dependence." *Journal of Substance Abuse Treatment*, 45, 163-172.

McKetin, R., Kozel, N., Douglas, J., Ali, R., Vicknasingam, B., Lund, J. & Li, J.-H. (2008). "The rise of methamphetamine in Southeast and East Asia." *Drug and Alcohol Review*, 27, 220-228.

Mead, M. (1953). National character. In Kroeber, A. L. (ed.), *Anthropology Today: An Encyclopedic Inventory*. Chicago, IL: The University of Chicago Press.

Meade, C. S., Toweb, S. L., Wattc, M. H., Liond, R. R., Myerse, B., Skinnerf, D., ... Pieterseh, D. (2015). "Addiction and treatment experiences among active methamphetamine users recruited from a township community in Cape Town, South Africa: A mixed-methods study." *Drug and Alcohol Dependence*, 152, 79-86.

Measham, F., & Shiner, M. (2009). "The legacy of 'normalisation': The role of classical and contemporary criminological theory in understanding young people's drug use." *International Journal of Drug Policy*, 20(6), 502-508.

Mendieta-Tan, A., Hulbert-Williams, L., & Nicholls, W. (2013). "Women's experiences of using drugs in weight management. An interpretative phenomenological analysis." *Appetite*, 60, 220-225.

Meshesha, L. Z., Tsui, J. I., Liebschutz, J. M., Crooks, D., Anderson, B. J., Herman, D. S. & Stein, M. D. (2013). "Days of heroin use predict poor self-reported health in hospitalized heroin users." *Addictive Behaviors*, 38(12), 2884-2887.

Mieczkowski, T. (1994). "The experiences of women who sell crack: Some descriptive data from the Detroit Crack Ethnography Project." *Journal of Drug Issues*, 24(2), 227-248.

Miles, M. B. & Huberman, A. M. (1994). *Qualitative Data Analysis: An Expanded Sourcebook* (2nd ed.). Thousand Oaks, CA: Sage.

Miller, E. (1986). *Street woman*. Philadelphia, PA: Temple University Press.

Miller, J. M, Miller, H. V., & Barnes, J. C. (2016). "Outcome evaluation of a family-based jail reentry program for substance abusing offenders." *Prison Journal*, 96, 53-78.

Miller, W. R., & Rollnick, S. (2013). *Motivational Interviewing: Helping People Change*. New York, NY: The Guilford Press.

Miller, W., & Rollnick, S. (1991). *Motivational Interviewing: Preparing People to Change Addictive Behavior*. New York, NY: Guilford Press.

Miller, W., & Rollnick, S. (2007). "Motivational interviewing: Resources for clinicians, researchers, and trainees." Retrieved July 1, 2007 from http://motivationalinterview.org/clinical.

Ministry of Health of the People's Republic of China, Joint United Nations Programme on HIV/AIDS, & World Health Organization (2011). "2011 estimates for the HIV/AIDS epidemic in China." Beijing, China: Ministry of Health of the People's Republic of China.

Moyle, L., & Coomber, R. (2015). "Earning a score: An exploration of the nature and roles of heroin and crack cocaine 'user-dealers'". *British Journal of Criminology*, 55, 534-555.

Myers, T. A., & Crowther, J. H. (2009). "Social Comparison as a Predictor of Body Dissatisfaction: A Meta-Analytic Review." *Journal of Abnormal Psychology*, 118(4), 683-698.

Nagin, D. S. (2018). "Deterrent effects of the certainty and severity of punishment." In D. S. Nagin, F. T. Cullen, & C. L. Jonson (eds.), *Deterrence, Choice, and Crime: Contemporary Perspectives*. London: Routledge, 157-186.

Neale, A., Abraham, S., & Russell, J. (2009). "'Ice' use and eating disorders: A report of three cases." *International Journal of Eating Disorders*, 42(2), 188-191.

Newman, C. F. (1994). "Understanding client resistance: Methods for enhancing motivation to change." *Cognitive and Behavioral Practice*, 1, 47-69.

Nielsen, K., Brinkmann, S., Elmholdt, C., Tanggaard, L., Musaeus, P., & Kraft, G. (eds.). (2008). *A Qualitative Stance: Essays in Honor of Steinar Kvale*. Aarhus, DK: Aarhus University Press.

Nielsen, V. L., & Parker, C. (2009). "Testing responsive regulation in regulatory enforcement." *Regulation & Governance*, 3, 376-399.

Nolen-Hoeksema, S. (2004). "Gender differences in risk factors and consequences for alcohol use and problems." *Clinical Psychology Review*, 24(8), 981-1010.

O'Connor, S. (2016). "Meth precursor chemicals from China: Implications for the United States". URL: US-China Economic and Security Review Commission 5. https://www.hsdl.org/?view&did=794446.

O'Reilly, K. (2005). *Ethnographic Methods*. London: Routledge.

Padgett, D. K. (2016). *Qualitative Methods in Social Work Research* (3rd ed.). Thousand Oaks, CA: Sage.

Page, R. M., Scanlan, A., & Allen, O. (1995). "Adolescent perceptions of body weight and attractiveness: Important issues in alcohol and illicit drug use?" *Journal of Child & Adolescent*

Substance Abuse, 4(4), 43-55.

Palinkas, L. A., Horwitz, S. M., Chamberlain, P., Hurlburt, M. S., & L&sverk, J. (2011). "Mixed-methods designs in mental health services research: A review." *Psychiatric Services*, 62(3), 255-63.

Parsons, J. T., Kelly, B. C., & Weiser, J. D. (2007). "Initiation into methamphetamine use for young gay and bisexual men." *Drug and Alcohol Dependence*, 90(2-3), 135-144.

Pascari, E. (2016). "Perspectives on addiction." Romanian Journal of Cognitive Behavioral Therapy and Hypnosis, 3, 29-34.

Paternoster, R., Bachman, R., Bushway, S., Kerrison, E., & O'Connell, D. (2015). "Human agency and explanations of criminal desistance: Arguments for a rational choice theory." *Journal of Developmental and Life-course Criminology*, 1, 209-235.

Patton, M. Q. (2002). *Qualitative Research and Evaluation Methods* (3rd ed.). Thousand Oaks, CA: Sage.

Pennay, A. & Moore, D. (2010). "Exploring the micro-politics of normalisation: Narratives of pleasure, self-control and desire in a sample of young Australian 'party drug' users." *Addiction Research and Theory*, 18, 557-571.

Peretti-Watel, P. & Moatti, J.-P. (2006). "Understanding risk behaviours: How the sociology of deviance may contribute? The case of drug taking." *Social Science and Medicine*, 63, 675-679.

Petit, A., Karila, L., Chalmin, F. & Lejoyeux, M. (2012). "Methamphetamine addiction: A review of the literature." *Journal of*

Addiction Research & Therapy, S1, 006.

Philbin, M. M., & Zhang, F. (2014). "Exploring stakeholder perceptions of facilitators and barriers to using needle exchange programs in Yunnan province, China." *PLOS One*, 9(2), e86873.

Pipes, R. B., & Davenport, D. S. (1990). *Introduction to Psychotherapy: Common Clinical Wisdom*. Englewood Cliffs, NJ: Prentice-Hall.

Pole, C., & Lampard, R. (2002). *Practical Social Investigation: Qualitative and Quantitative Methods in Social Research*. Harlow: Pearson Education Limited.

Pollock, J. M. (1998). *Counseling Women in Prison*. Thousand Oaks, CA: Sage.

Poon, A. N., Li, Z., Wang, N., & Hong, Y. (2011). "Review of HIV and other sexually transmitted infections among female sex workers in China." *AIDS Care*, 23(sup1), 5-25.

Potter, G. (2009). "Exploring retail-level drug distribution: Social supply, 'real' dealers and the user/dealer interface." In Z. Demetrovics, J. Fountain, & L. Kraus (eds.), *Old and New Policies, Theories, Research Methods and Drug Users across Europe*. Lengerich: Pabst Science Publishers, 50-74.

Potvin, S., Pelletier, J., Grot, S., Hébert, C., Barr, A. & Lecomte, T. (2018). "Cognitive deficits in individuals with methamphetamine use disorder: A meta-analysis." *Addictive Behaviors*, 80, 154-160.

Prochaska, J. O., & DiClemente, C. C. (1983). "Stages and processes of self-change of smoking: Toward an integrative model of change." *Journal of Counsulting and Clinical Psychology*, 51, 390-395.

Prochaska, J. O., & DiClemente, C. C. (1984). *The Transtheoretical Approach: Crossing the Traditional Boundaries of Therapy*. Homewood, IL: Dow Jones-Irwin.

Prochaska, J. O., & DiClemente, C. C. (1985). Common processes of change for smoking, weight control, and psychological distress. In Schiffman, S., & Wills, T. (eds.), *Coping and Substance Abuse*, New York, NY: Academic Press.

Prochaska, J. O., & DiClemente, C. C. (1988). Toward a comprehensive model of change. In Miller, W. R., & Heather, N. H. (eds.), *Treating Addictive Behaviors*, New York, NY, Plenum Press, 46-73.

Qi, C., Kelly, B. C., Liu, T., Liao, Y., Hao, W., & Wang, J. (2013). "A latent class analysis of external barriers to drug treatment in China." *Journal of Substance Abuse Treatment*, 45, 350-355.

Qian, H.-Z., Schumacher, J. E., Chen, H. T., & Ruan, Y.-H. (2006). "Injection drug use and HIV/AIDS in China: Review of current situation, prevention and policy implications." *Harm Reduction Journal*, 3, 4-8.

Qin, M., Brown, J. J., Padmadas, S. S., Li, B., Qi, J., & Falkingham, J. (2016). "Gender inequalities in employment and wage-earning among internal labour migrants in Chinese cities." *Demographic Research*, 34, 175-202.

Radcliffe, P. & Stevens, A. (2008). "Are drug treatment services only for 'thieving junkie scumbags'? Drug users and the management of stigmatized identities." *Social Science and Medic*ine, 67, 1065-1073.

Rawson, R. A. & Condon, T. P. (2007). "Why do we need an Addiction supplement focused on methamphetamine?" *Addiction*, 102 (Suppl. 1), 1-4.

Reid, L. W., K. W. Elifson, & C. E. Sterk. (2007). "Ecstasy & gateway drugs: Initiating the use of ecstasy & other drugs." *Annals of Epidemiology*, 17(1):74-80.

Resiak, D., Mpofu, E., & Athanasou, J. (2016). "Drug treatment policy in the criminal justice system: A scoping literature review." *American Journal of Criminal Justice*, 41, 3-13.

Rhodes, T., Bivol, S., Sculteniciuc, O., Hunt, N., Bernays, S. & Busza, J. (2011). "Narrating the social relations of initiating injecting drug use: Transitions in self and society." *International Journal of Drug Policy*, 22, 445-454.

Richards, L. (2005). *Handling Qualitative Data: A Practical Guide*. London: Sage.

Richardson, G. A., Larkby, C., Goldschmidt, L., & Day, N. L. (2013). "Adolescent initiation of drug use: Effects of prenatal cocaine exposure." *Journal of the American Academy of Child & Adolescent Psychiatry*, 52(1), 37-46.

Riley, N. E. (1999). "Challenging demography: Contributions from feminist theory." *Sociological Forum*, 14, 369-397.

Riley, S., Thompson, J., & Griffin, C. (2010). "Turn on, tune in, but don't drop out: The impact of neo-liberalism on magic mushroom users' (in)ability to imagine collectivist social worlds." *International Journal of Drug Policy*, 21, 445-451.

Roadner, S. (2005). "'I am not a drug abuser, I am a drug user': A discourse analysis of 44 drug users' construction of identity." *Addiction Research and Theory*, 73(4), 333-346.

Rooney, R. H. (2009). *Strategies for Work with Involuntary Clients*, (2nd ed.). New York, NY: Columbia University Press.

Rose, M. E., & Grant, J. E. (2008). "Pharmacotherapy for methamphetamine dependence: A review of the pathophysiology of methamphetamine addiction and the theoretical basis and efficacy of pharmacotherapeutic interventions." *Annals of Clinical Psychiatry*, 20, 145-155.

Rosenbaum, M. (1981). *Women on Heroin*. New Brunswick, NJ: Rutgers University Press.

Rosenbaum, M., & S. Murphy. (1990). *Women & Addiction: Process, Treatment & Outcome*. Washington, DC: U.S. Government Printing Office.

Rossman, G. B., & Rallis, S. F. (2003). *Learning in the Field: An Introduction to Qualitative Research* (2nd ed.). Thousand Oaks, CA: Sage.

Ryan, G. W., & Bernard, H. R. (2000). "Data management and analysis methods. In Denzin, N. K., & Lincoln, Y. S. (eds.),

Handbook of Qualitative Research（2nd ed.）. Thousand Oaks, CA: Sage, 769-802.

Sampson, R. J., & Laub, J. H. (1993). *Crime in the Making: Pathways and Turning Points Through Life*. Cambridge, MA: Harvard University Press.

Sandberg, S. (2013). "Cannabis culture: A stable subculture in a changing world." *Criminology and Criminal Justice*, 13, 63-79.

Sanders, A. (2003). "Reviewed works: Restorative justice and responsive regulation." *Modern Law Review*, 66(1), 160-167.

Saw, Y. M., Saw, T. N., Chan, N., Cho, S. M., & Jimba, M. (2018). "Gender-specific differences in high-risk sexual behaviors among methamphetamine users in Myanmar-China border city, Muse, Myanmar: Who is at risk?" *BMC Public Health*, 18(1), 209.

Saw, Y. M., Saw, T. N., Yasuoka, J., Chan, N., Kham, N. P. E., Khine, W., et al. (2017). "Gender difference in early initiation of methamphetamine use among current methamphetamine users in muse, Northern Shan State, Myanmar." *Harm Reduction Journal*, 14(1), 21.

Schatzman, L., & Strauss, A. L. (1973). *Field Research: Strategies for a Natural Sociology*. Englewood Cliffs, NJ: Prentice-Hall.

Schloss, P. J., & Smith, M. A. (1999). *Conducting Research*. Upper Saddle River, NJ: Prentice-Hall, Inc.

Scott, J., & Xie, Y. (2005). "Editor's introduction." In Scott, J. & Xie, Y. (eds.), *Quantitative Social Science* (vol. I). London: Sage.

Sedlack, R. G., & Stanley, J. (1992). *Social Research: Theory and Methods*. Boston, MA: Allyn and Bacon.

Semple, S. J., Grant, I. & Patterson, T. L. (2005). "Female methamphetamine users: Social characteristics and sexual risk behavior." *Women & Health*, 40, 35-50.

Semple, S. J., Strathdee, S. A., Volkmann, T., Zians, J., & Patterson, T. L. (2011). "'High on my own supply': Correlates of drug dealing among heterosexually identified methamphetamine users." *The American Journal on Addictions*, 20, 516-524.

Semple, S. J., Strathdee, S. A., Zians, J., & Patterson, T. L. (2012). "Correlates of drug dealing in female methamphetamine users." *Journal of Urban Health: Bulletin of the New York Academy of Medicine*, 90(3), 529-541.

Semple, S. J., Zians, J., Grant, I., & Patterson, T. L. (2006). "Sexual risk behavior of HIV positive meth-using men who have sex with men: The role of partner serostatus and partner type." *Archives of Sexual Behavior*, 35(4), 461-471.

Semple, S. J., Zians, J., Strathdee, S. A. & Patterson, T. L. (2007). Psychosocial and behavioral correlates of depressed mood among female methamphetamine users. *Journal of Psychoactive Drugs*, Suppl. 4, 353-366.

Servaes, J. (2016). Guanxi in intercultural communication and public relations. *Public Relations Review*, 42(3), 459-464.

Settles, B. H., X. Sheng, Y. Zang, & J. Zhao. (2013). The one-child policy & its impact on Chinese families. In Chan, K.-B. (ed.), *International Handbook of Chinese Families*, New York, NY: Springer, 627-646.

Shaw, C. (1966). *The Jack-Roller: A delinquent boy's own story* (2nd ed.). Chicago, IL: The University of Chicago Press.

Shaw, S. M., & Lee, J. (2014). *Women's Voices, Feminist Visions: Classic and Contem Porary Readings* (6th ed.). New York, NY: McGraw-Hill.

Shen, W., Liu, Y., Li, L., Zhang, Y., & Zhou, W. (2012). "Negative moods correlate with craving in female methamphetamine users enrolled in compulsory detoxification." *Substance Abuse Treatment, Prevention, and Policy*, 7, 44.

Shenton, A. K. (2004). "Strategies for ensuring trustworthiness in qualitative research projects." *Education for Information*, 22, 63-75.

Sheridan, J., Butler, R. & Wheeler, A. (2009). "Initiation into methamphetamine use: Qualitative findings from an exploration of first time use among a group of New Zealand users." *Journal of Psychoactive Drugs*, 41, 11-17.

Sherman, S. G., German, D., Sirirojn, B., Thompson, N., Aramrattana, A., & Celentano, D. D. (2008). "Initiation of methamphetamine use among young Thai drug users: A qualitative study." *Journal of Adolescent Health*, 42, 36-42.

Shichor, D., & Sechrest, D. (2001). "Introduction: Special issue on drug courts." *Journal of Drug Issues*, 31, 1-6.

Shildrick, T. (2002). "Young People, Illicit Drug Use and the Question of Normalization." *Journal of Youth Studies*, 5(1), 35-48.

Shuriquie, N. (1999). "Eating disorders: A transcultural perspective." *Eastern Mediterranean Health Journal*, 5(2), 354-360.

Siegal, H., Li, L., & Rapp, R. (2002). "Case management as a therapeutic enhancement: Impact on post-treatment criminality." *Journal of Addictive Diseases*, 21(4), 37-46.

Siegrist, M., Gutscher, H., & Earle, T. C. (2005). "Perception of risk: the influence of general trust, and general confidence." *Journal of Risk Research*, 8(2), 145-156.

Simmons, J., Rajan, S., & McMahon, J. M. (2012). "Retrospective accounts of injection initiation in intimate partnerships." *International Journal of Drug Policy*, 23(4), 303-311.

Simpson, D. D., & Sells, S. B. (1983). "Effectiveness of treatment for drug abuse: An overview of the DARP research program." In B. Stimmel (ed.), *Evaluation of Drug Treatment Programs*. New York, NY: Haworth Press, 7-29.

Smedslund, G., Berg, R. C., Hammerstrøm, K. T., Steiro, A., Leiknes, K. A., Dahl, H. M., & Karlsen, K. (2011). "Motivational interviewing for substance abuse." *Campbell Systematic Reviews*, 7(1), 1-56.

Snyder, H. N., & Sickmund, M. (2006). "Juvenile offenders and victims: 2006 national report." Washington, D. C.: U. S. Department of Justice, Office of Justice Programs, Office of Juvenile Justice and

Delinquency Prevention.

Sommers, I., & Baskin, D. (2006). "Methamphetamine use and violence." *Journal of Drug Issues*, 36, 77-96.

South, N. (Ed.). (2015). *Drugs: Cultures, Controls and Everyday Life*. London: Sage.

Stake, R. E. (1995). *The Art of Case Study Research*. Thousand Oaks, CA: Sage.

Stearns, P. N. (1997). *Fat History Bodies and Beauty in the Modern West*. New York, NY: New York University Press.

Steffensmeier, D. J. (1983). "Organization properties and sex-segregation in the underworld." *Social Forces*, 61, 1010-1032.

Strauss, A. L., & Corbin, J. (1998). *Basics of Qualitative Research* (2nd ed.). Thousand Oaks, CA: Sage.

Straussner, S. L. A. (2012). "Clinical Treatment of Substance Abusers: Past, Present and Future." *Clinical Social Work*, 40(2), 127-133.

Strier, R., & Bershtling, O. (2016). "Professional resistance in social work: Counterpractice assemblages." *Social Work*, 61(2), 111-118.

Substance, A., & Mental Health Services, A. (2014). "CBHSQ Methodology Report." In *National Survey on Drug Use and Health: Summary of Methodological Studies*, 1971—2014. Rockville, MD: Substance Abuse and Mental Health Services Administration.

Sukariyah, M. B., & Sidani, R. A. (2014). "Prevalence of and gender differences in weight, body, and eating related perceptions among lebanese high school students: Implications for school counseling."

Procedia-Social and Behavioral Sciences, 159, 184-191.

Sullivan, S. G., & Wu, Z. (2007). "Rapid scale up of harm reduction in China." *International Journal of Drug Policy*, 18(2), 118-128.

Sun, H. Q., Bao, Y. P., Zhou, S. J., Meng, S. Q., & Lu, L. (2014). "The new pattern of drug abuse in China." *Current Opinion in Psychiatry*, 27(4), 251-255.

Sussman, S. & Sussman, A. N. (2011). "Considering the definition of addiction." *International Journal of Environmental Research and Public Health*, 8, 4025-4038.

Sutherland, E. H. (1937). *The Professional Thief*. Chicago, IL: The University of Chicago Press.

Swadi, H., & Zeitlin, H. (1988). "Peer influence & adolescent substance abuse: A promising side?" *British Journal of Addiction*, 83(2), 153-157.

Tang, Y.-I., Zhao, D., Zhao, C., & Cubells, J. F. (2006). "Opiate addiction in China: Current situation and treatments." *Addiction*, 101, 657-665.

Tang, Y.-L., & Hao, W. (2007). "Improving drug addiction treatment in China." *Addiction*, 102, 1057-1063.

Taylor, A. (1993). *Women Drug Users: An Ethnography of a Female Injecting Community*. Oxford: Clarendon Press.

Taylor, M., & Potter, G. R. (2013). "From 'social supply' to 'real dealing': Drift, friendship, and trust in drug-dealing careers." *Journal of Drug Issues*, 43(4), 392-406.

Tennant Jr., F. S., & Detels, R. (1976). "Relationship of alcohol, cigarette, and drug abuse in adulthood with alcohol, cigarette, coffee consumption in childhood." *Preventive Medicine*, 5(1), 70-77.

Thomas, N., Bull, M., Dioso-Villa, R., & Smith, C. (2016). "Governing drug use through partnerships: Towards a genealogy of government/non-government relations in drug policy." *International Journal of Drug Policy*, 28, 34-42.

Thomas, R. L., Kelly, A. B., Chan, G. C. K., Hides, L. M., Quinn, C. A., Kavanagh, D. J., & Williams, J. W. (2018). "An examination of gender differences in the association of adolescent substance use with eating and weight loss attitudes." *Substance Use & Misuse*, 53(13), 2125-2131.

Thompson, J. K., & Stice, E. (2001). "Thin-ideal internalization: Mounting evidence for a new risk factor for body-image disturbance and eating pathology." *Current Directions in Psychological Science*, 10(5), 181-183.

Tonry, M., & Wilson, J. Q. (1990). *Drugs and Crime*. Chicago, IL: The University of Chicago Press.

Tracy, E. M., Munson, M. R., Peterson, L. T. & Floersch, J. E. (2010). "Social support: A mixed blessing for women in substance abuse treatment." *Journal of Social Work Practice in the Addictions*, 10, 257-282.

Travis, J. (2000). "But they all come back: Rethinking prisoner reentry (research in brief)." In *Sentencing and Corections Issues for the 21th*

Century. Washington, DC: Office of Justice Programs, National Institute of Justice, U. S. Department of Justice.

Travis, J., Salomon, A. L., & Waul, M. (2001). "From prison to home: The dimensions and consequences of prisoner reentry." Washington D. C. : The Urban Institute, Justice Policy Centre.

Trevaskes, S. (2013). "Drug policy in China." In F. Rahman & N. Crofts (eds.), *Drug law reform in East and Southeast Asia*. Lanham, Mo: Lexington Books, 221-232.

Trotter, C. (2006). *Working with Involuntary Clients: A Guide to Practice* (2nd ed.). London: Sage.

Turney, D. (2012). "A relationship-based approach to engaging involuntary clients: The contribution of recognition theory." *Child and Family Social Work*, 17, 149-159.

United Nations Office on Drugs and Crime (2016). *World drug report 2016*. Retrieved from: https://www.unodc.org/doc/wdr2016/WORLD_DRUG_REPORT_2016_web.pdf.

United Nations Office on Drugs and Crime (2017). *World drug report 2017*. Retrieved from: https://www.unodc.org/wdr2017/field/Booklet_1_EXSUM.pdf.

United Nations Office on Drugs and Crime. (2003). Global illicit drug trends. Retrieved from http://www.unodc.org.

Van der Put, C. E., Dekovic, M., Stams, G. J. J. M., van der Laan, P. H., Hoeve, M., & van Amelsfort, L. (2011). "Changes in risk factors during adolescence: Implications for risk assessment."

Criminal Justice and Behavior, 38, 248-262.

Van der Put, C. E., Stams, G. J. J. M., Deković, M., Hoeve, M., van der Laan, P. H., Spanjaard, H., & Barnoski, R. (2012). "Changes in relative importance of dynamic risk factors for recidivism during adolescence." *International Journal of Offender Therapy and Comparative Criminology*, 56, 296-316.

van Gelder, P., & Kaplan, C. (1992). "Finishing time: Temporal features of sexual interactions between street-walkers & car clients." *Human Organization*, 51(1), 253-262.

Vaughan-Sarrazin, M. S., Hall, J. A., & Rick, G. S. (2000). "Impact of case management on use of health services by rural clients in substance abuse treatment." *Journal of Drug Issues*, 30(2), 435-463.

Veilleux, J. C., Colvin, P. J., Anderson, J., York, C., & Heinz, A. J. (2010). "A review of opioid dependence treatment: Pharmacological and psychosocial interventions to treat opioid addiction." *Clinical Psychology Review*, 30, 155-166.

Venios, K. & Kelly, J. F. (2010). "The rise, risks, and realities of methamphetamine use among women: Implications for research, prevention and treatment." *Journal of Addictions Nursing*, 21, 14-21.

Vidot, D. C., Messiah, S. E., Prado, G., & Hlaing, W. M. (2016). "Relationship between current substance use and unhealthy weight loss practices among adolescents." *Maternal and Child Health Journal*, 20(4), 870-877.

von Ranson, K. M., Iacono, W. G., & McGue, M. (2002). "Disordered eating and substance use in an epidemiological sample: I. Associations within individuals." *International Journal of Eating Disorders*, 31 (4), 389-403.

Vuong, T., Nguyen, N., Le, G., Shanahan, M., Ali, R., & Ritter, A. (2017). "The political and scientific challenges in evaluating compulsory drug treatment centers in Southeast Asia." *Harm Reduction Journal*, 14, Article 2.

Wakefield, M. A., Loken, B., & Hornik, R. C. (2010). "Use of mass media campaigns to change health behaviour." *The Lancet*, 376 (9748), 1261-1271.

Waldorf, D. (1973). *Careers in Dope*. Englewood Cliffs, NJ: Prentice Hall.

Wang, W., Lau, Y., Chow, A., Thompson, D. R., & He, H. G. (2014). "Health-related quality of life and social support among Chinese patients with coronary heart disease in mainland China." *European Journal of Cardiovascular Nursing*, 13, 48-54.

Warr, M. (1998). "Life-course transitions and desistance from crime." *Criminology*, 36(2), 183-216.

Wartna, B. S. J., Tollenaar, N., Blom, M., Alma, S. M., Essers, A. A. M., & Bregman, I. M. (2010). "Recidivism report 1997—2007: Trends in the reconviction rate of Dutch offenders." *Fact Sheet* 2010-6a. The Hague, Netherlands: Ministry of Security and Justice.

Weber, M. (1968). *The Methodology of the Social Sciences* (Shils, E.

A. , & Finch, H. A. trans.). New York, NY: Free Press.

Weitzman, E. A. (2000). "Software and qualitative research." In Denzin, N. K. , & Lincoln, Y. S. (eds.), *Handbook of Qualitative Research* (2nd ed.). Thousand Oaks, CA: Sage, 803-820.

Werb, D. , Kamarulzaman, A. , Meacham, M. C. , Rafful, C. , Fisher, B. , Strathdee, S. A. , & Wood, E. (2016). "The effectiveness of compulsory drug treatment: A systematic review." *International Journal of Drug Policy*, 28, 1-9.

West, C. , & Zimmerman, D. H. (1987). "Doing gender." *Gender & Society*, 1, 125-151.

West, S. L. (2008). "The utilization of vocational rehabilitation services in substance abuse treatment facilities in the U. S." *Journal of Vocational Rehabilitation*, 29, 71-75.

Westra, H. A. , Aviram, A. , Connors, L. , Kertes, A. , & Ahmed, M. (2012). "Therapist emotional reactions and client resistance in cognitive behavioral therapy." *Psychotherapy*, 49(2), 163-172.

Whelan, P. J. , & Remski, K. (2012). "Buprenorphine vs methadone treatment: A review of evidence in both developed and developing worlds." *Journal of Neurosciences in Rural Practice*, 3(1), 45-50.

Williams, L. (2016). "Muddy waters? Reassessing the dimensions of the normalisation thesis in twenty-first century Britain." *Drugs: Education, Prevention and Policy*, 23, 190-201.

Winick, C. (1974). *Some Aspects of Careers of Chronic heroin Users*. New York, NY: Wiley.

Witbrodt, J., Bond, J., Kaskutas, L. A., Weisner, C., Jaeger, G., Pating, D., & Moore, C. (2007). "Day hospital and residential addiction treatment: Randomized and nonrandomized managed care clients." *Journal of Consulting and Clinical Psychology*, 75, 947-959.

Woody, G. E. (2003). "Research Findings on Psychotherapy of Addictive Disorders." *The American Journal on Addictions*, 12, 19-26.

World Health Organization (WHO). (2009). Global Health Risks: Mortality and Burden of Disease Attributable to Selected Major Risks. Geneva, Switzerland: WHO.

World Health Organization (WHO). (2010). ATLAS on Substance Use (2010)—Resources for the Prevention and Treatment of Substance Use Disorders. Geneva, Switzerland: WHO.

Wu, F., Peng, C. Y., Jiang, H. F., Zhang, R. M., Zhao, M., Li, J. H., & Hser, Y. (2013). "Methadone maintenance treatment in China: Perceptions and challenges from the perspectives of service provider and patients." *Journal of Public Health*, 35(2), 206-212.

Wu, Z., Zhang, J., Detels, R., Duan, S., Cheng, H., Li, Z., Dong, L., Huang, S., Jia, M., & Bi, X. (1996). "Risk factors for initiation of drug use among young males in southwest China." *Addiction*, 91(11), 1675-1685.

Xiao, S., Yang, M., Zhou, L., & Hao, W. (2015). "Transition of China's drug policy: Problems in practice." *Addiction*, 110(2), 193-194.

Xu, H., Gu, J., Lau, J. T. F., Zhong, Y., Fan, L., Zhao, Y. ...

Ling, W. (2012). "Misconceptions toward methadone maintenance treatment (MMT) and associated factors among new MMT users in Guangzhou, China." *Addictive Behaviors*, 37, 657-662.

Yeager, P. C. (2004). "Law versus justice: From adversarialism to communitarianism." *Law & Social Inquiry*, 29(4), 891-915.

Yahne, C. E., & Miller, W. R. (1999). "Evoking hope." In W. R. Miller (ed.), *Integrating Spirituality into Treatment: Resources for Practitioners*. Washington, DC: American Psychological Association.

Yang, M, Mamy, J, Gao, P, & Xiao, S. (2015). "From abstinence to relapse: A preliminary qualitative study of drug users in a compulsory drug rehabilitation center in Changsha, China." *PLos One*, 10(6), e0130711.

Yang, M., Huang, S. C., Liao, Y. H., Deng, Y. M., Run, H. Y., Liu, P. L., Liu, X. W., Liu, T. B., Xiao, S. Y., & Hao, W. (2018). "Clinical characteristics of poly-drug abuse among heroin dependents and association with other psychopathology in compulsory isolation treatment settings in China." *International Journal of Psychiatry in Clinical Practice*, 22(2), 129-135.

Yang, M., Zhou, L., Hao, W., & Xiao, S.-Y. (2014). "Drug policy in China: Progress and challenges." *The Lancet*, 383(9916), 509.

Young, D., & Belenko, S. (2002). "Program retention and perceived coercion in three models of mandatory drug treatment." *Journal of Drug Issues*, 32(1), 297-328.

Yuan, J., Lv, R., Braši, J. R., Han, M., Liu, X., Wang, Y., ...

Deng, Y. (2014). "Dopamine transporter dysfunction in Han Chinese people with chronic methamphetamine dependence after a short-term abstinence." *Psychiatry Research: Neuroimaging*, 221, 92-96.

Yuan, X. (2019). "Controlling illicit drug users in China: From incarceration to community?" *Australian & New Zealand Journal of Criminology*, 52(4), 483-498.

Zhang, L., Liu, J., & Huang, K. (2011). "The role of criminal justice system in treating drug abusers: The Chinese experience." *Journal of Substance Abuse Treatment*, 41, 45-54.

Zhang, M. (2012). "A Chinese beauty story: how college women in China negotiate beauty, body image, and mass media." *Chinese Journal of Communication*, 5(4), 437-454.

Zhang, S. X., & Chin, L. (2015). A People's War: China's Struggle to Contain its Lllicit Drug Problem. Washington, DC: Brookings Institution. Retrieved on 2018-6-10 from https://www.brookings.edu/wp-content/uploads/2016/07/A-Peoples-War-final.pdf.

Zhang, Y. (2008). Developing social work for drug users recovering in the community. *Drug Abuse Studies*, 62(6), 60-65.

Zhang, Y., Feng, B., Geng, W., Owens, L. & Xi, J. (2016). "'Overconfidence' versus 'helplessness': A qualitative study on abstinence self-efficacy of drug users in a male compulsory drug detention center in China." *Substance Abuse Treatment, Prevention, and Policy*, 11(1), 29-41.

Zhou, Y., Liang, S., Wang, Q., Gong, Y., Nie, S., Nan, L., ...

Jiang, Q. (2014). "The geographic distribution patterns of HIV-, HCV- and co-infections among drug users in a national methadone maintenance treatment program in Southwest China." *BMC Infectious Diseases*, 14(1), 134-143.

Zhu, J., & Chertow, M. R. (2019). "Authoritarian but responsive: Local regulation of industrial energy efficiency in Jiangsu, China." *Regulation & Governance*, 13, 384-404.

Zhuang, S. & Chen, F. (2016). "Chinese adolescents and youth with methamphetamine dependence: Prevalence and concurrent psychological problems." *Nursing Research*, 65, 117-124.

Zinberg, N. E. (1984). *Drug, Set and Setting: The Basis for Controlled Intoxicant Use*. New Haven, CT: Yale University Press.

Zoccatelli, G. (2014). "'It was fun, it was dangerous': Heroin, young urbanities and opening reforms in China's borderlands." *International Journal of Drug Policy*, 25, 762-768.

Zorick, T., Nestor, L., Miotto, K., Sugar, C., Hellemann, G., Scanlon, G., Rawson, R., & London, E. D. (2010). "Withdrawal symptoms in abstinent methamphetamine-dependent subjects." *Addiction*, 105, 1809-1818.

Zywiak, W. H., Neighbors, C. J., Martin, R. A., Johnson, J. E., Eaton, C. A., & Rohsenow, D. J. (2009). "The important people drug and alcohol interview: Psychometric properties, predictive validity, and implications for treatment." *Journal of Substance Abuse Treatment*, 36, 321-330.